黑龙江省高等教育应用型人才培养系列教材

工 程 数 学

主编 郭秀颖 梁艳楠 魏 喆 夏 巍

 哈尔滨工程大学出版社

内 容 简 介

本书有机融合"教、学、做"等环节,实现理论实践一体化,着重加强数学知识与土木工程实践相结合的环节,特色化地在每一章后面都加入与该章数学知识相关联的土木工程专业所需用到专业知识和应用案例,使得学生能将数学基础知识与专业知识紧密结合,学以致用。

本书可以作为参加专升本考试和高等教育自学考试的辅导用书,也可作为相关工程技术人员参加工程师考试的参考用书。

图书在版编目(CIP)数据

工程数学/郭秀颖等主编. —哈尔滨 : 哈尔滨
工程大学出版社, 2015.5(2020.5 重印)
ISBN 978 – 7 – 5661 – 1040 – 4

Ⅰ. ①工… Ⅱ. ①郭… Ⅲ. ①工程数学 – 高等
学校 – 教材 Ⅳ. ①TB11

中国版本图书馆 CIP 数据核字(2015)第 102870 号

出版发行	哈尔滨工程大学出版社
社　　址	哈尔滨市南岗区南通大街 145 号
邮政编码	150001
发行电话	0451 – 82519328
传　　真	0451 – 82519699
经　　销	新华书店
印　　刷	北京中石油彩色印刷有限责任公司
开　　本	787mm × 1 092mm　1/16
印　　张	16.25
字　　数	410 千字
版　　次	2015 年 7 月第 1 版
印　　次	2020 年 5 月第 2 次印刷
定　　价	44.00 元

http://www.hrbeupress.com
E-mail:heupress@ hrbeu.edu.cn

前　　言

　　工程数学（土木工程类）是成人本科教育土木工程专业系列规划教材之一,可以作为参加专升本考试和高等教育自学考试的辅导用书,也可作为相关工程技术人员参加工程师考试的参考用书。工程数学（土木工程类）以教育部非数学专业数学基础课教学指导分委员会制定的"工科类本科数学基础课程教学基本要求"为依据,以"厚基础、重实践"为原则确定课程内容和深广度,重在培养学生运用数学思想和方法解决土木工程专业实际问题的素养和能力。该教材为土木工程专业后续课程学习提供了必备的数学理论基础知识。

　　本书编写时在清晰准确叙述基本概念的基础上对定理给出简明易懂的证明,但对难度较大的理论问题则不过分强调论证的严密性,有的定理仅给出结论而不加证明;对例题的选配力求典型多样,难度上层次分明,注意解题方法的总结;强调基本运算能力的培养和理论的实际应用;注重对学生的逻辑思维能力、综合运用数学知识解决专业实践问题的能力以及创新意识的培养。本书内容主要包括极限和连续、微分学、积分学、微分方程、线性代数、概率论与数理统计。

　　本书有机融合"教、学、做"等环节,实现理论实践一体化,着重加强数学知识与土木工程实践相结合的环节,特色化地在每一章后面都加入与该章数学知识相关联且土木工程专业所需用到的专业知识和应用案例,使得学生能将数学基础知识与专业知识紧密结合,学以致用。此外,本书还在每章后面加入数学历史与文化等阅读材料,进一步丰富学生数学素养,激发学生对数学的学习兴趣。同时,本书每章都配有习题,并附有习题参考答案,帮助学生更好地理解和巩固所学的知识。

　　本书极限、连续和微分学部分由郭秀颖编写,积分学和微分方程由梁艳楠编写,线性代数和概率论与数理统计由魏喆编写,本书的土木工程实践环节由夏巍编写。本书借鉴了大量的相关参考书籍,在此一并向各位作者表示衷心的感谢!同时,对于本书中存在的问题,也诚挚地欢迎专家、同行及读者批评指正!

编　者

2015 年 2 月

前　　言

目　　录

预备知识——函数 ……………………………………………………………… 1

第1章　极限与连续 …………………………………………………………… 15

1.1　极限的概念 …………………………………………………………… 15

1.2　无穷小与无穷大 ……………………………………………………… 19

1.3　极限的计算 …………………………………………………………… 20

1.4　两个重要极限 ………………………………………………………… 23

1.5　无穷小的比较 ………………………………………………………… 26

1.6　函数的连续性 ………………………………………………………… 29

1.7　函数极限的应用 ……………………………………………………… 35

第2章　微分学 ………………………………………………………………… 39

2.1　导数的概念 …………………………………………………………… 39

2.2　函数求导法则与基本初等函数求导公式 …………………………… 45

2.3　高阶导数 ……………………………………………………………… 50

2.4　隐函数的导数 ………………………………………………………… 53

2.5　函数的微分 …………………………………………………………… 56

2.6　微分学中值定理 ……………………………………………………… 60

2.7　洛必达法则 …………………………………………………………… 63

2.8　导数的应用 …………………………………………………………… 67

2.9　土建专业中微分学的应用 …………………………………………… 70

2.10　其他领域中微分学的应用 ………………………………………… 73

第3章　积分学 ………………………………………………………………… 79

3.1　不定积分的概念与性质 ……………………………………………… 79

3.2　不定积分的换元积分法 ……………………………………………… 83

3.3　不定积分的分部积分法 ……………………………………………… 90

3.4　定积分的概念 ………………………………………………………… 93

3.5　微积分基本公式 ……………………………………………………… 98

3.6　定积分的换元法和分部积分法 ……………………………………… 101

3.7　反常积分 ……………………………………………………………… 104

3.8　土建专业中积分学的应用 …………………………………………… 107

3.9　其他领域中积分学的应用 …………………………………………… 114

第4章　微分方程 ……………………………………………………………… 118

4.1　微分方程概述 ………………………………………………………… 118

4.2　可分离变量的微分方程 ……………………………………………… 120

4.3　齐次方程 ……………………………………………………………… 122

4.4　一阶线性微分方程 …………………………………………………… 125

4.5　可降阶的高阶微分方程 ·· 129

4.6　二阶常系数线性微分方程 ·· 130

4.7　土建专业中微分方程的应用 ·· 133

4.8　其他领域中微分方程的应用 ·· 135

第5章　线性代数 ·· 141

5.1　行列式 ·· 141

5.2　矩阵 ·· 154

5.3　逆矩阵 ·· 165

5.4　矩阵的秩 ·· 173

5.5　线性方程组 ·· 175

5.6　线性代数的应用 ·· 179

第6章　概率论与数理统计初步 ·· 186

6.1　随机事件与概率 ·· 186

6.2　离散型随机变量及其分布 ·· 195

6.3　连续型随机变量及其分布 ·· 199

6.4　随机变量的数字特征 ·· 206

6.5　样本与总体 ·· 211

6.6　概率论与数理统计在实际问题中的应用 ·································· 216

习题答案 ··· 221

常用积分公式 ··· 230

附录一 ·· 239

附录二 ·· 242

参考文献 ··· 253

预备知识——函数

高等数学课程的主要内容是微积分及其应用. 微积分与中学里的初等数学有很大区别,初等数学研究的对象基本上是不变的量(称为常量),而微积分则是以变量作为研究对象. 函数关系是变量之间的依赖关系,函数也就成为我们的研究对象与工具. 在中学阶段我们已经学习过函数的概念,也对部分函数的性质有了一定的了解. 这里对函数的一些基本概念进行一下回顾和补充.

一、集合

集合是一个只能描述而难以精确定义的概念. 下面我们给出集合的一种描述:集合是具有某种性质事物的全体,常用大写的英文字母 $A,B,C,\cdots$ 表示集合. 组成集合的具体事物称为该集合的元素,集合的元素常用小写的英文字母 $a,b,c,\cdots$ 表示. a 是集合 A 的元素,记作 $a \in A$,读作 a 属于 A;a 不是集合 A 的元素,记作 $a \notin A$(或 $a \bar{\in} A$),读作 a 不属于 A.

由有限个元素构成的集合,称为有限集;由无限多个元素构成的集合,称为无限集.

若集合 A 的元素都是集合 B 的元素,则称 A 是 B 的子集,读作 A 包含于 B 或 B 包含 A,记作 $A \subseteq B$ 或 $B \supseteq A$.

若 $A \subseteq B$ 且 $A \neq B$,则称 A 是 B 的真子集,记作 $A \subsetneqq B$.

若集合 A 与集合 B 互为子集,即 $A \subseteq B$ 且 $A \supseteq B$,就称 A 与 B 相等,记作 $A = B$.

不含有任何元素的集合称为空集,记作 $\varnothing$. 空集是任何集合的子集.

在本书中,变量总是在实数范围内讨论,常用的数集有自然数集 N,整数集 Z,有理数集 Q,实数集 R.

集合包括三种基本的运算:交、并、补.

设 A,B 为两个集合,由所有属于集合 A 或者属于集合 B 的元素组成的集合,称为 A 与 B 的**并集**(简称并),记作 $A \cup B$,即

$$A \cup B = \{x \mid x \in A \quad 或 \quad x \in B\}.$$

由所有既属于集合 A 又属于集合 B 的元素组成的集合,称为 A 与 B 的**交集**(简称交),记作 $A \cap B$,即

$$A \cap B = \{x \mid x \in A \quad 且 \quad x \in B\}.$$

有时,我们在研究某些问题的时候需要在一个特定的集合中进行,我们称这个集合为全集,常用字母 I 或 U 表示. 我们所研究的其他集合都是这个集合的子集. 属于全集,但是不属于集合 A 的元素组成的集合称为集合 A 在全集 U 中的**补集**(简称补),记作 A^c,即

$$A^c = \{x \mid x \in U \quad 且 \quad x \notin A\}.$$

集合的交、并、补运算满足如下的运算法则:设 A,B,C 为三个集合,U 为全集.

(1) 交换律:$A \cup B = B \cup A, A \cap B = B \cap A$.

(2) 结合律:$(A \cup B) \cup C = A \cup (B \cup C), (A \cap B) \cap C = A \cap (B \cap C)$.

(3) 分配律:$(A \cup B) \cap C = (A \cap C) \cup (B \cap C), (A \cap B) \cup C = (A \cup C) \cap (B \cup C)$

(4) 对偶律:$(A \cup B)^c = A^c \cap B^c, (A \cap B)^c = A^c \cup B^c$.

二、区间和邻域

区间和某定点的领域是微积分中函数常用的一类实数集,现对此给出定义.

1. 区间

对于实数的取值范围,我们经常要表示两个实数之间一切实数的集合,这种特殊的实数集我们就称其为区间. 根据区间的"长度"的有限性以及端点是否包括在集合之内等各种不同的情况,我们分别给出区间的具体名称.

分类		括号形式	不等式形式
有限区间	闭区间	$[a,b]$	$a \leqslant x \leqslant b$
	开区间	(a,b)	$a < x < b$
	左开右闭区间	$(a,b]$	$a < x \leqslant b$
	左闭右开区间	$[a,b)$	$a \leqslant x < b$
无限区间		$(-\infty, +\infty)$	$-\infty < x < +\infty$
		$[a, +\infty)$	$x \geqslant a$
		$(a, +\infty)$	$x > a$
		$(-\infty, b]$	$x \leqslant b$
		$(-\infty, b)$	$x < b$

2. 邻域

为了讨论函数在某定点附近的性质,下面引入点的邻域概念.

邻域也是一个经常用到的概念. 以点 a 为中心的任何开区间称为点 a 的邻域,记作 $U(a)$.

设 δ 是任一正数,则开区间 $(a-\delta, a+\delta)$ 就是点 a 的一个邻域,这个邻域称为点 a 的 δ 邻域,记作 $U(a,\delta)$,即

$$U(a,\delta) = \{x \mid a - \delta < x < a + \delta\},$$

或

$$U(a,\delta) = \{x \mid |x - a| < \delta\}.$$

点 a 称为这邻域的中心,δ 称为这邻域的半径. 同时,可以看出 $U(a,\delta)$ 表示与点 a 的距离小于 δ 的一切点 x 的全体.

有时用到的邻域需要把邻域中心去掉. 点 a 的 δ 邻域去掉中心 a 后,称为点 a 的去心 δ 邻域,记作 $\mathring{U}(a,\delta)$,即

$$\mathring{U}(a,\delta) = \{x \mid 0 < |x - a| < \delta\},$$

其中,开区间 $(a-\delta, a)$ 称为 a 的左 δ 邻域,开区间 $(a, a+\delta)$ 称为 a 的右 δ 领域.

三、映射

设 X, Y 是两个非空集合,如果存在一个法则 f,使得对 X 中每个元素 x,按法则 f,在 Y 中有唯一确定的元素 y 与之对应,则称 f 为从 X 到 Y 的映射,记作 $f: X \rightarrow Y$.

X 为定义域,记作 D_f;y 称为元素 x 在映射 f 下的像,记作 $y = f(x)$,x 称为元素在映射 f 下的原像;像集合 Y 中所有像组成的集合称为映射 f 的值域,记作 R_f,即

$$R_f = \{f(x) \mid x \in X\}.$$

例如,设 $f:R \to R$,对每个 $x \in R$,$f(x) = x^2$. f 是一个映射,f 的定义域 $D_f = R$,值域 $R_f = \{y \mid y \geqslant 0\}$,它是 R 的一个真子集. 对于 R_f 中的元素,除 $y = 0$ 外,它的原像不是唯一的. 例如:$y = 4$ 的原像就有 $x = 2,x = -2$ 两个.

设 f 是从集合 X 到集合 Y 的映射,若 $R_f = Y$,即 Y 中任一元素 y 都是 X 中某元素的像,则称 f 为 X 到 Y 上满射;若对 X 中任意两个不同元素 $x_1 \neq x_2$,它们的像 $f(x_1) \neq f(x_2)$,则称 f 为 X 到 Y 的单射;映射 f 既是单射,又是满射时,称为 X 到 Y 的一一映射(或双射).

设 f 为 X 到 Y 的单射,由定义,对每个 $y \in R_f$,有唯一的 $x \in X$,适合 $f(x) = y$. 于是,可定义一个从 R_f 到 X 的新映射 g,即

$$g: R_f \to X,$$

对每个 $y \in R_f$,规定 $g(y) = x$,x 满足 $f(x) = y$,这个映射 g 称为 f 的逆映射,记作 f^{-1},其定义域 $D_{f^{-1}} = R_f$,值域 $R_{f^{-1}} = X$.

由逆映射的定义可知,只有单射才存在逆映射.

设有两个映射 $g:X \to Y_1$,$f:Y_2 \to Z$,其中 $Y_1 \subset Y_2$,则由映射 g 和 f 可以定出一个从 X 到 Z 的对应法则,它将每个 $x \in X$ 映成 $f[g(x)] \in Z$,这个映射称为映射 g 和 f 构成的复合映射,记作 $f \circ g$,即

$$f \circ g: X \to Z,$$
$$(f \circ g)(x) = f[g(x)], \quad x \in X.$$

例如,映射 $g:R \to [1,1]$,对每个 $x \in R$,$g(x) = \sin x$,映射 $f:[-1,1] \to [0,1]$,对每个 $u \in [-1,1]$,$f(u) = \sqrt{1-u^2}$,则映射 g 和 f 构成的复合映射 $f \circ g:R \to [0,1]$,对每个 $x \in R$,有

$$(f \circ g)(x) = f[g(x)] = f(\sin x) = \sqrt{1 - \sin^2 x} = |\cos x|.$$

四、函数

1. 函数的定义

设数集 $D \subset \mathbf{R}$,则称映射 $f:D \to \mathbf{R}$ 为定义在 D 上的函数,简记为 $y = f(x)$,$x \in D$,其中 x 称为自变量,y 称为因变量,D 为定义域,记作 D_f.

由此可以看出,函数是从实数集到实数集的映射,其值域总在 $\mathbf{R}$ 内.

定义域 D 及对应法则是构成函数的两个基本要素.

对于一个函数的定义域的求解,通常按以下两种情况来确定:

(1) 对有实际背景的函数,根据变量的实际意义确定;

(2) 对抽象函数,其定义域是使得算式有意义的一切实数组成的集合.

【例1】 求 $y = \sqrt{4-x^2} + \ln(x^2-1)$ 的定义域.

解:由函数的表达式可得,$4-x^2 \geqslant 0$ 且 $x^2-1 > 0$,因此 $-2 \leqslant x \leqslant 2$ 且 $x < -1$ 或 $x > 1$,所以,定义域为 $[-2,-1) \cup (1,2]$.

函数的对应法则主要有以下三种表现方法:

(1) 解析法(公式法) 以数学式子表示函数的方法叫做函数的公式表示法. 其优点为

便于理论推导和计算.

（2）表格法　以表格形式表示函数的方法叫做函数的表格表示法.其优点为所求的函数值容易查得.

（3）图示法　以图形表示函数的方法叫做函数的图示法.其优点为直观形象,可以看到函数的变化趋势.

2. 函数的性质

下面我们介绍几种特殊的函数的性质.

（1）函数的有界性

若有正数 M 存在,使函数 $f(x)$ 在区间 I 上恒有 $|f(x)| \leqslant M$,则称 $f(x)$ 在区间 I 上是有界函数;否则,$f(x)$ 在区间 I 上是无界函数. 如果存在常数 M（不一定局限于正数）,使函数 $f(x)$ 在区间 I 上恒有 $f(x) \leqslant M$,则称 $f(x)$ 在区间 I 上有上界,并且任意一个 $N \geqslant M$ 的数 N 都是 $f(x)$ 在区间 I 上的一个上界;如果存在常数 m,使 $f(x)$ 在区间 I 上恒有 $f(x) \geqslant m$,则称 $f(x)$ 在区间 I 上有下界.

设函数 $f(x)$ 的定义域为 D,数集 $X \subset D$,函数 $f(x)$ 在 X 上有界的充分必要条件是函数 $f(x)$ 在 X 上既有上界又有下界.

（2）函数的单调性

设函数 $f(x)$ 在区间 I 上的任意两点 $x_1 < x_2$,都有 $f(x_1) < f(x_2)$（或 $f(x_1) > f(x_2)$）,则称 $y = f(x)$ 在区间 I 上为严格单调增加（或严格单调减少）的函数.设函数 $f(x)$ 在区间 I 上的任意两点 $x_1 < x_2$,都有 $f(x_1) \leqslant f(x_2)$（或 $f(x_1) \geqslant f(x_2)$）,则称 $y = f(x)$ 在区间 I 上为广义单调增加（或广义单调减少）的函数.广义单调增加的函数,通常简称为单调增加的函数或非减函数;广义单调减少的函数则简称为单调减少的函数或非增函数.单调增加和单调减少统称为单调函数.从几何直观来看,函数单调递增,就是当 x 自左向右变化时,函数的图像呈上升趋势;函数单调递减,就是当 x 自左向右变化时,函数的图像呈下降趋势.

例如,函数 $y = x^2$ 在区间 $(-\infty, 0)$ 内是严格单调减少的;在区间 $(0, +\infty)$ 内是严格单调增加的.而函数 $y = x$、$y = x^3$ 在区间 $(-\infty, +\infty)$ 内都是严格单调增加的.

（3）函数的奇偶性

设函数 $f(x)$ 的定义域 D 关于原点对称,如果对于任意 $x \in D$,有 $f(-x) = f(x)$,则称函数 $f(x)$ 为定义区间上的偶函数;如果对于任意 $x \in D$,$f(-x) = -f(x)$,则称函数 $f(x)$ 为定义区间上的奇函数. 既不是偶函数也不是奇函数的函数为非奇非偶函数.

偶函数的图像是关于 y 轴对称;奇函数的图像是关于原点对称.

例如,$f(x) = x^2$、$g(x) = x\sin x$ 在定义区间上都是偶函数,而 $F(x) = x$、$G(x) = x\cos x$ 在定义区间上都是奇函数.

（4）函数的周期性

设函数 $f(x)$ 的定义域为 D,如果存在一个正数 l,使得对于任一 $x \in D$,有
$$(x \pm l) \in D \quad \text{且} \quad f(x + l) = f(x)$$
恒成立,则称 $f(x)$ 为周期函数,l 为 $f(x)$ 的周期.

应当指出的是,通常讲的周期函数的周期是指最小的正周期.并非每个周期函数都有最小正周期.

对三角函数而言,$y = \sin x$、$y = \cos x$ 都是以 2π 为周期的周期函数,而 $y = \tan x$、$y = \cot x$

则是以 π 为周期的周期函数.

关于函数的性质,除了有界性与无界性之外,单调性、奇偶性、周期性都是函数的特殊性质,而不是每一个函数都一定具备的.

3. 反函数

设函数 $f:D \rightarrow f(D)$ 是单射,则它存在逆映射 $f^{-1}:f(D) \rightarrow D$,称此映射 f^{-1} 为函数 f 的反函数. 对每个 $y \in f(D)$,有唯一的 $x \in D$,使得 $f(x) = y$,于是有

$$f(y) = x.$$

一般地,$y = f(x)$,$x \in D$ 的反函数记成 $y = f^{-1}(x)$,$x \in f(D)$.

若 f 是定义在 M 上的单调函数,则 $f:D \rightarrow f(D)$ 是单射,于是 f 的反函数 f^{-1} 必定存在,且 f^{-1} 也是 $f(D)$ 上的单调函数.

一个函数若有反函数,则有恒等式 $f^{-1}[f(x)] \equiv x$,$x \in D_f$. 相应地有

$$f[f^{-1}(y)] \equiv y, \quad y \in R_f.$$

例如,一次函数 $y = f(x) = \dfrac{3}{4}x + 3$,$x \in \mathbf{R}$ 的反函数为 $x = f^{-1}(y) = \dfrac{4}{3}(y - 3)$,$y \in \mathbf{R}$,并且有 $f^{-1}[f(x)] = \dfrac{4}{3}\left[\left(\dfrac{3}{4}x + 3\right) - 3\right] \equiv x$,$f[f^{-1}(y)] = \dfrac{3}{4}\left[\dfrac{4}{3}(y - 3)\right] + 3 \equiv y$.

反函数 $x = f^{-1}(y)$ 与 $y = f^{-1}(x)$,这两种形式都要用到. 应当说明的是,函数 $y = f(x)$ 与它的反函数 $x = f^{-1}(y)$ 具有相同的图形,而函数 $y = f(x)$ 与反函数 $y = f^{-1}(x)$ 的图形是关于直线 $y = x$ 对称的.

4. 复合函数

设函数 $y = f(u)$ 的定义域为 D_1,函数 $u = g(x)$ 在 D 上有定义,且 $g(D) \subset D_1$,则由下式确定的函数

$$y = f[g(x)], \quad x \in D$$

称由函数 $u = g(x)$ 和函数 $y = f(u)$ 构成的复合函数. 定义域为 D,变量 u 为中间变量,函数 g 与函数 f 构成的复合函数通常记为 $f \circ g$,即

$$(f \circ g)(x) = f[g(x)]$$

构成复合函数的条件是:函数 g 在 D 上的值域 $g(D)$ 必须含在 f 的定义域 D_f 内,即 $g(D) \subset D_f$. 否则,不能构成复合函数.

例如,$y = \sqrt{u}$,$u = 2 + \sin x$ 可复合成 $y = \sqrt{2 + \sin x}$.

5. 几类特殊的函数

下面我们介绍几种特殊的函数.

【基本初等函数】 幂函数、指数函数、对数函数、三角函数、反三角函数统称为基本初等函数.

(1) 幂函数 $y = x^a (a \in \mathbf{R})$

它的定义域和值域依 a 的取值不同而不同,但是无论取何值,幂函数在 $x \in (0, +\infty)$ 内总有定义. 当 $a \in \mathbf{N}^*$ 或 $a = \dfrac{1}{2n-1}$,$n \in \mathbf{N}$ 时,定义域为 $\mathbf{N}$. 常见的幂函数的图形如图 0.1 所示.

（2）指数函数 $y = a^x(a > 0, a \neq 1)$

它的定义域为 $(-\infty, +\infty)$，值域为 $(0, +\infty)$. 指数函数的图形如图 0.2 所示.

（3）对数函数 $y = \log_a x(a > 0, a \neq 1)$

它的定义域为 $(0, +\infty)$，值域为 $(-\infty, +\infty)$. 对数函数 $y = \log_a x$ 是指数函数 $y = a^x$ 的反函数. 其图形如图 0.3 所示.

在工程中，常以无理数 $e = 2.718\,28$ 作为指数函数和对数函数的底，并且记 $e^x = \exp x, \log_e x = \ln x$，而后者称为自然对数函数.

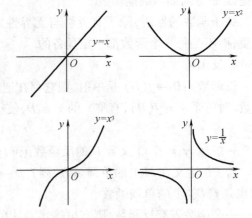

图 0.1

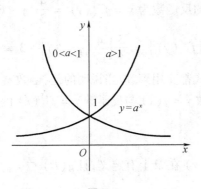

图 0.2

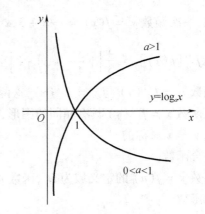

图 0.3

（4）三角函数

函数名称	解析式	定义域	值域
正弦函数	$y = \sin x$	$\mathbf{R}$	$[-1, 1]$
余弦函数	$y = \cos x$	$\mathbf{R}$	$[-1, 1]$
正切函数	$y = \cot x$	$\left\{ x \mid x \neq \dfrac{\pi}{2} + k\pi, k \in \mathbf{Z} \right\}$	$\mathbf{R}$
余切函数	$y = \tan x$	$\{ x \mid x \neq k\pi, k \in \mathbf{Z} \}$	$\mathbf{R}$
正割函数	$y = \csc x$	$\left\{ x \mid x \neq \dfrac{\pi}{2} + k\pi, k \in \mathbf{Z} \right\}$	
余割函数	$y = \sec x$	$\{ x \mid x \neq k\pi, k \in \mathbf{Z} \}$	$\{ y \mid y \neq 0 \}$

其中正弦、余弦、正切和余切函数的图像如图 0.4 所示.

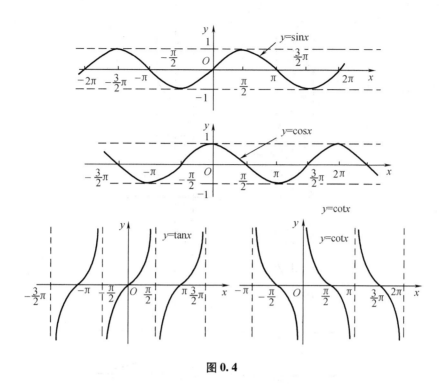

图 0.4

（5）反三角函数

函数名称	解析式	定义域	值域
反正弦	$y = \arcsin x$	$[-1,1]$	$\left[-\dfrac{\pi}{2},\dfrac{\pi}{2}\right]$
反余切	$y = \arccos x$	$[-1,1]$	$[0,\pi]$
反正切	$y = \arctan x$	$\mathbf{R}$	$\left(-\dfrac{\pi}{2},\dfrac{\pi}{2}\right)$
反余切	$y = \operatorname{arccot} x$	$\mathbf{R}$	$(0,\pi)$

反三角函数的图像如图 0.5 所示.

由基本初等函数与常数经过有限次四则运算及有限次复合所得到的函数称为初等函数.

例如，$y = \ln(\sin x + 4)$，$y = e^{2x}\sin(3x+1)$，$y = \sqrt[3]{\sin x}$ 等都是初等函数. 初等函数虽然是常见的重要函数，但是在工程技术中，非初等函数也经常会遇到，例如符号函数、取整函数 $y = [x]$、狄利克雷函数等.

【符号函数】　函数 $y = \operatorname{sgn} x = \begin{cases} 1, & x > 0 \\ 0, & x = 0 \\ -1, & x < 0 \end{cases}$ 称为符号函数. 其定义域为 $D = (-\infty,$ $+\infty)$，值域为 $D_f = \{-1,0,1\}$.

【取整函数】　设 x 为任一实数，不超过 x 的最大整数称为 x 的整数部分，记作 $[x]$，其图

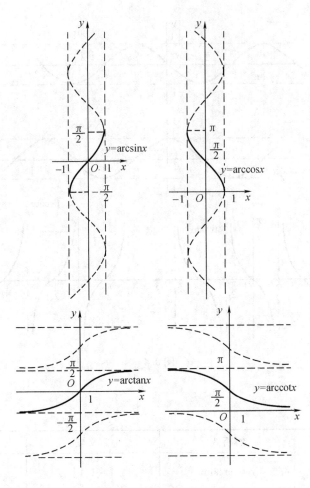

图 0.5

像如图 0.6 所示.

【狄利克雷(Dirichlet)函数】

$$D(x) = \begin{cases} 1, & x \in Q \\ 0, & x \in Q^c \end{cases}$$

是周期函数,周期是任何正有理数 r. 因为不存在最小的正有理数,所以它没有最小正周期.

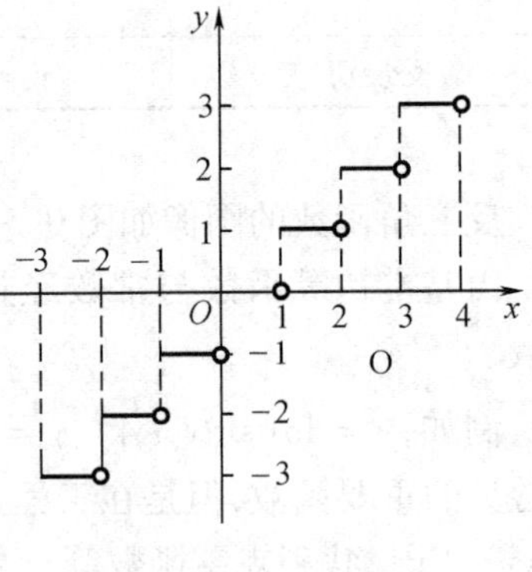

6. 土木工程中的常见函数

剪力与弯力问题:所谓剪力(Shear Force)就是作用于同一物体上的两个距离很近(但不为零)、大小相等、方向相反的平行力.

图 0.6

建筑物中的竖向承重构件主要由墙体承担时,这种墙体既承担水平构件传来的竖向荷载,同时又承担风力或地震作用传来的水平地震作用. 剪力墙即由此而得名(抗震规范定名为抗震墙). 剪力墙是建筑物的分隔墙和围护墙,因此墙体的布置必须同时满足建筑平面布置和结构布置的要求.

剪力墙结构是利用建筑的内墙或外墙做成剪力墙以承受垂直和水平荷载的结构. 剪力

墙一般为钢筋混凝土墙,高度和宽度可与整栋建筑相同.因其承受的主要荷载是水平荷载,使它受剪受弯,所以称为剪力墙.剪力墙结构的侧向刚度很大,变形小,既承重又围护,适用于住宅和旅游等建筑.剪力墙在建筑中的一个重要作用就是抗震.

弯力又名弯曲应力、又称挠曲应力,挠应力或弯应力.它是由弯曲产生的应力,分为正应力和切应力.

以梁横截面沿梁轴线的位置为横坐标,以垂直于梁轴线方向的剪力或弯矩为纵坐标,分别绘制表示 $F_{\mathrm{S}}(x)$ 和 $M(x)$ 的图线.这种图线分别称为剪力图和弯矩图,简称 F_{S} 图和 M 图.

绘图时一般规定正号的剪力画在 x 轴的上侧,负号的剪力画在 x 轴的下侧;正弯矩画在 x 轴下侧,负弯矩画在 x 轴上侧,即把弯矩画在梁受拉的一侧(图0.7).

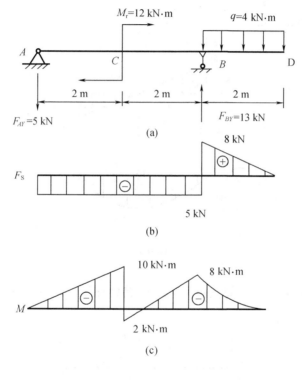

图 0.7

弯矩图是一条表示杆件不同截面弯矩的曲线.这里所说的曲线是广义的,它包括直线、折线和一般意义的曲线.

弯矩图的绘制主要有两个关键点:一是要准确画出曲线的形状,即确定弯矩图的图形特征;二是确定曲线的位置,即在已知曲线的形状、大小之后确定平面曲线的位置,这就要求先确定曲线上任意两点的位置,此处所指两点的位置即指某两个截面处的弯矩值.

可见,弯矩图的绘制主要应完成以下两项工作:① 确定图形特征及特征值;② 得出某两个截面处的弯矩值.

【例2】 如图0.8所示为简支梁受均布荷载的作用,求作该梁的剪力图和弯矩图.

解:(1)求支反力:由对称性知

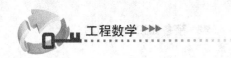

$$F_A = F_B = \frac{ql}{2}.$$

（2）建立剪力方程：

$$\begin{cases} F_Q(x) = F_A - qx = \dfrac{ql}{2} - qx \\ M(x) = F_A x - \dfrac{qx^2}{2} = \dfrac{qlx}{2} - \dfrac{qx^2}{2} \end{cases}$$

弯矩方程：

$$\begin{cases} F_{Q,\max} = \dfrac{ql}{2} \\ M_{\max} = \dfrac{ql^2}{8} \end{cases}.$$

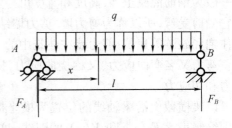

图 0.8

剪力图和弯矩图如图 0.9.

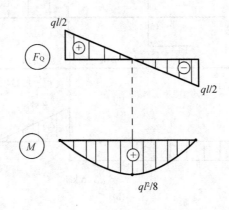

图 0.9

【例3】 在图 0.10 中，在简支梁 AB 的 C 点处作用一集中力 F，作该梁的剪力图和弯矩图.

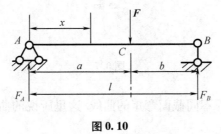

图 0.10

解：（1）求支反力：

$$F_A = \frac{Fb}{l}, \quad F_B = \frac{Fa}{l}.$$

（2）建立剪力方程：

$$AC \text{ 段}: \begin{cases} F_Q(x) = F_A = \dfrac{Fb}{l} & (0 < x < a) \\[2mm] M(x) = F_A x = \dfrac{Fbx}{l} & (0 \leqslant x \leqslant a) \end{cases},$$

弯矩方程:

$$CB \text{ 段}: \begin{cases} F_Q(x) = -F_B = -\dfrac{Fa}{l} & (a < x < l) \\[2mm] M(x) = F_A(l - x) = \dfrac{Fa}{l}(l - x) & (a \leqslant x \leqslant l) \end{cases}.$$

剪力图和弯矩图如图 0.11 所示.

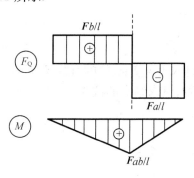

图 0.11

【例 4】 拉压杆斜截面上的应力.

横截面 —— 是指垂直杆轴线方向的截面;

斜截面 —— 是指任意方位的截面.

求:全应力、正应力和切应力.

解:全应力为

$$p_\alpha = \frac{F}{A}\cos\alpha = \sigma_0 \cos\alpha,$$

如图 0.12 所示.

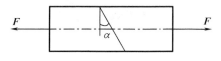

图 0.12

正应力为

$$\sigma_\alpha = p_\alpha \cos\alpha = \sigma \cos^2\alpha,$$

如图 0.13 所示.

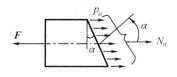

图 0.13

切应力为

$$\tau_\alpha = p_\alpha \sin\alpha = \frac{\sigma_0}{2}\sin2\alpha,$$

如图 0.14 所示.

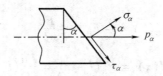

图 0.14

(1) 当 $\alpha = 0°$ 时,$\sigma_{max} = \sigma$;

(2) 当 $\alpha = 45°$ 时,$\tau_{max} = \frac{\sigma}{2}$.

【例5】 已知 $\alpha = 300$,杆长 $L = 2$ m,杆的直径 $d = 25$ mm,如图 0.15 所示,材料的弹性模量,设在结点处悬挂一重物,试求结点的位移.

解:如图 0.16 作受力分析.

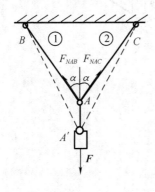

图 0.15

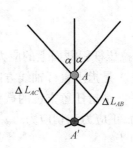

图 0.16

由 $\sum X = 0$,得

$$F_{NAC} = F_{NAB} = \frac{F}{2\cos\alpha},$$

及

$$F_{NAC}\sin\alpha - F_{NAB}\sin\alpha = 0.$$

又由 $\sum Y = 0$,得

$$F_{NAC}\cos\alpha + F_{NAB}\cos\alpha - F = 0.$$

又因为

$$\Delta L_{AB} = \Delta L_{AC} = \frac{F_{NAC}L}{EA} = \frac{FL}{2EA\cos\alpha},$$

所以得出

$$\delta_A = AA' = \frac{\Delta L_{AC}}{\cos\alpha} = \frac{FL}{2EA\cos^2\alpha}$$

$$= \frac{100 \times 10^3 \times 2}{2 \times 2.1 \times 10^5 \times 10^6 \times \frac{\pi}{4} \times 25^2 \times 10^{-6} \times \cos30°}.$$

习　题

1. $A = \{1,2,3\}$, $B = \{1,3,5\}$, $C = \{2,4,6\}$, 求:

$(1)A \cup B$; $(2)A \cap B$; $(3)A \cup B \cup C$; $(4)A \cap B \cap C$; $(5)A - B$.

2. 求函数 $y = \arccos \frac{1 - 2x}{3}$ 的定义域.

3. 设 $f\left(x - \frac{2}{x}\right) = x^2 + \frac{4}{x^2}$, 求 $f(x)$.

4. 判断下列函数的奇偶性:

$(1) y = \frac{1}{2}(e^x - e^{-x})\sin x$; 　　$(2) y = \lg(\sqrt{x^2 + 1} + x) + \lg(\sqrt{x^2 + 1} - x)$.

5. 设 $f(x) = 2^{x-1} + \frac{1}{2^{x+1}}$, 求证: $f(x + a) - f(x - a) = 2f(x) \cdot f(a)$.

6. 简支梁受力如图 0.17 所示, 作此梁的剪力图和弯矩图.

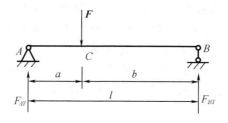

图 0.17

7. 简支梁受集中力偶作用如图 0.18 所示, 试画梁的剪力图和弯矩图.

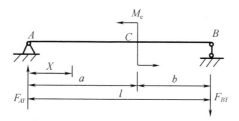

图 0.18

【阅读材料1】

四大数学家之一 —— 阿基米德

阿基米德(Archimedes,约公元前287— 公元前212),伟大的古希腊哲学家、数学家、物理学家,静力学的奠基人,力学之父.他是数学史上四大数学家之一,与牛顿和高斯并称为数学之王.

阿基米德流传于世的数学著作有十余种,多为希腊文手稿.他的著作集中讨论了求积问题,主要是曲边梯形的面积和曲面立方体的体积.作为数学家,他编写了《沙的计算》《圆的度量》《球和圆柱》《抛物线求积》《论螺线》《论锥体和球体》等数学著作.

此外,还有一篇非常重要的著作,是阿基米德用希腊文在羊皮纸上写给埃拉托斯特尼的一封信,现被称作"阿基米德羊皮书",后来以"阿基米德方法"为名刊行于世,它主要讲述根据力学原理去发现问题的方法.

阿基米德是将数学与力学完美结合的应用数学家.他通过大量实验发现了杠杆原理,又用几何演绎方法推出许多杠杆命题,并严格证明,其中最著名的是"阿基米德原理".

阿基米德在数学上也有着光辉灿烂的成就,特别是在几何学方面.他的数学思想中蕴涵着微积分的思想,其思想实质一直伸展到17世纪趋于成熟的无穷小分析领域里,预告了微积分的诞生.阿基米德的几何著作是希腊数学的顶峰,他把欧几里得严格的推理方法和柏拉图的丰富现象和谐地结合在一起,达到了至善至美的境界,从而使得日后由开普勒、卡瓦列利、费马、牛顿、莱布尼茨等人继续培育起来的微积分日趋完美.

第1章 极限与连续

1.1 极限的概念

极限中包含深刻的哲学思想. 恩格斯曾说:"从有限中找到无限,从暂时中找到永恒." 从极限思想中,我们可以从有限认识无限,从近似认识精确,从已知认识未知,从量变认识质变.

1.1.1 引例

早在公元前三世纪,我国魏晋时期数学家刘徽就利用圆内接正多边形来推算圆的面积. 所谓"割圆术",是用圆内接正多边形的面积去无限逼近圆面积并以此求取圆周率的方法.

其具体做法为作圆内接正六边形,把圆周等分为六条弧,在此基础上,再继续等分,把每段弧再分割为二,作出一个圆内接正十二边形,这个正十二边形的面积要比正六边形的面积更接近圆的面积. 如果把圆周再继续分割,做成一个圆内接正二十四边形,那么这个正二十四边形的面积必然又比正十二边形的面积更接近圆周. 这就表明,越是把圆周分割得越细,误差就越少,其内接正多边形的面积就越是接近圆的面积.

在解决实际问题中逐渐形成的这种极限方法,已经成为微积分中的一种基本方法,极限思想是微积分的基础和灵魂. 下面首先引入数列的定义,讨论数列的极限.

1.1.2 数列的定义

定义1.1 按照某一法则,对每个正整数,对应着一个确定的实数 u_n,这些实数 u_n,按照下标 n 从小到大排列得到的一个序列

$$u_1, u_2, \cdots, u_n, \cdots$$

就叫做数列,简记为数列 $\{u_n\}$.

数列中的每一个数叫做数列的项,第 n 项 u_n 叫做数列的一般项或通项. 例如:

$$2,4,6,8,\cdots,2n,\cdots,$$

$$2,\frac{1}{2},\frac{4}{3},\frac{3}{4},\cdots,\frac{n+(-1)^{n+1}}{n},\cdots,$$

数列 $\{u_n\}$ 可看作自变量为正整数 n 的函数:

$$u_n = f(n), \ (n = 1,2,3,\cdots).$$

1.1.3 数列极限的定义

定义1.2 设数列 $\{u_n\}$,当项数 n 无限增大时,如果项 u_n 无限趋近于一个确定的常数 a,则称常数 a 为数列 $\{u_n\}$ 的极限,或者称数列 $\{u_n\}$ 收敛于 a. 记为

$$\lim_{n\to\infty}u_n = a \quad \text{或} \quad u_n \to a(n \to \infty).$$

如果不存在这样的常数 a,就说数列 $\{u_n\}$ 没有极限,或者说数列 $\{u_n\}$ 是发散的,习惯上

也说 $\lim\limits_{n\to\infty} u_n$ 不存在.

1.1.4 数列极限的性质

对于一个有极限的数列,会存在一些特殊的性质,如:

(1) 唯一性　收敛数列的极限必唯一.

(2) 有界性　收敛数列必为有界数列.

(3) 保号性　如果极限 $\lim\limits_{n\to\infty} u_n = a$,且 $a > 0$(或 $a < 0$),那么存在正整数 N,当 $n > N$ 时,都有 $u_n > 0$(或 $u_n < 0$).

推论　如果数列 $\{u_n\}$ 从某项起有 $u_n \geqslant 0$(或 $u_n \leqslant 0$),且 $\lim\limits_{n\to\infty} u_n = a$,那么 $a \geqslant 0$(或 $a \leqslant 0$).

(4) 收敛数列与其子数列间的关系　如果数列 $\{u_n\}$ 收敛于 a,那么它的任一子数列也收敛,且极限也是 a.

【**例1**】　观察下列数列的变化趋势,写出他们的极限:

(1) $u_n = \dfrac{1}{n}$;

(2) $u_n = n$;

(3) $u_n = (-1)^n \dfrac{1}{n+1}$.

解:(1) 极限为0,数列收敛;

(2) 极限不存在,数列发散;

(3) 极限为0,数列收敛.

1.1.5 函数极限的定义

由数列的定义可以看出,数列是一种定义在 $\mathbf{N}^+$ 上的函数,因此数列的极限也是特殊的函数的极限. 那么对于一个一般的函数,当自变量无限变化时,函数值是否也会像数列一样与某个固定数值无限接近呢?如果有这样的现象,那么自变量是如何无限变化的呢?我们首先分析自变量的变化方式. 与数列相比函数自变量的变化方式更为多样,其可以在定义域内无限接近某个定点,也可以沿着数轴向两侧无限变化;在确定了函数的无限变化的方式后,我们给出了极限的定义.

1. 自变量 $x \to x_0$ 时函数的极限

如果在 $x \to x_0$ 的过程中,对应的函数值 $f(x)$ 无限接近于确定的数值 A,那么就说 A 是函数 $f(x)$ 当 $x \to x_0$ 时的极限. 当然,这里我们首先假定函数 $f(x)$ 在点 x_0 的某个去心邻域内是有定义的.

定义1.3　设函数 $f(x)$ 在点 x_0 的某一去心邻域内有定义. 如果存在常数 A,在 $x \to x_0$ 的过程中函数值无限趋近于数值 A,即 $|f(x) - A|$ 能任意小,那么常数 A 就叫做函数

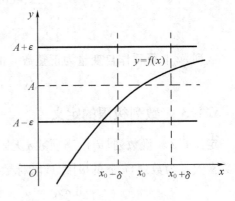

图1.1

$f(x)$ 当 $x \to x_0$ 时的极限,记作 $\lim\limits_{x \to x_0} f(x) = A$(图1.1)或

$$f(x) \to A(x \to x_0)$$

注:若 $\lim\limits_{x \to x_0} f(x) = A$ 极限存在时,我们有:

(1)A 是唯一确定的常数;

(2)$x \to x_0$ 表示从 x_0 的左右两侧同时趋于 x_0;

(3)极限 A 的存在与 $f(x)$ 在 x_0 有无定义或定义的值无关.

【**例2**】 讨论极限 $\lim\limits_{x \to 1}(x + 1)$ 和 $\lim\limits_{x \to 1} \dfrac{x^2 - 1}{x - 1}$.

解:观察函数 $y = x + 1$ 与 $y = \dfrac{x^2 - 1}{x - 1}$ 的图像(图1.2),当 $x \to 1$ 时,对应的函数值 y 无限接近于2,这两个函数在图像中的区别就在于后者在 x 的变化过程中不能到达 $x = 1$,而在其他点处,两个函数的函数值是相同的,自然它们的变化趋势是一样的,所以两个极限的值都是2.

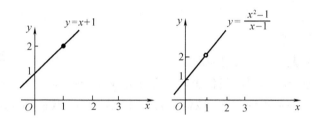

图1.2

上述 $x \to x_0$ 时函数 $f(x)$ 的极限概念中,x 是既从 x_0 的左侧也从 x_0 的右侧趋于 x_0,但有时只能或只需考虑 x 从 x_0 的左侧趋于 x_0(记作 $x \to x_0^-$)的情形,或 x 从 x_0 的右侧趋于 x_0(记作 $x \to x_0^+$)的情形.

定义1.4 设函数 $f(x)$ 在点 x_0 的左邻域内有定义. 如果存在常数 A,在 $x \to x_0^-$ 的过程中函数值无限趋近于数值 A,即 $|f(x) - A|$ 能任意小,那么常数 A 就叫做函数 $f(x)$ 当 $x \to x_0^-$ 时的左极限,记作

$$\lim\limits_{x \to x_0^-} f(x) = A \quad \text{或} \quad f(x_0^-) = A$$

设函数 $f(x)$ 在点 x_0 的右邻域内有定义. 如果存在常数 A,在 $x \to x_0^+$ 的过程中函数值无限趋近于数值 A,即 $|f(x) - A|$ 能任意小,那么常数 A 就叫做 $f(x)$ 当 $x \to x_0^+$ 时的右极限,记作

$$\lim\limits_{x \to x_0^+} f(x) = A \quad \text{或} \quad f(x_0^+) = A$$

左极限和右极限统称单侧极限.

函数在点 x_0 处的极限与左、右极限的关系可由下面的定理表示.

定理1.1 当 $x \to x_0$ 时,函数 $f(x)$ 极限存在的充要条件是其左极限和右极限均存在并且相等,即

$$\lim\limits_{x \to x_0} f(x) = A \Leftrightarrow \lim\limits_{x \to x_0^-} f(x) = \lim\limits_{x \to x_0^+} f(x) = A$$

【例3】 求证:函数

$$f(x) = \begin{cases} x - 1, & x < 0 \\ 0, & x = 0 \\ x + 1, & x > 0 \end{cases}$$

当 $x \to 0$ 时 $f(x)$ 的极限不存在.

证明：因为 $\lim\limits_{x \to 0^-} f(x) = \lim\limits_{x \to 0^-}(x - 1) = -1$，且 $\lim\limits_{x \to 0^+} f(x) =$
$\lim\limits_{x \to 0^+}(x + 1) = 1$，即左极限和右极限存在但不相等，所以
$\lim\limits_{x \to 0} f(x)$ 不存在(图 1.3).

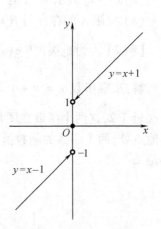

图 1.3

2. 自变量 $x \to \infty$ 时函数的极限

定义 1.5 设函数 $f(x)$ 当 $|x|$ 大于某一正数时有定义.
如果存在常数 A，在 $x \to \infty$ 的过程中函数值无限趋近于数值
A，即 $|f(x) - A|$ 能任意小，那么常数 A 就叫做函数 $f(x)$ 当
$x \to \infty$ 时的极限，记作 $\lim\limits_{x \to \infty} f(x) = A$ 或 $f(x) \to A (x \to \infty)$.

若 $\lim\limits_{x \to \infty} f(x) = A$ 存在,我们有:

(1) A 是唯一确定的常数;

(2) $x \to \infty$ 既表示趋于 $+\infty$，也表示趋于 $-\infty$.

与 $x \to x_0$ 时的极限定义类似，我们也可以分别定义 $x \to +\infty$ 及 $x \to -\infty$ 时的极限.

定义 1.6 如果 $x \to +\infty$ 时,$f(x)$ 取值和常数 A 无限接近,我们称 A 是 $f(x)$ 当 $x \to +\infty$
时的极限,记作

$$\lim\limits_{x \to +\infty} f(x) = A.$$

如果 $x \to -\infty$ 时,$f(x)$ 取值和常数 A 无限接近,我们称 A 是 $f(x)$ 当 $x \to -\infty$ 时的极限,
记作

$$\lim\limits_{x \to -\infty} f(x) = A.$$

显然,$\lim\limits_{x \to \infty} f(x)$ 存在的充分必要条件是

$$\lim\limits_{x \to +\infty} f(x) = \lim\limits_{x \to -\infty} f(x) = A.$$

1.1.6 函数极限的性质

由于函数极限的定义按自变量的变化过程有六种不同的形式,因此这里我们仅以
$\lim\limits_{x \to x_0} f(x)$ 这种形式为代表给出关于函数极限的性质,其他形式的极限的性质,只要相应地作
一些修改即可得出.

性质 1(函数极限的唯一性) 如果 $\lim\limits_{x \to x_0} f(x)$ 存在,那么极限值唯一.

性质 2(函数极限的局部有界性) 如果 $\lim\limits_{x \to x_0} f(x) = A$,那么存在常数 $M > 0$ 和 $\delta > 0$,使
得当 $0 < |x - x_0| < \delta$ 时,有 $|f(x)| \leq M$.

性质 3(函数极限的局部保号性) 如果 $\lim\limits_{x \to x_0} f(x) = A$,而且 $A > 0$(或 $A < 0$),那么存在
常数 $\delta > 0$,使得当 $0 < |x - x_0| < \delta$ 时,有 $f(x) > 0$(或 $f(x) < 0$).

推论 如果在 x_0 的某去心邻域内 $f(x) \geq 0$(或 $f(x) \leq 0$),而且 $\lim\limits_{x \to x_0} f(x) = A$,那么 $A \geq$

$0(或 A \leq 0)$.

*性质 4（函数极限与数列极限的关系） 如果极限 $\lim\limits_{x \to x_0} f(x)$ 存在，$\{x_n\}$ 为函数 $f(x)$ 的定义域内任意收敛于 x_0 的数列，且满足：$x_n \neq x_0 (n \in \mathbf{N}^+)$，那么相应的函数值数列 $\{f(x_n)\}$ 必收敛，且 $\lim\limits_{n \to \infty} f(x_n) = \lim\limits_{x \to x_0} f(x)$.

1.2   无穷小与无穷大

为了更加深刻地认识函数极限特性，本节我们将研究两类特殊的函数极限问题.

1.2.1   无穷小

1. 无穷小的概念

定义 1.7　如果函数 $y = f(x)$，当 $x \to x_0$（或 $x \to \infty$）时的极限为零，那么称函数 $f(x)$ 为当 $x \to x_0$（或 $x \to \infty$）时的无穷小. 特别地，以零为极限的数列 $\{x_n\}$ 称为 $n \to \infty$ 时的无穷小.

例如，因为 $\lim\limits_{x \to 1}(x - 1) = 0$，所以函数 $x - 1$ 为当 $x \to 1$ 时的无穷小；因为 $\lim\limits_{x \to \infty} \dfrac{1}{x} = 0$，所以函数 $\dfrac{1}{x}$ 为当 $x \to \infty$ 时的无穷小.

又如，$\lim\limits_{x \to -\infty} e^x = 0$，所以函数 e^x 为当 $x \to -\infty$ 时的无穷小.

这里要特别指出的是：不要把无穷小与很小的数混为一谈，因为无穷小在 $x \to x_0 (x \to \infty)$ 的过程中，其绝对值能小于任意给定的正数 ε，而很小的数就不能小于任意给定的正数 ε，但零可以作为无穷小的唯一的常数.

2. 无穷小与函数极限的关系

定理 1.2（极限基本定理） 在自变量的同一变化过程 $x \to x_0 (x \to \infty)$ 中，函数 $f(x)$ 具有极限 A 的充分必要条件是 $f(x) = A + \alpha$，其中 α 是同一过程的无穷小.

由极限基本定理可以看出，要想计算函数在自变量某一变化过程中的极限，只需要对函数进行适当的拆分即可.

【例 1】 计算极限 $\lim\limits_{x \to \infty} \dfrac{x + 1}{x}$.

解：由于 $\dfrac{x + 1}{x} = 1 + \dfrac{1}{x}$，并且当 $x \to \infty$ 时，$\dfrac{1}{x}$ 是无穷小，因此由极限基本定理得

$$\lim\limits_{x \to \infty} \frac{x + 1}{x} = 1$$

3. 无穷小的性质

性质 1　有限个无穷小的和是无穷小.

性质 2　有界函数与无穷小的乘积是无穷小.

推论 1　常数与无穷小的乘积是无穷小.

推论 2　有限个无穷小的乘积也是无穷小.

1.2.2   无穷大的概念

1. 无穷大的定义

定义 1.8 设函数 $f(x)$ 在 x_0 的某一去心邻域内有定义(或 $|x|$ 大于某一正数时有定义). 如果对于任意给定的正数 M(不论它多么大),总存在正数 δ(或正数 X),只要 x 适合不等式 $0 < |x - x_0| < \delta$(或 $|x| > X$),对应的函数值 $f(x)$ 总满足

$$|f(x)| > M$$

则称函数 $f(x)$ 为当 $x \to x_0(x \to \infty)$ 时的无穷大.

对于当 $x \to x_0(x \to \infty)$ 时的无穷大的函数 $f(x)$,按函数极限定义来说,其极限是不存在的. 为了便于叙述函数的这一性态,我们也说:"函数的极限是无穷大",记作

$$\lim_{x \to \infty} f(x) = \infty \quad \text{或} \quad \lim_{x \to x_0} f(x) = \infty$$

值得注意的是,无穷大不是数,不可与很大的数混为一谈.

例如,当 $x \to 0$ 时,$\dfrac{1}{x}$ 是无穷大量,可表示为 $\lim\limits_{x \to 0} \dfrac{1}{x} = \infty$;当 $x \to +\infty$ 时,e^x 是无穷大量,可表示为 $\lim\limits_{n \to +\infty} e^x = \infty$.

2. 无穷大与无穷小之间的关系

定理 1.3 在自变量的同一变化过程中,如果 $f(x)$ 为无穷大,则 $\dfrac{1}{f(x)}$ 为无穷小;反之,如果 $f(x)$ 为无穷小,且 $f(x) \neq 0$,则 $\dfrac{1}{f(x)}$ 为无穷大.

例如,当 $x \to 0$ 时,$\dfrac{1}{x}$ 是无穷大,其倒数 x 为无穷小.

又如,当 $x \to 1$ 时,$x - 1$ 是无穷小,其倒数 $\dfrac{1}{x-1}$ 为无穷大.

1.3　极限的计算

我们使用观察法及极限基本定理只能得出一些简单函数的极限,对于较复杂的函数极限就需要采用其他方法进行运算. 本节我们将介绍极限的四则运算法则和复合函数的极限运算法则及其应用,由于极限四则运算对于自变量 $x \to x_0$ 和 $x \to \infty$ 时的极限均适用,这里我们用 $\lim f(x)$ 表示函数 $f(x)$ 在自变量的某种变化规律下的极限.

1.3.1　极限的四则运算法则

定理 1.4 如果 $\lim f(x) = A,\lim g(x) = B$,那么

(1) $\lim[f(x) \pm g(x)] = \lim f(x) \pm \lim g(x) = A \pm B$;

(2) $\lim[f(x) \cdot g(x)] = \lim f(x) \cdot \lim g(x) = A \cdot B$;

(3) 若有 $B \neq 0$,则 $\lim \dfrac{f(x)}{g(x)} = \dfrac{\lim f(x)}{\lim g(x)} = \dfrac{A}{B}$.

推论 1 如果 $\lim f(x)$ 存在,而 c 为常数,则

$$\lim[cf(x)] = c\lim f(x),$$

这就是说,求极限时,常数因子可以提到极限记号外面,这是因为 $\lim c = c$.

推论 2 如果 $\lim f(x)$ 存在,而 n 是正整数,则

$$\lim[f(x)]^n = [\lim f(x)]^n.$$

【例1】 求 $\lim\limits_{x \to 1}(x - 2)$.

解: $\lim\limits_{x \to 1}(x - 2) = \lim\limits_{x \to 1}x - \lim\limits_{x \to 1}2 = 1 - 2 = -1$.

【例2】 求 $\lim\limits_{x \to 2}\dfrac{x^2 + 1}{x^2 - x + 1}$.

解: 由于分母的极限不为零,得

$$\lim_{x \to 2}\frac{x^2 + 1}{x^2 - x + 1} = \frac{\lim\limits_{x \to 2}(x^2 + 1)}{\lim\limits_{x \to 2}(x^2 - x + 1)} = \frac{(\lim\limits_{x \to 2}x)^2 + 1}{(\lim\limits_{x \to 2}x)^2 - (\lim\limits_{x \to 2}x) + 1} = \frac{5}{3}.$$

上面两个例子说明:当 $x \to x_0$ 时,求有理整函数(多项式)或有理分式函数的极限,只要把 x_0 代替函数中的 x 就行了;但是对于有理分式函数,这样带入后如果分母等于零,则没有意义.

事实上,设多项式函数

$$f(x) = a_0 x^n + a_1 x^{n-1} + \cdots + a_n,$$

则

$$\begin{aligned}
\lim_{x \to x_0}f(x) &= \lim_{x \to x_0}(a_0 x^n + a_1 x^{n-1} + \cdots + a_n)\\
&= a_0(\lim_{x \to x_0}x)^n + a_1(\lim_{x \to x_0}x)^{n-1} + \cdots + \lim_{x \to x_0}a_n\\
&= a_0 x_0^n + a_1 x_0^{n-1} + \cdots + a_n\\
&= f(x_0).
\end{aligned}$$

又设有理分式函数

$$F(x) = \frac{P(x)}{Q(x)},$$

其中 $P(x)$ 和 $Q(x)$ 都是多项式,于是

$$\lim_{x \to x_0}P(x) = P(x_0), \quad \lim_{x \to x_0}Q(x) = Q(x_0).$$

如果 $Q(x_0) \neq 0$,则

$$\lim_{x \to x_0}F(x) = \lim_{x \to x_0}\frac{P(x)}{Q(x)} = \frac{\lim\limits_{x \to x_0}P(x)}{\lim\limits_{x \to x_0}Q(x)} = \frac{P(x_0)}{Q(x_0)} = F(x_0).$$

必须注意的是:若 $Q(x_0) = 0$,则关于商的极限的运算法则不能应用,那就需要特别考虑两个属于这种情形的例题.

【例3】 求 $\lim\limits_{x \to 3}\dfrac{x - 3}{x^2 - 9}$.

解: 当 $x \to 3$ 时,分子及分母的极限都是零,于是分子、分母不能同时取极限. 因分子及分母有公因式 $x - 3$,而 $x \to 3$ 时,$x \neq 3$,$x - 3 \neq 0$,可约去这个不为零的公因式. 所以

$$\lim_{x \to 3}\frac{x - 3}{x^2 - 9} = \lim_{x \to 3}\frac{1}{x + 3} = \frac{1}{6}.$$

【例4】 求 $\lim\limits_{x \to 1}\dfrac{2x - 3}{x^2 - 5x + 4}$.

解: 由于

$$\lim_{x \to 1}\frac{x^2 - 5x + 4}{2x - 3} = \frac{\lim\limits_{x \to 1}(x^2 - 5x + 4)}{\lim\limits_{x \to 1}(2x - 3)} = \frac{0}{-1} = 0,$$

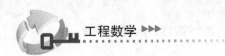

得出在 $x \to 1$ 时，$\dfrac{x^2 - 5x + 4}{2x - 3}$ 为无穷小，则 $\dfrac{2x - 3}{x^2 - 5x + 4}$ 为当 $x \to 1$ 时的无穷大，即

$$\lim_{x \to 1} \frac{2x - 3}{x^2 - 5x + 4} = \infty.$$

这两个例题分别介绍了当分母的极限为零时的两种情况的处理方法：

（1）例 3 中对函数进行化简，将零因式约分后求极限；

（2）例 4 中对函数取倒数，利用无穷小与无穷大的关系得出极限.

【例 5】　求 $\lim\limits_{x \to \infty} \dfrac{2x^3 + 3x^2 + 1}{x^3 + x^2 - 3}$.

解： $\lim\limits_{x \to \infty} \dfrac{2x^3 + 3x^2 + 1}{x^3 + x^2 - 3} = \lim\limits_{x \to \infty} \dfrac{2 + \dfrac{3}{x} + \dfrac{1}{x^3}}{1 + \dfrac{1}{x} - \dfrac{3}{x^3}} = 2.$

【例 6】　求 $\lim\limits_{x \to \infty} \dfrac{x^2 - 2x - 2}{2x^3 - x^2 + 1}$.

解： $\lim\limits_{x \to \infty} \dfrac{x^2 - 2x - 2}{2x^3 - x^2 + 1} = \lim\limits_{x \to \infty} \dfrac{\dfrac{1}{x} - \dfrac{2}{x^2} - \dfrac{2}{x^3}}{2 - \dfrac{1}{x} + \dfrac{1}{x^3}} = 0.$

【例 7】　求 $\lim\limits_{x \to \infty} \dfrac{2x^3 - x^2 + 5}{3x^2 - 2x - 1}$.

解： 由于

$$\lim_{x \to \infty} \frac{3x^2 - 2x - 1}{2x^3 - x^2 + 5} = \lim_{x \to \infty} \frac{\dfrac{3}{x} - \dfrac{2}{x^2} - \dfrac{1}{x^3}}{2 - \dfrac{1}{x} + \dfrac{5}{x^3}} = 0,$$

得出 $\dfrac{3x^2 - 2x - 1}{2x^3 - x^2 + 5}$ 为 $x \to \infty$ 时的无穷小，因此，$\dfrac{2x^3 - x^2 + 5}{3x^2 - 2x - 1}$ 为 $x \to \infty$ 时的无穷大，即

$$\lim_{x \to \infty} \frac{2x^3 - x^2 + 5}{3x^2 - 2x - 1} = \infty.$$

对于上面的三个例题，我们可以得出当 $x \to \infty$ 时的有理分式求极限的一般结论. 当 $a_0 \neq 0, b_0 \neq 0, m, n$ 为非负整数时，有

$$\lim_{x \to \infty} \frac{a_0 x^m + a_1 x^{m-1} + \cdots + a_m}{b_0 x^n + b_1 x^{n-1} + \cdots + b_n} = \begin{cases} \dfrac{a_0}{b_0}, & n = m \\[2mm] 0, & n > m \\[2mm] \infty, & n < m \end{cases}.$$

1.3.2　复合函数的极限计算法则

定理 1.5　设

（1）函数 $u = \varphi(x)$ 在 x_0 的某去心邻域 $\mathring{U}(x_0, \delta)$ 内有定义，对任意 $x \in \mathring{U}(x_0, \delta)$，$\varphi(x) \neq u_0$，且

$$\lim_{x \to x_0} \varphi(x) = u_0.$$

（2）函数 $f(u)$ 满足

$$\lim_{u \to u_0} f(u) = A,$$

则复合函数 $y = f[\varphi(x)]$ 当 $x \to x_0$ 时的极限存在，且

$$\lim_{x \to x_0} f[\varphi(x)] = \lim_{u \to u_0} f(u) = A.$$

【例8】 计算极限 $\lim\limits_{x \to 0} \sin(2x)$.

解：令 $u = 2x, y = \sin u$，则当 $x \to 0$ 时，$u = 2x \to 0$；同时当 $u \to 0$ 时，$y = \sin u \to 0$，因此

$$\lim_{x \to 0} \sin(2x) = 0.$$

习　题　1.3

1. 计算下列极限：

（1）$\lim\limits_{x \to 0}(2x + 1)$;

（2）$\lim\limits_{x \to 1}\dfrac{x + 1}{x + 2}$;

（3）$\lim\limits_{x \to 1}\dfrac{x^2 - 1}{x - 1}$;

（4）$\lim\limits_{x \to 1}\dfrac{x^2 + 1}{x - 1}$;

（5）$\lim\limits_{x \to 0}\dfrac{\sqrt{x + 1} - 1}{x}$;

（6）$\lim\limits_{x \to 2}\left(\dfrac{x}{x^2 - 4} - \dfrac{1}{x - 2}\right)$;

（7）$\lim\limits_{x \to 2}\dfrac{\sqrt{x + 2} - 2}{\sqrt{3x + 3} - 3}$.

2. 计算下列极限：

（1）$\lim\limits_{n \to \infty}\dfrac{n^2 + 1}{n - 1}$;

（2）$\lim\limits_{n \to \infty}\dfrac{n^2 + 1}{5n^2 - 1}$;

（3）$\lim\limits_{n \to \infty}\dfrac{2n^3}{n(n - 1)(n + 1)}$;

（4）$\lim\limits_{x \to \infty}\dfrac{2x^3 + x^2 - x + 1}{3x^3 + x + 1}$;

（5）$\lim\limits_{n \to \infty} n\left(1 - \sqrt{\dfrac{2n - 1}{2n}}\right)$;

（6）$\lim\limits_{n \to \infty}\left(\dfrac{1}{3} + \dfrac{1}{15} + \dfrac{1}{35} + \cdots + \dfrac{1}{4n^2 - 1}\right)$.

3. 若 $\lim\limits_{x \to +\infty}\left(\dfrac{x^2 + 1}{x + 1} - ax - b\right) = 0$，求 a, b 的值.

1.4　两个重要极限

在上一节里，我们介绍了极限的四则运算法则和复合函数极限运算法则，但这些运算法则也都有其自身的局限性. 因此我们要寻求更多的极限计算方法. 本节中我们将介绍两个极限存在准则及两个重要极限，这些内容将会为极限的计算提供更多的思路.

1.4.1　夹逼准则与第一个重要极限

定理1.6（夹逼准则）　如果函数 $f(x), g(x)$ 和 $h(x)$ 满足下列条件：

（1）当 $x \in \overset{\circ}{U}(x_0, r)$（或 $|x| > M$）时，$g(x) \leqslant f(x) \leqslant h(x)$；

（2） $\lim\limits_{\substack{x\to x_0\\(x\to\infty)}} g(x) = A, \quad \lim\limits_{\substack{x\to x_0\\(x\to\infty)}} h(x) = A,$

那么 $\lim\limits_{\substack{x\to x_0\\(x\to\infty)}} f(x)$ 存在,且 $\lim\limits_{\substack{x\to x_0\\(x\to\infty)}} f(x) = A.$

这个定理也叫做函数极限的两边夹定理.

利用夹逼准则,我们可以得出一个重要的极限: $\lim\limits_{x\to 0}\dfrac{\sin x}{x} = 1.$

事实上,在单位圆中(图 1.4),设圆心角 $\angle AOB = x\left(0 < x < \dfrac{\pi}{2}\right)$,点 A 处的切线与 OB 的延长线相交于 C,又有 $BD \perp OA$,则

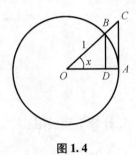

图 1.4

$$\sin x = DB, \quad x = \overset{\frown}{AB}, \quad \tan x = AC$$

因为 ΔAOB 的面积 $<$ 扇形 AOB 的面积 $<$ ΔAOC 的面积,所以

$$\frac{1}{2}\sin x < \frac{1}{2}x < \frac{1}{2}\tan x,$$

即

$$\sin x < x < \tan x.$$

不等号各边都除以 $\sin x$,就有

$$1 < \frac{x}{\sin x} < \frac{1}{\cos x},$$

即

$$\cos x < \frac{\sin x}{x} < 1.$$

当用 $-x$ 代替 x 时,$\cos x$ 与 $\dfrac{\sin x}{x}$ 都不变,所以上面的不等式对于开区间 $\left(-\dfrac{\pi}{2}, 0\right)$ 内的一切 x 也是成立的.

接下来,我们要说明 $\lim\limits_{x\to 0}\cos x = 1.$

事实上,当 $0 < |x| < \dfrac{\pi}{2}$ 时,有

$$0 < |\cos x - 1| = 1 - \cos x = 2\sin^2\frac{x}{2} < 2\left(\frac{x}{2}\right)^2 = \frac{x^2}{2},$$

即

$$0 < 1 - \cos x < \frac{x^2}{2}.$$

当 $x\to 0$ 时,$\dfrac{x^2}{2}\to 0$,由夹逼准则,有 $\lim\limits_{x\to 0}(1 - \cos x) = 0$,所以

$$\lim\limits_{x\to 0}\cos x = 1.$$

由于 $\lim\limits_{x\to 0}\cos x = 1, \lim\limits_{x\to 0} 1 = 1$,由 $\cos x < \dfrac{\sin x}{x} < 1$ 及夹逼准则,得

$$\lim\limits_{x\to 0}\frac{\sin x}{x} = 1.$$

【例 1】 求 $\lim\limits_{x\to 0}\dfrac{\tan x}{x}.$

解：$\lim\limits_{x \to 0} \dfrac{\tan x}{x} = \lim\limits_{x \to 0}\left(\dfrac{\sin x}{x} \cdot \dfrac{1}{\cos x}\right) = \lim\limits_{x \to 0}\dfrac{\sin x}{x} \cdot \lim\limits_{x \to 0}\dfrac{1}{\cos x} = 1.$

【例2】 求 $\lim\limits_{x \to 0} \dfrac{1 - \cos x}{x^2}$.

解：$\lim\limits_{x \to 0}\dfrac{1 - \cos x}{x^2} = \lim\limits_{x \to 0}\dfrac{2\sin^2\dfrac{x}{2}}{x^2} = \dfrac{1}{2}\lim\limits_{x \to 0}\dfrac{\sin^2\dfrac{x}{2}}{\left(\dfrac{x}{2}\right)^2} = \dfrac{1}{2}\lim\limits_{x \to 0}\left(\dfrac{\sin\dfrac{x}{2}}{\dfrac{x}{2}}\right)^2 = \dfrac{1}{2} \cdot 1^2 = \dfrac{1}{2}.$

【例3】 求 $\lim\limits_{x \to 0} \dfrac{\arcsin x}{x}$.

解：令 $t = \arcsin x$，则 $x = \sin t$，当 $x \to 0$ 时，有 $t \to 0$，由复合函数的极限运算法则得

$$\lim_{x \to 0}\frac{\arcsin x}{x} = \lim_{t \to 0}\frac{t}{\sin t} = 1.$$

【例4】 求 $\lim\limits_{n \to \infty}\left(\dfrac{1}{\sqrt{n^2 + 1}} + \dfrac{1}{\sqrt{n^2 + 2}} + \cdots + \dfrac{1}{\sqrt{n^2 + n}}\right)$.

解：利用不等式放缩得

$$\frac{n}{\sqrt{n^2 + n}} < \frac{1}{\sqrt{n^2 + 1}} + \cdots + \frac{1}{\sqrt{n^2 + n}} < \frac{n}{\sqrt{n^2 + 1}},$$

并且

$$\lim_{n \to \infty}\frac{n}{\sqrt{n^2 + n}} = \lim_{n \to \infty}\frac{n}{\sqrt{n^2 + 1}} = 1,$$

由夹逼定理可得

$$\lim_{n \to \infty}\left(\frac{1}{\sqrt{n^2 + 1}} + \frac{1}{\sqrt{n^2 + 2}} + \cdots + \frac{1}{\sqrt{n^2 + n}}\right) = 1.$$

1.4.2 单调有界准则与第二个重要极限

定理 1.7（单调有界准则） 单调有界数列必有极限.

事实上，一个单调数列的点依次描在数轴上，则可得出这些点与某个点无限接近或趋向于数轴的无穷远处，由数列有界，则只能使得数列无限趋近于某点，即数列的极限存在.

利用这一极限存在准则，我们得出了第二个重要极限：

$$\lim_{x \to \infty}\left(1 + \frac{1}{x}\right)^x = \mathrm{e}.$$

这一结论不加以证明.

同时还可以得出，当 x 趋于 $+\infty$ 或 $-\infty$ 时，函数 $\left(1 + \dfrac{1}{x}\right)^x$ 的极限都存在，且都等于 e.

利用复合函数的极限运算法则，可把 $\lim\limits_{x \to \infty}\left(1 + \dfrac{1}{x}\right)^x = \mathrm{e}$ 写成另一形式：

$$\lim_{x \to 0}(1 + x)^{\frac{1}{x}} = \mathrm{e}.$$

【例5】 求 $\lim\limits_{x \to 0}(1 - x)^{\frac{1}{x}}$.

解：$\lim\limits_{x \to 0}(1 - x)^{\frac{1}{x}} = \lim\limits_{x \to 0}\left[(1 + (-x))^{\frac{1}{-x}}\right]^{-1} = \mathrm{e}^{-1}.$

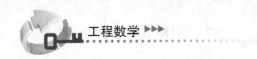

习 题 1.4

1. 计算下列极限:

(1) $\lim\limits_{x \to 0} \dfrac{\arctan x}{x}$;

(2) $\lim\limits_{x \to 0} \dfrac{\sin 2x}{x}$;

(3) $\lim\limits_{x \to 0} \dfrac{\sin 2x}{\sin 3x}$;

(4) $\lim\limits_{x \to 0} \dfrac{\sin 2x}{\tan 5x}$;

(5) $\lim\limits_{x \to 0} \dfrac{1 - \cos x}{x^2}$;

(6) $\lim\limits_{x \to \frac{\pi}{2}} \dfrac{\cos x}{\dfrac{\pi}{2} - x}$;

(7) $\lim\limits_{x \to \infty} x \sin \dfrac{1}{x}$.

2. 计算下列极限:

(1) $\lim\limits_{x \to \infty} \left(1 - \dfrac{1}{x}\right)^x$;

(2) $\lim\limits_{x \to \infty} \left(1 + \dfrac{1}{x}\right)^{2x}$;

(3) $\lim\limits_{x \to \infty} \left(1 - \dfrac{3}{x}\right)^x$;

(4) $\lim\limits_{x \to \infty} \left(1 + \dfrac{3}{2x + 1}\right)^x$;

(5) $\lim\limits_{x \to \infty} \left(\dfrac{2x + 5}{2x + 3}\right)^x$;

(6) $\lim\limits_{x \to 0} (1 + 2x)^{\frac{1}{x}}$.

3. 计算下列极限:

(1) $\lim\limits_{x \to 0} \dfrac{\ln(x + 1)}{x}$;

(2) $\lim\limits_{x \to \infty} \dfrac{e^x - 1}{x}$.

4. 证明下列结果:

(1) $\lim\limits_{n \to \infty} n\left(\dfrac{1}{n^2 + 1} + \dfrac{1}{n^2 + 2} + \cdots + \dfrac{1}{n^2 + n}\right) = 1$;

(2) $\lim\limits_{n \to \infty} \left(1 + \dfrac{1}{1 + 2} + \dfrac{1}{1 + 2 + 3} + \cdots + \dfrac{1}{1 + 2 + 3 + \cdots + n}\right) = 2$;

(3) 数列 $\sqrt{2}, \sqrt{2 + \sqrt{2}}, \sqrt{2 + \sqrt{2 + \sqrt{2}}}, \cdots$ 的极限存在.

1.5   无穷小的比较

根据无穷小的性质我们可知,两个无穷小的和、差、积均为无穷小,那么两个无穷小的商还是无穷小吗?我们来研究一下当 $x \to 0$ 时,无穷小 $x, 2x^2, \sin x$ 有以下情况:

$$\lim\limits_{x \to 0} \dfrac{2x^2}{x} = 0, \quad \lim\limits_{x \to 0} \dfrac{x}{2x^2} = \infty, \quad \lim\limits_{x \to 0} \dfrac{x}{\sin x} = 1.$$

由此可以看出,两个无穷小的商未必为无穷小,其可以是无穷小、无穷大,也可以是某一个确定的非零实数. 那么这些结果都是由什么原因造成的呢?当 $x \to 0$ 时,三个无穷小虽然都是在趋向于零,但是它们趋向于零的"速度"是不一样的. 其中,x 趋于零的"速度"比 $2x^2$ 慢;$\sin x$ 趋向于零的"速度"与 x 相当. 这就说明,两个无穷小的比值的极限是多少取决于两个无穷小趋于零的"速度"大小. 由此我们给出了以下的定义.

定义 1.9 (1) 如果 $\lim \dfrac{\beta}{\alpha} = 0$,就说 β 是比 α 高阶的无穷小,记作 $\beta = o(\alpha)$.

(2) 如果 $\lim \dfrac{\beta}{\alpha} = \infty$,就说 β 是比 α 低阶的无穷小.

(3) 如果 $\lim \dfrac{\beta}{\alpha} = c \neq 0$,就说 β 与 α 是同阶无穷小.

(4) 如果 $\lim \dfrac{\beta}{\alpha^k} = c \neq 0, k > 0$,就说 β 是关于 α 的 k 阶无穷小.

(5) 如果 $\lim \dfrac{\beta}{\alpha} = 1$,就说 β 与 α 是等价无穷小,记作 $\alpha \sim \beta$. 等价无穷小是同阶无穷小的特殊情形,即 $c = 1$ 的情形.

例如,① 因为 $\lim\limits_{x \to 0} \dfrac{3x^2}{x} = 0$,所以当 $x \to 0$ 时,$3x^2$ 是比 x 的高阶的无穷小,即

$$3x^2 = o(x) \quad (x \to 0).$$

② 因为 $\lim\limits_{n \to \infty} \dfrac{\frac{1}{n}}{\frac{1}{n^2}} = \infty$,所以当 $n \to \infty$ 时,$\dfrac{1}{n}$ 是比 $\dfrac{1}{n^2}$ 低阶的无穷小.

③ 因为 $\lim\limits_{x \to 3} \dfrac{x^2 - 9}{x - 3} = 6$,所以当 $x \to 3$ 时,$x^2 - 9$ 与 $x - 3$ 是同阶无穷小.

④ 因为 $\lim\limits_{x \to 0} \dfrac{1 - \cos x}{x^2} = \dfrac{1}{2}$,所以当 $x \to 0$ 时,$1 - \cos x$ 是关于 x 的二阶无穷小.

⑤ 因为 $\lim\limits_{x \to 0} \dfrac{\sin x}{x} = 1$,所以当 $x \to 0$ 时,$\sin x$ 与 x 是等价无穷小,即 $\sin x \sim x (x \to 0)$.

【例1】 求证:当 $x \to 0$ 时,有

(1) $\ln(x + 1) \sim x$; (2) $e^x - 1 \sim x$.

证明: (1) 由于 $\dfrac{\ln(x + 1)}{x} = \ln(x + 1)^{\frac{1}{x}}$,并且 $\lim\limits_{x \to 0}(1 + x)^{\frac{1}{x}} = e$,因此

$$\lim_{x \to 0} \frac{\ln(1 + x)}{x} = 1,$$

由此得出 $\ln(x + 1) \sim x$;

(2) 令 $t = e^x - 1$,则 $x = \ln(t + 1)$,由 (1) 中结果可得 $\ln(t + 1) \sim t$,即

$$e^x - 1 \sim x.$$

【例2】 求证:当 $x \to 0$ 时,$(1 + x)^{\frac{1}{n}} - 1 \sim \dfrac{1}{n}x$.

证明: 由于

$$\lim_{x \to 0} \frac{(1 + x)^{\frac{1}{n}} - 1}{\frac{1}{n}x} = \lim_{x \to 0} \frac{n\left[(1 + x)^{\frac{1}{n}} - 1\right]\left[(1 + x)^{\frac{n-1}{n}} + (1 + x)^{\frac{n-2}{n}} + \cdots + (1 + x)^{\frac{1}{n}} + 1\right]}{x\left[(1 + x)^{\frac{n-1}{n}} + (1 + x)^{\frac{n-2}{n}} + \cdots + (1 + x)^{\frac{1}{n}} + 1\right]},$$

化简得

$$\lim_{x \to 0} \frac{(1 + x)^{\frac{1}{n}} - 1}{\frac{1}{n}x} = \lim_{x \to 0} \frac{n(1 + x - 1)}{x\left[(1 + x)^{\frac{n-1}{n}} + (1 + x)^{\frac{n-2}{n}} + \cdots + (1 + x)^{\frac{1}{n}} + 1\right]} = 1,$$

即当 $x \to 0$ 时，$(1+x)^{\frac{1}{n}} - 1 \sim \dfrac{1}{n}x$.

下面介绍有关等价无穷小的两个定理.

定理 1.8 β 与 α 是等价无穷小的充分必要条件为

$$\beta = \alpha + o(\alpha).$$

例如，当 $x \to 0$ 时，$\sin x \sim x$，因此有 $\sin x = x + o(x)$.

定理 1.9 设 $\alpha \sim \alpha', \beta \sim \beta'$，且 $\lim \dfrac{\beta'}{\alpha'}$ 存在，则 $\lim \dfrac{\beta}{\alpha} = \lim \dfrac{\beta'}{\alpha'}$.

证明：$\lim \dfrac{\beta}{\alpha} = \lim \left(\dfrac{\beta}{\beta'} \cdot \dfrac{\beta'}{\alpha'} \cdot \dfrac{\alpha'}{\alpha} \right) = \lim \dfrac{\beta}{\beta'} \cdot \lim \dfrac{\beta'}{\alpha'} \cdot \lim \dfrac{\alpha'}{\alpha} = \lim \dfrac{\beta'}{\alpha'}$.

【例 3】 求 $\lim\limits_{x \to 0} \dfrac{\tan 2x}{\sin 5x}$.

解：当 $x \to 0$ 时，$\tan 2x \sim 2x$，$\sin 5x \sim 5x$，所以

$$\lim\limits_{x \to 0} \frac{\tan 2x}{\sin 5x} = \lim\limits_{x \to 0} \frac{2x}{5x} = \frac{2}{5}.$$

【例 4】 求 $\lim\limits_{x \to 0} \dfrac{\sin x}{x^3 + 3x}$.

解：当 $x \to 0$ 时，$\sin x \sim x$，无穷小 $x^3 + 3x$ 与它本身显然是等价的. 所以

$$\lim\limits_{x \to 0} \frac{\sin x}{x^3 + 3x} = \lim\limits_{x \to 0} \frac{x}{x(x^2 + 3)} = \lim\limits_{x \to 0} \frac{1}{x^2 + 3} = \frac{1}{3}.$$

【例 5】 求 $\lim\limits_{x \to 0} \dfrac{(1+x^2)^{\frac{1}{3}} - 1}{\cos x - 1}$.

解：当 $x \to 0$ 时，$(1+x^2)^{\frac{1}{3}} - 1 \sim \dfrac{1}{3}x^2$，$\cos x - 1 \sim -\dfrac{1}{2}x^2$，所以

$$\lim\limits_{x \to 0} \frac{(1+x^2)^{\frac{1}{3}} - 1}{\cos x - 1} = \lim\limits_{x \to 0} \frac{\dfrac{1}{3}x^2}{-\dfrac{1}{2}x^2} = -\frac{2}{3}.$$

当 $x \to 0$ 时，常用的等价无穷小有：

$\sin x \sim x, \tan x \sim x, \arcsin x \sim x, \arctan x \sim x, 1 - \cos x \sim \dfrac{x^2}{2}, e^x - 1 \sim x, \ln(1+x) \sim x,$

$(1+x)^{\frac{1}{n}} - 1 \sim \dfrac{1}{n}x.$

习 题 1.5

计算下列极限：

1. $\lim\limits_{x \to 0} \dfrac{\sin x}{\tan 2x}$;

2. $\lim\limits_{x \to 0} \dfrac{\sqrt{x^2 + 1} - 1}{\sin^2 x}$;

3. $\lim\limits_{x \to 0} \dfrac{\sqrt[3]{x + 1} - 1}{\sin x}$;

4. $\lim\limits_{x \to 0} \dfrac{\cos x - 1}{x \sin x}$;

5. $\lim\limits_{x \to \frac{\pi}{2}} \dfrac{\sin x - 1}{\cos x}$;

6. $\lim\limits_{x \to 0} \left(x \sin \dfrac{1}{x} - \dfrac{1}{x} \sin x \right)$.

1.6 函数的连续性

自然界中有许多现象是连续变化的,如气温随着时间的变化,运动物体的位移随着时间的变化,铁轨的长度随着温度的变化等.这种现象在函数关系上的反映,就是函数的连续性.下面引入增量的概念,然后来描述连续性,并引出函数连续性的定义.

1.6.1 函数的连续性

定义 1.10 设变量 u 从它的一个初值 u_1 变到终值 u_2,终值与初值的差 $u_2 - u_1$ 就叫做变量 u 的增量,记作 Δu,即

$$\Delta u = u_2 - u_1.$$

增量 Δu 可以是正的,也可以是负的.在 Δu 为正的情形,变量 u 从 u_1 变到 $u_2 = u_1 + \Delta u$ 时是增大的;当 Δu 为负时,变量 u 是减小的.

值得注意的是,记号 Δu 并不表示某个量 Δ 与变量 u 的乘积,而是一个整体不可分割的记号.

对函数 $y = f(x)$,当自变量从 x_0 变到 x,称 $\Delta x = x - x_0$ 叫自变量 x 的增量,而

$$\Delta y = f(x) - f(x_0)$$

称为相应函数的增量.

我们知道,气温 T 是时间 t 的函数,记作 $T(t)$,而且 T 随着 t 的变化而连续变化,当时间 t 的变化很小时,温度的变化也很微小,即当 $\Delta t \to 0$ 时,$\Delta T \to 0$.由此可以看出,函数 $T(t)$ 满足

$$\lim_{\Delta t \to 0} \Delta T = 0.$$

在更一般的函数中,图 1.5 给出了点 x_0 处三类不同的函数图像,第一个顺利通过;第二和第三个都出现了断开的现象.其中由第一个图可以看出当 $\Delta x \to 0$ 时,$\Delta y \to 0$.我们将函数的这一特性称为连续,其定义如下:

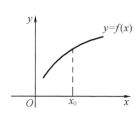 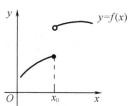 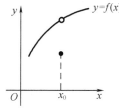

图 1.5

定义 1.11 设函数 $y = f(x)$ 在点 x_0 的某一邻域内有定义,如果

$$\lim_{\Delta x \to 0} \Delta y = \lim_{\Delta x \to 0} [f(x_0 + \Delta x) - f(x_0)] = 0,$$

那么就称函数 $y = f(x)$ 在点 x_0 处连续.

此定义是个精确的定义,可用来证明 $f(x)$ 在点 x_0 处连续.函数 $y = f(x)$ 在点 x_0 处连续的定义又可叙述如下:

设函数 $y = f(x)$ 在点 x_0 的某一邻域内有定义,如果

$$\lim_{x \to x_0} f(x) = f(x_0),$$

那么就称函数 $f(x)$ 在点 x_0 处连续.

这一连续性的等价形式表明函数在点 x_0 处连续要同时满足三个要求:

(1) 函数在点 x_0 处有定义;

(2) $\lim\limits_{x \to x_0} f(x)$ 存在;

(3) $\lim\limits_{x \to x_0} f(x) = f(x_0)$,即点 x_0 处的极限值等于点 x_0 的函数值.

类似左、右极限,我们给出了如下定义:

定义 1.12   如果 $\lim\limits_{x \to x_0^-} f(x) = f(x_0^-)$ 存在且等于 $f(x_0)$,即

$$f(x_0^-) = f(x_0),$$

就称函数 $f(x)$ 在点 x_0 处左连续.

如果 $\lim\limits_{x \to x_0^+} f(x) = f(x_0^+)$ 存在且等于 $f(x_0)$,即

$$f(x_0^+) = f(x_0),$$

就称函数 $f(x)$ 在点 x_0 处右连续.

因此,函数在点 x_0 处连续的充要条件为:函数在该点处既是左连续又是右连续.

连续性是函数在一点处的特性,当函数在区间 I 内每一点处均连续时,我们称函数在区间 I 内连续. 如果区间包括端点,那么函数在右端点连续是指左连续,在左端点连续是指右连续.

函数在 I 区间内连续时,其图像在区间 I 内是一条不间断的曲线.

【例1】   求证:函数 $y = \sin x$ 在区间 $(-\infty, +\infty)$ 内是连续的.

证明:设 x 是区间 $(-\infty, +\infty)$ 内任意取定的一点,当 x 有增量 Δx 时,对应的函数的增量为

$$\Delta y = \sin(x + \Delta x) - \sin x,$$

由三角公式有

$$\sin(x + \Delta x) - \sin x = 2\sin\frac{\Delta x}{2}\cos\left(x + \frac{\Delta x}{2}\right),$$

注意到

$$\left|\cos\left(x + \frac{\Delta x}{2}\right)\right| \leqslant 1,$$

就推得

$$|\Delta y| = |\sin(x + \Delta x) - \sin x| \leqslant 2\left|\sin\frac{\Delta x}{2}\right|.$$

因为对于任意的角度 α,当 $\alpha \neq 0$ 时有 $|\sin\alpha| < |\alpha|$,所以

$$0 \leqslant |\Delta y| = |\sin(x + \Delta x) - \sin x| < |\Delta x|,$$

因此,当 $\Delta x \to 0$ 时,由夹逼准则得 $|\Delta y| \to 0$,这就证明了 $y = \sin x$ 在任一 $x \in (-\infty, +\infty)$ 处是连续的.

类似地可以证明,函数 $y = \cos x$ 在区间 $(-\infty, +\infty)$ 内是连续的.

1.6.2   函数的间断点

定义 1.13   设函数 $y = f(x)$ 在点 x_0 处不连续,即函数 $f(x)$ 有下列三种情形之一:

(1) 在 $x = x_0$ 处没有定义;

(2) 虽在 $x = x_0$ 处有定义,但 $\lim\limits_{x \to x_0} f(x)$ 不存在;

(3) 虽在 $x = x_0$ 处有定义,且 $\lim\limits_{x \to x_0} f(x)$ 存在,但 $\lim\limits_{x \to x_0} f(x) \neq f(x_0)$.

我们则称函数 $f(x)$ 在点 x_0 处不连续,此时我们称点 x_0 为函数 $f(x)$ 的不连续点或间断点.

由间断点产生的原因不同,我们将间断点分为两大类:第一类间断点和第二类间断点.

定义 1.14 如果 x_0 是函数 $f(x)$ 的间断点,但左极限 $f(x_0^-)$ 及右极限 $f(x_0^+)$ 都存在,那么 x_0 称为函数 $f(x)$ 的第一类间断点.

在第一类间断点中,左、右极限相等者,称为可去间断点,不相等者称为跳跃间断点.

不是第一类间断点的任何间断点,称为第二类间断点.

当 $x \to x_0$ 时,$f(x)$ 为无穷大,我们称此时的 x_0 为 $f(x)$ 的无穷间断点;当 $x \to x_0$ 时,$f(x)$ 的值始终在某范围内反复振荡,我们称此时的 x_0 为 $f(x)$ 的振荡间断点. 无穷间断点和振荡间断点均为第二类间断点.

例如:函数 $y = \dfrac{x^2 - 1}{x - 1}$ 在点 $x = 1$ 处没有定义,所以函数在点 $x = 1$ 处不连续. 但这里

$$\lim_{x \to 1} \frac{x^2 - 1}{x - 1} = \lim_{x \to 1}(x + 1) = 2,$$

因此 $x = 1$ 处函数的左、右极限存在且相等,其属于第一类可去间断点.

如果补充定义:令 $x = 1$ 时 $f(x) = 2$,则所给函数在 $x = 1$ 处连续. 这也是可去间断点这一名称的由来.

【例2】 讨论函数

$$y = f(x) = \begin{cases} x, & x \neq 1 \\ \dfrac{1}{2}, & x = 1 \end{cases}$$

间断点的类型.

解:这里

$$\lim_{x \to 1} f(x) = \lim_{x \to 1} x = 1,$$

但 $f(1) = \dfrac{1}{2}$,所以

$$\lim_{x \to 1} f(x) \neq f(1),$$

因此,点 $x = 1$ 是函数 $f(x)$ 的间断点. 如果改变函数 $f(x)$ 在 $x = 1$ 处的定义:令 $f(1) = 1$,则 $f(x)$ 在 $x = 1$ 处连续. 所以 $x = 1$ 称为函数的可去间断点.

【例3】 讨论函数

$$f(x) = \begin{cases} x - 1, & x < 0 \\ 0, & x = 0 \\ x + 1, & x > 0 \end{cases}$$

间断点的类型.

解:这里

$$\lim_{x \to 0^-} f(x) = \lim_{x \to 0^-}(x - 1) = -1,$$

同时

$$\lim_{x \to 0^+} f(x) = \lim_{x \to 0^+}(x + 1) = 1,$$

其左极限与右极限虽都存在但不相等,所以点 $x = 0$ 是函数 $f(x)$ 的第一类跳跃间断点.由函数的图像可知 $f(x)$ 的图像在点 $x = 0$ 处产生跳跃现象,这也是跳跃间断点这一名称的由来.

【例4】 试判断正切函数 $y = \tan x$ 在 $x = \dfrac{\pi}{2}$ 处的间断类型.

解:正切函数 $y = \tan x$ 在 $x = \dfrac{\pi}{2}$ 处没有定义,所以点 $x = \dfrac{\pi}{2}$ 是函数 $y = \tan x$ 的间断点.因为

$$\lim_{x \to \frac{\pi}{2}} \tan x = \infty,$$

所以,我们称 $x = \dfrac{\pi}{2}$ 为函数的无穷间断点.

【例5】 试判断函数 $y = \sin \dfrac{1}{x}$ 在点 $x = 0$ 处的间断类型.

解:函数 $y = \sin \dfrac{1}{x}$ 在点 $x = 0$ 处没有定义,所以 $x = 0$ 为函数 $y = \sin \dfrac{1}{x}$ 的间断点.当 $x \to 0$ 时,函数值在 -1 与 1 之间变动无数次,所以点 $x = 0$ 称为函数 $y = \sin \dfrac{1}{x}$ 的振荡间断点,如图 1.6 所示.

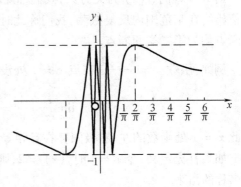

图 1.6

1.6.3 初等函数的连续性

由函数在某点连续的定义和极限的四则运算法则与复合函数极限运算法则,可得出下面的结论.

定理 1.10 设函数 $f(x)$ 和 $g(x)$ 在点 x_0 处连续,则它们的和(差)$f(x) \pm g(x)$、积 $f(x) \cdot g(x)$ 及商 $\dfrac{f(x)}{g(x)}$(当 $g(x_0) \neq 0$ 时)都在点 x_0 处连续.

由此可得出更一般性的结论:

(1)有限个在某点连续的函数的和是一个在该点连续的函数;

(2)有限个在某点连续的函数的乘积是一个在该点连续的函数;

(3)两个在某点连续的函数的商是一个在该点连续的函数,只要分母在该点不为零.

定理 1.11 如果函数在某个区间内单调且连续,则其反函数也在对应的区间内单调且连续.

定理 1.12 设函数 $u = \varphi(x)$ 在点 $x = x_0$ 处连续,且 $\varphi(x_0) = u_0$,而函数 $y = f(u)$ 在点 $u = u_0$ 处连续,则复合函数 $y = f[\varphi(x)]$ 在点 $x = x_0$ 处连续.

由此我们可以得出:**基本初等函数在它们的定义域内都是连续的.**

而初等函数是由基本初等函数经过有限次的四则运算及复合运算所得到的,因此一切初等函数在其定义区间内都是连续的.即如果 $f(x)$ 是初等函数,且 x_0 是 $f(x)$ 定义区间内的点,则

$$\lim_{x \to x_0} f(x) = f(x_0).$$

我们可以用初等函数的连续性进行极限的求解.

【例6】 求 $\lim\limits_{x \to 3} \sqrt{\dfrac{x-3}{x^2-9}}$.

解: $y = \sqrt{\dfrac{x-3}{x^2-9}}$ 可看作 $y = \sqrt{u}$ 与 $u = \dfrac{x-3}{x^2-9}$ 复合而成. 因为 $\lim\limits_{x \to 3} \dfrac{x-3}{x^2-9} = \dfrac{1}{6}$,而函数 y $= \sqrt{u}$ 在点 $u = \dfrac{1}{6}$ 处连续,所以

$$\lim_{x \to 3} \sqrt{\frac{x-3}{x^2-9}} = \sqrt{\lim_{x \to 3} \frac{x-3}{x^2-9}} = \sqrt{\frac{1}{6}} = \frac{\sqrt{6}}{6}.$$

1.6.4 闭区间上连续函数的性质

函数 $f(x)$ 在开区间 (a,b) 内连续,在右端点 b 处左连续,在左端点 a 处右连续,那么函数 $f(x)$ 就是在闭区间 $[a,b]$ 上连续的. 这类函数在闭区间 $[a,b]$ 内具有很多很好的性质.

1. 有界性与最大值最小值定理

这里我们首先给出函数最大值与最小值的概念.

定义 1.15 对于在区间 I 上有定义的函数 $f(x)$,如果有 $x_0 \in I$,使得对于任意 $x \in I$ 都有 $f(x) \leqslant f(x_0)$,则称 $f(x_0)$ 是函数 $f(x)$ 在区间 I 上的最大值.

对于在区间 I 上有定义的函数 $f(x)$,如果有 $x_0 \in I$,使得对于任意 $x \in I$ 都有 $f(x) \geqslant f(x_0)$,则称 $f(x_0)$ 是函数 $f(x)$ 在区间 I 上的最小值.

例如,函数 $f(x) = 1 + \sin x$ 在区间 $[0, 2\pi]$ 上有最大值 2 和最小值 0.

定理 1.13(有界性与最大值和最小值定理) 在闭区间上连续的函数在该区间上有界且一定能取得它的最大值和最小值.

值得注意的是:如果函数在开区间内连续,或函数在闭区间上有间断点,那么函数在该区间上不一定有界,也不一定有最大值或最小值.

例如,函数 $y = \tan x$ 在开区间 $\left(-\dfrac{\pi}{2}, \dfrac{\pi}{2}\right)$ 内是连续的,但它在开区间 $\left(-\dfrac{\pi}{2}, \dfrac{\pi}{2}\right)$ 内是无界的,即既无最大值又无最小值.

又如,函数

$$y = f(x) = \begin{cases} -x+1, & 0 \leqslant x < 1 \\ 1, & x = 1 \\ -x+3, & 1 < x \leqslant 2 \end{cases}$$

在闭区间 $[0,2]$ 上有间断点 $x = 1$,此函数 $f(x)$ 在闭区间 $[0,2]$ 上虽然有界,但是既无最大值又无最小值.

2. 零点定理与介值定理

首先我们给出零点的定义.

定义 1.16 如果存在点 x_0,使得 $f(x_0) = 0$,那么我们称 x_0 为函数 $f(x)$ 的零点.

定理 1.14(零点定理) 设函数 $f(x)$ 在闭区间 $[a,b]$ 上连续,且 $f(a)$ 与 $f(b)$ 异号(即 $f(a) \cdot f(b) < 0$),那么在开区间 (a,b) 内至少有一点 ξ,使得

$$f(\xi) = 0.$$

这一结论可更一般地推广得到:

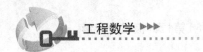

定理1.15(介值定理) 设函数 $f(x)$ 在闭区间 $[a,b]$ 上连续,且在这个区间的端点取不同的函数值 $f(a) = A, f(b) = B$,那么,对于 A 与 B 之间的任意一个数 C,在开区间 (a,b) 内至少有一点 ξ,使得

$$f(\xi) = C \quad (a < \xi < b)$$

该定理的几何意义为:连续曲线弧 $y = f(x)$ 与水平直线 $y = C(A < C < B)$ 至少相交于一点.

由介值定理可以看出,零点存在定理是介值定理的特例. 同时介值定理可推广到更广泛的情形.

推论 在闭区间上连续的函数必取得介于最大值 M 与最小值 m 之间的任何值.

【例7】 求证:方程 $x^3 - 4x^2 + 1 = 0$ 在区间 $(0,1)$ 内至少有一个根.

证明: 函数 $y = x^3 - 4x^2 + 1$ 在闭区间 $[0,1]$ 上连续,又

$$f(0) = 1 > 0, \quad f(1) = -2 < 0,$$

根据零点定理,在 $(0,1)$ 内至少有一点 ξ,使得

$$f(\xi) = 0,$$

即

$$\xi^3 - 4\xi^2 + 1 = 0 \quad (0 < \xi < 1).$$

此等式说明方程 $x^3 - 4x^2 + 1 = 0$ 在区间 $(0,1)$ 内至少有一个根是 ξ.

习 题 1.6

1. 函数 $f(x) = \begin{cases} e^{-\frac{1}{x-1}}, & x \neq 1 \\ 0, & x = 1 \end{cases}$ 在 $x = 1$ 处( ).

A. 连续   B. 左连续   C. 右连续   D. 左右都不连续

2. $x = 0$ 是函数 $x\cos\dfrac{1}{x} + x^2$ 的( ).

A. 连续点   B. 可去间断点   C. 无穷间断点   D. 振荡间断点

3. 函数 $f(x) = \dfrac{x - x^3}{\sin\pi x}$ 的可去间断点的个数为( ).

A. 1   B. 2   C. 3   D. 4

4. 若 $f(x)$ 在 $x = 1$ 处连续,且 $\lim\limits_{x \to 1}\dfrac{f(x) - 2}{x - 1} = 1$,求 $f(1)$ 的值.

5. 设函数 $f(x) = \dfrac{1}{x}\ln(1 - x)$,要使 $f(x)$ 在 $x = 0$ 处连续,则需补充定义 $f(0)$ 的值为多少?

6. 已知函数 $f(x)$ 连续,且 $\lim\limits_{x \to 0}\dfrac{1 - \cos[xf(x)]}{[e^{x^2} - 1]f(x)} = 1$,求 $f(0)$ 的值.

1.7 函数极限的应用

【例1】（药物含量衰减） 某患者每日需注射一次某种药物,每次注射 10 个单位,药物在人体内发生化学变化,其含量不断衰减,半衰期（即药物含量减少到半数的时间）约为 6 小时,问:

(1) n 日之后,在注射之前,人体内的药物含量为多少?

(2) 对(1)的结果进行分析.

解:(1) 由于药物含量的半衰期为 6 小时,即在注射 6 小时之后,人体内的药物含量为 $\frac{1}{2} \times 10$,12 小时之后,人体内的药物含量为 $\frac{1}{2^2} \times 10$,…… 因此在 1 日之后,人体内的药物含量为

$$a_1 = \left(\frac{1}{2}\right)^4 \times 10,$$

此时,又注射一次,人体内的药物含量为

$$b_1 = 10 + a_1 = 10 + \left(\frac{1}{2}\right)^4 \times 10.$$

设 $n - 1$ 日 $(n > 1)$ 后,在注射之前,人体内的药物含量为 a_{n-1},则注射之后的药物含量为

$$b_{n-1} = 10 + a_{n-1},$$

n 日之后,在注射之前,人体内的药物含量为

$$a_n = \left(\frac{1}{2}\right)^4 \times b_{n-1} = \left(\frac{1}{2}\right)^4 \times a_{n-1} + \left(\frac{1}{2}\right)^4 \times 10.$$

利用中学学过的有关数列的知识,不难得出数列 $\{a_n\}$ 的通项为

$$a_n = \frac{\left(\frac{1}{2}\right)^4 \times 10 \times \left[1 - \left(\frac{1}{2}\right)^{4n}\right]}{1 - \left(\frac{1}{2}\right)^4}.$$

(2) 对(1)进行分析,由于 $\left(\frac{1}{2}\right)^{4n} > 0$,所以无论 n 取何值,总有

$$a_n < \frac{\left(\frac{1}{2}\right)^4 \times 10}{1 - \left(\frac{1}{2}\right)^4} = \frac{2}{3},$$

又由于 $1 - \left(\frac{1}{2}\right)^{4n} \geqslant 1 - \left(\frac{1}{2}\right)^4$,所以无论取何值,总有 $a_n \geqslant \left(\frac{1}{2}\right)^4 \times 10 = \frac{5}{8}$. 因此,在每日注射之前,人体内的药物含量总是在 $\frac{5}{8}$ 与 $\frac{2}{3}$ 之间. 而且当 n 的值越来越大时,$\left(\frac{1}{2}\right)^{4n}$ 越来越接近于 0,于是 a_n 的值越来越接近于 $\frac{2}{3}$,也就是说,当 n 的值无限增大时,数列 $\{a_n\}$ 以常数 $\frac{2}{3}$ 为极限.

【例2】（圆的周长） 我国三国时期的数学家刘徽采用"无限逼近"的思想,提出用割圆术来计算圆的周长和面积. 割圆术的要旨是用圆内接正多边形去逼近圆,刘徽从圆内接正

六边形出发,将边数逐渐加倍,并计算逐次得到的正多边形周长和面积. 他指出:"割之弥细,所失弥少,割之又割,以至于不可割,则与圆周合体而无所失矣."

解:由于圆内接正 n 边形的边长为 $2R\left(\sin\dfrac{2\pi}{2n}\right) = 2R\sin\dfrac{\pi}{n}$,因此其周长为

$$L_n = 2nR\sin\frac{\pi}{n},$$

所以圆的周长为

$$L = \lim_{n\to\infty}L_n = \lim_{n\to\infty}2nR\sin\frac{\pi}{n} = 2\pi R.$$

【例3】(连续复利) 设有一笔本金 A_0 存入银行,年利率为 r,若以复利计算,到第 t 年末将增值到 A_t,求 A_t;若每时每刻都计算利息,则 A_t 又是多少呢?

解:若以一年为期计算利息,则一年末本利和为

$$A_1 = A_0 + A_0 r = A_0(1 + r),$$

两年末本利和为

$$A_2 = A_0(1 + r) + A_0(1 + r)r = A_0(1 + r)^2,$$

依此类推,t 年末本利和为

$$A_t = A_0(1 + r)^t.$$

如果把一年均分为 n 期计算利息,这样每期利息可以认为是 $\dfrac{r}{n}$. 用上述方法可以推得第 t 年末本利和为

$$A_t = A_0\left(1 + \frac{r}{n}\right)^{nt},$$

如果利息的"期"无限缩短,从而计息次数 $n\to\infty$,则第 t 年末本利和为

$$\lim_{n\to\infty}A_t = \lim_{n\to\infty}A_0\left(1 + \frac{r}{n}\right)^{nt} = e^{rt}.$$

【例4】(方椅稳定问题) 众所周知,三条腿的椅子总是能稳定着地的,但四条腿的椅子,在起伏不平的地面上能不能也四脚同时着地呢?

解:假设地面是一个连续的曲面,即沿任意方向地面的高度不会出现间断,也就是地面没有台阶或裂口等情况.

假定椅子是正方形的,它的四条腿长度相等,并且椅子的四脚分别是 A,B,C,D,正方形 $ABCD$ 的中心点为 O,以 O 为原点建立直角坐标系. 当我们将椅子绕 O 点转动时,用对角线 AC 与 x 轴的夹角 θ 来表式椅子的位置. 记 A,C 两脚与地面距离之和为 $f(\theta)$,B,D 两脚与地面距离之和为 $g(\theta)$. 容易知道,它的四角能同时着地的充要条件是:$f(\theta) = g(\theta)$,当然此时这个正方形平面不一定与平面平行.

另一方面,根据正方形具有的旋转对称性可知,对于任意的 θ,有

$$f\left(\theta + \frac{\pi}{2}\right) = g(\theta), \quad g\left(\theta + \frac{\pi}{2}\right) = f(\theta).$$

作辅助函数 $\varphi(\theta) = f(\theta) - g(\theta)$,则函数 $\varphi(\theta)$ 在区间上 $\left[0,\dfrac{\pi}{2}\right]$ 连续,且有

$$\varphi(0)\varphi\left(\frac{\pi}{2}\right) = \left[f(0) - g(0)\right]\left[f\left(\frac{\pi}{2}\right) - g\left(\frac{\pi}{2}\right)\right]$$

$$= \left[f(0) - g(0)\right]\left[g(0) - f(0)\right]$$

$$= - [f(0) - g(0)]^2 \leqslant 0,$$

根据闭区间上连续函数的零点定理可知一定存在 $\xi \in \left[0, \dfrac{\pi}{2}\right]$，使 $\varphi(\xi) = 0$，即

$$f(\xi) = g(\xi).$$

这就说明了只要转动适当的角度，总能使四条腿的椅子稳定着地.

【例5】（黄山旅游） 一个旅游者，某日早上7点钟离开安徽黄山脚下的旅馆，沿着一条上山的路，当天下午7点钟走到黄山顶上的旅馆. 第二天早上7点钟，他从山顶沿原路下山，在当天下午7点钟回到黄山脚下的旅馆. 试证明在这条路上存在这样的一个点，旅游者在两天的同一时刻都经过此点.

解：设两个旅馆之间的路程为 L，以 $f(t)$ 表示在时刻 $t(\in [7, 19])$ 该旅游者离开黄山脚下旅馆的路程，则可知 $f(t)$ 是区间 $[7, 19]$ 上是连续函数，且有 $f(7) = 0, f(19) = L$.

以 $g(t)$ 表示该旅游者在第二天下山时在与前一天同时刻尚未走完的路程，则可知 $g(t)$ 是区间 $(7, 19)$ 上的连续函数，且有 $g(7) = L, g(19) = 0$.

于是原问题转化为：证明存在 $\xi \in [7, 19]$，使得 $f(\xi) = g(\xi)$.

作辅助函数 $\varphi(t) = f(t) - g(t)$，则 $\varphi(t)$ 在区间 $[7, 19]$ 上是连续函数，且有

$$\varphi(7)\varphi(19) = [f(7) - f(19)][g(7) - g(19)] = - L^2 < 0$$

根据闭区间上连续函数的零点定理知，一定存在 $\xi \in [7, 19]$，使得 $\varphi(\xi) = 0$，即有 $f(\xi) = g(\xi)$. 这就得到了要证明的结论.

【阅读材料2】

四大数学家之一 —— 牛顿

艾萨克·牛顿(Isaac Newton, 1642—1727)，英国物理学家、数学家、天文学家、自然哲学家，经典力学的奠基人，被誉为人类历史上最伟大的科学家之一.

牛顿对微积分发现之路始于1661年他考入剑桥大学三一学院. 在那里，他专心研究了法国数学家、哲学家笛卡儿的《几何学》，英国数学家、密码专家沃利斯的《无穷算数》，此外还阅读了伽利略、开普勒、巴罗、费马等人的著作. 在这些著作中，笛卡儿的解析几何为牛顿创立微积分提供了施展才华的舞台，费马做切线的方法给牛顿的微积分之路作了一个直接的铺垫，《无穷算数》中"沃利斯曲线"求积问题导致牛顿二项式定理的发现；另一方面，在剑桥学习时他还得到了时任卢卡斯教授、著名数学家巴罗的悉心指导，恩师巴罗关于"微分三角形"的深刻思想给了他极大影响.

1665年初，牛顿获剑桥大学学士学位. 这一年，伦敦爆发鼠疫，剑桥被迫关闭，牛顿回到了家乡伍尔索普. 在家乡度过的这段时间可以说是牛顿科学生涯中的黄金岁月. 他平生的三大发明：微积分、万有引力定律和光谱分析基本都是在1665—1667年间完成的，这时他年仅23岁. 家喻户晓的"苹果落地"的故事就发生在这个时候. 他在手稿里写道："这一切都是在瘟疫年中成功的，因为在那些日子里，我正处在发明旺盛的时代，对于数学和哲学的热

心，比以后任何时代更甚."

1667 年，牛顿返回剑桥，但他却未宣布自己的重大发现．直到 1669 年，牛顿在他的朋友中散发了题目为《运用无穷多项方程的分析学》的小册子，这本书直到 1711 年才出版．在写于 1671 年，经过半个世纪直到 1736 年才出版的书《流数术和无穷级数》中，牛顿对他的微积分思想有了更加广泛而深刻的说明．在写于 1676 年，发表于 1704 年的第三篇微积分论文《求曲边形面积》中，牛顿试图排除由"无穷小"引起的混乱局面，建立起没有无穷小的微积分．在 1687 年，牛顿公开发表的第一本包含他的微积分思想的巨著《自然哲学的数学原理》出版，在这本书中，他首次以几何形式公开表述了流数术及其应用，此时距离他创立流数术已经 22 年．在《原理》中，牛顿舍弃了无穷小量而用了消失的可分量，即能够无穷缩小的量，提出了"最初比和最终比"，出现了明显的极限过程．

从上面的介绍中我们可以看到，牛顿在写完微积分的论文很长时间之后才发表这些论文，一个原因可能是由于他认识到所发明的微积分本身存在缺陷，缺乏稳固的理论基础，他想给自己更多的时间来修改、完善他的发现．另一个原因是他最初发表的几篇关于光学的论文受到同时代的科学家的争论和暴风雨般的批评，尤其是英国科学家胡克的批评使他感觉争论极为麻烦和讨厌．这导致他尽管继续光学研究，但再也没有发表光学论文，直到 30 多年后胡克去世，他才发表他光学上的主要著作《光学》．他当时决定不向外界公开他的数学成果很可能也是出于这样的原因．英国数学家、数学史家德摩根称牛顿是"一种病态的害怕别人反对的心理统治了他的一生."现在看来，如果当初牛顿早些发表关于微积分的著作，可能会避免与莱布尼兹发生优先权之争．

牛顿在他的时代是一位几乎在各个学科领域都做出划时代贡献的人物．他奠定的理论力学、微积分、物质组成思想、光学实验发现和理论、万有引力定律、运动三大定律、低速流体阻力定律等，都在各个学科的历史上留下了划时代、奠基性和不可磨灭的印迹．

第 2 章 微 分 学

微分学是微积分的重要组成部分,它的基本概念是导数与微分. 导数反映函数的自变量在变化时,相应的函数值变化的快慢程度;微分表示自变量在微小变化时,函数值大体上变化了多少. 在这一章中,主要讨论导数和微分的概念以及它们的计算方法,运用导数来判定函数曲线的性态 —— 单调性及凹凸性,并利用导数与微分解决一些实际问题.

2.1 导数的概念

2.1.1 函数在点 x_0 的导数

为了给出导数的概念,我们先看下面两个问题.

【例1】 直线运动物体的瞬时速度.

设某质点沿直线运动. 在直线上引入原点和单位点(即表示实数1的点),使直线成为数轴,此外,再取定一个时刻作为测量时间的零点. 设动点于时刻 t 在直线上的位置的坐标为 s(简称位置 s). 这样,该质点的运动完全由位移函数

$$s = f(t)$$

所确定. 在匀速直线运动中,质点的运动速度为

$$v = \frac{s}{t}. \tag{2.1}$$

如果运动不是匀速的,那么在运动的不同时间间隔内,式(2.1)会有不同的值. 这样,把式(2.1)笼统地称为该质点的速度就不合适了,而需要按不同时刻来考虑. 那么,这种非匀速运动的质点在某一时刻(设为 t_0)的速度应如何理解而又如何求得呢?

首先取从时刻 t_0 到 t 这样一段时间内,质点从位置 $s_0 = f(t_0)$ 移动到 $s = f(t)$. 这时由式(2.1)算得的比值

$$\frac{s - s_0}{t - t_0} = \frac{f(t) - f(t_0)}{t - t_0} \tag{2.2}$$

可认为是动点在上述时间间隔内的平均速度. 如果时间间隔选得较短,公式(2.2)在实践中也可用来说明动点在时刻 t_0 的速度. 但对于动点在时刻 t_0 的速度的精确概念来说,这样做是不够的,而更确切地应当这样表述:令 $t \to t_0$ 时,取式(2.2)的极限,如果这个极限存在,设为 v,即 $v = \lim\limits_{t \to t_0} \dfrac{f(t) - f(t_0)}{t - t_0}$,这时就把这个极限值 v 称为动点在时刻 t_0 的瞬时速度.

【例2】 切线问题.

在平面几何里,圆的切线可定义为"与曲线只有一个交点的直线". 但是对于其他曲线,用"与曲线只有一个交点的直线"作为切线的定义就不一定合适. 例如,对于抛物线 $y = x^2$,在原点 O 处两个坐标轴都符合上述定义,但实际上只有 x 轴是该抛物线在点 O 处的切线. 因此,我们首先给出切线的定义.

设有曲线 C 及曲线 C 上的一点 M（图2.1），在点 M 外另取曲线 C 上一点 N，作割线 MN. 当点 N 沿曲线 C 趋近于点 M 时，如果割线 MN 绕点 M 旋转而趋于极限位置 MT，我们就称直线 MT 为曲线 C 在点 M 处的切线. 这里极限位置的含义是：当弦长 $|MN|$ 趋于零时，$\angle NMT$ 也趋于零.

设 $M(x_0, y_0)$ 是曲线 C 上的一个点（图2.2），则 $y_0 = f(x_0)$. 因为要定出曲线 C 在点 M 处的切线，只要定出切线的斜率即可. 所以在点 M 外另取 C 上的一点 $N(x, y)$，于是割线 MN 的斜率为

$$\tan\varphi = \frac{y - y_0}{x - x_0} = \frac{f(x) - f(x_0)}{x - x_0}$$

其中 φ 为割线 MN 的倾斜角. 当点 N 沿曲线 C 趋于点 M 时，即 $x \to x_0$. 若 $x \to x_0$ 时，上式的极限存在，设为 k，即

$$k = \lim_{x \to x_0} \frac{f(x) - f(x_0)}{x - x_0}$$

存在，则此极限 k 是割线斜率的极限，也就是切线的斜率. 这里 $k = \tan\alpha$，其中 α 是切线 MT 的倾斜角. 于是，通过点 $M(x_0, f(x_0))$ 且以 k 为斜率的直线 MT 便是曲线 C 在点 M 处的切线.

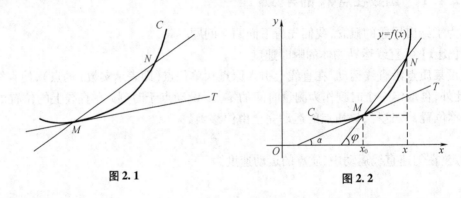

图2.1　　　　　　　　　　　　　　图2.2

撇开这些量的具体意义，抓住它们在数量关系上的共性我们可以给出导数的概念.

2.1.2　导数及相关概念

1. 导数的定义

定义 2.1　设函数 $y = f(x)$ 在点 x_0 的某个邻域内有定义，当自变量 x 在 x_0 处取得增量 Δx（点 $x_0 + \Delta x$ 仍在该邻域内）时，相应的函数有增量

$$\Delta y = f(x_0 + \Delta x) - f(x_0),$$

如果 Δy 与 Δx 之比 $\dfrac{\Delta y}{\Delta x}$，当 $\Delta x \to 0$ 时极限存在，则称函数 $y = f(x)$ 在点 x_0 处可导，并称这个极限为函数 $y = f(x)$ 在点 x_0 处的导数，记为 $f'(x_0)$，即

$$f'(x_0) = \lim_{\Delta x \to 0} \frac{\Delta y}{\Delta x} = \lim_{\Delta x \to 0} \frac{f(x_0 + \Delta x) - f(x_0)}{\Delta x}, \tag{2.3}$$

也可记作 $y'\big|_{x=x_0}$，$\dfrac{\mathrm{d}y}{\mathrm{d}x}\Big|_{x=x_0}$ 或 $\dfrac{\mathrm{d}f(x)}{\mathrm{d}x}\Big|_{x=x_0}$.

函数 $f(x)$ 在点 x_0 处可导有时也说成 $f(x)$ 在点 x_0 处具有导数或导数存在. 导数的定义式（2.3）也可取不同的形式，常见的有

$$f'(x_0) = \lim_{h \to 0} \frac{f(x_0 + h) - f(x_0)}{h}, \tag{2.4}$$

式(2.4)中的 h 即为自变量的增量 Δx. 还有

$$f'(x_0) = \lim_{x \to x_0} \frac{f(x) - f(x_0)}{x - x_0}. \qquad (2.5)$$

值得注意的是:如果极限(2.3)不存在,就说函数 $y = f(x)$ 在点 x_0 处不可导. 如果不可导的原因是由于 $\Delta x \to 0$ 时,比式 $\dfrac{\Delta y}{\Delta x} \to \infty$,为了方便起见,也往往说函数 $y = f(x)$ 在点 x_0 处的导数为无穷大.

上面讲的是函数在一点处可导的概念.

定义2.2 如果函数 $y = f(x)$ 在定义域 I 内的每点处都可导,则称 $f(x)$ 为可导函数,这时由每点的导数值所构成的函数,称之为 $f(x)$ 的导函数,简称导数. 记作

$$y', \quad f'(x), \quad \frac{\mathrm{d}y}{\mathrm{d}x}, \quad \frac{\mathrm{d}f(x)}{\mathrm{d}x}.$$

在式(2.1)或式(2.2)中把 x_0 换成 x,即得导函数的定义式

$$y' = \lim_{\Delta x \to 0} \frac{f(x + \Delta x) - f(x)}{\Delta x},$$

或

$$f'(x) = \lim_{h \to 0} \frac{f(x + h) - f(x)}{h}.$$

显然,函数 $f(x)$ 在点 x_0 处的导数 $f'(x_0)$ 就是导函数 $f'(x)$ 在点 $x = x_0$ 处的函数值,即

$$f'(x_0) = f'(x) \big|_{x = x_0}$$

2. 几种常见函数的导数

【例3】 求函数 $f(x) = C$(C 为常数)的导数.

解:由导数定义得

$$f'(x) = \lim_{h \to 0} \frac{f(x + h) - f(x)}{h} = \lim_{h \to 0} \frac{C - C}{h} = 0,$$

即

$$(C)' = 0.$$

可得,常数的导数等于零.

【例4】 求函数 $f(x) = \sin x$ 的导数.

解:由导数的定义得

$$\begin{aligned}
f'(x) &= \lim_{h \to 0} \frac{f(x + h) - f(x)}{h} \\
&= \lim_{h \to 0} \frac{\sin(x + h) - \sin x}{h} \\
&= \lim_{h \to 0} \frac{1}{h} \cdot 2\cos\left(x + \frac{h}{2}\right)\sin \frac{h}{2} \\
&= \lim_{h \to 0} \frac{2}{h}\cos\left(x + \frac{h}{2}\right) \cdot \sin \frac{h}{2} \\
&= \lim_{h \to 0}\cos\left(x + \frac{h}{2}\right) \cdot \frac{\sin \dfrac{h}{2}}{\dfrac{h}{2}} \\
&= \cos x,
\end{aligned}$$

即

$$(\sin x)' = \cos x.$$

可得,正弦函数的导数是余弦函数.

用类似的方法可求得

$$(\cos x)' = -\sin x,$$

即余弦函数的导数是负的正弦函数.

【例5】 求函数 $f(x) = a^x(a > 0, a \neq 1)$ 的导数.

解: 由导数定义有

$$f'(x) = \lim_{h \to 0} \frac{f(x+h) - f(x)}{h} = \lim_{h \to 0} \frac{a^{x+h} - a^x}{h} = a^x \lim_{h \to 0} \frac{a^h - 1}{h}$$

$$= a^x \lim_{h \to 0} \frac{e^{h\ln a} - 1}{h} = a^x \lim_{h \to 0} \frac{h\ln a}{h} = a^x \ln a,$$

即

$$(a^x)' = a^x \ln a.$$

这就是指数函数的导数公式. 特殊地,当 $a = e$ 时,因 $\ln e = 1$,故有

$$(e^x)' = e^x,$$

可得以 e 为底的指数函数的导数是其本身.

【例6】 求函数 $f(x) = \log_a x(a > 0, a \neq 1)$ 的导数.

解: 由导数定义得

$$f'(x) = \lim_{h \to 0} \frac{f(x+h) - f(x)}{h} = \lim_{h \to 0} \frac{\log_a(x+h) - \log_a x}{h}$$

$$= \lim_{h \to 0} \frac{1}{h} \log_a \frac{x+h}{x} = \lim_{h \to 0} \frac{1}{x} \cdot \frac{x}{h} \log_a \left(1 + \frac{h}{x}\right)$$

$$= \frac{1}{x} \lim_{h \to 0} \frac{\log_a \left(1 + \frac{h}{x}\right)}{\frac{h}{x}} = \frac{1}{x} \log_a e = \frac{1}{x} \frac{\ln e}{\ln a} = \frac{1}{x \ln a},$$

即

$$(\log_a x)' = \frac{1}{x \ln a}.$$

这就是对数函数的导数公式. 特殊地,当 $a = e$ 时,由上式得自然对数函数的导数公式:

$$(\ln x)' = \frac{1}{x}.$$

【例7】 求函数 $f(x) = x^n(n \in \mathbf{N}^+)$ 在 $x = a$ 处的导数.

解: 由导数定义得

$$f'(a) = \lim_{x \to a} \frac{f(x) - f(a)}{x - a} = \lim_{x \to a} \frac{x^n - a^n}{x - a}$$

$$= \lim_{x \to a} (x^{n-1} + ax^{n-2} + \cdots + a^{n-1})$$

$$= na^{n-1},$$

把以上结果中的 a 换成 x 得

$$f'(x) = nx^{n-1}.$$

上述 n 可以推广到任意常数,即得幂函数的导数公式. 利用这公式可以方便地求出幂函数的导数.

例如:$y = x^{\frac{1}{2}} = \sqrt{x}\,(x > 0)$ 的导数为

$$\left(x^{\frac{1}{2}}\right)' = \frac{1}{2}x^{\frac{1}{2}-1} = \frac{1}{2}x^{-\frac{1}{2}},$$

即

$$\left(\sqrt{x}\right)' = \frac{1}{2\sqrt{x}}.$$

$y = x^{-1} = \dfrac{1}{x}\,(x \neq 0)$ 的导数为

$$\left(x^{-1}\right)' = (-1)x^{-1-1} = -x^{-2},$$

即

$$\left(\frac{1}{x}\right)' = -\frac{1}{x^2}.$$

3. 单侧导数

根据函数 $f(x)$ 在点 x_0 处的导数 $f'(x_0)$ 的定义

$$f'(x_0) = \lim_{h \to 0} \frac{f(x_0 + h) - f(x_0)}{h}$$

是一个极限.

下面两个极限

$$\lim_{h \to 0^-} \frac{f(x_0 + h) - f(x_0)}{h}, \quad \lim_{h \to 0^+} \frac{f(x_0 + h) - f(x_0)}{h}$$

分别称为函数 $f(x)$ 在点 x_0 处的左导数和右导数,记作 $f'_-(x_0)$ 及 $f'_+(x_0)$,即

$$f'_-(x_0) = \lim_{h \to 0^-} \frac{f(x_0 + h) - f(x_0)}{h},$$

$$f'_+(x_0) = \lim_{h \to 0^+} \frac{f(x_0 + h) - f(x_0)}{h}.$$

根据极限存在的充分必要条件可知:函数 $f(x)$ 在点 x_0 处可导的充分必要条件是左导数 $f'_-(x_0)$ 和右导数 $f'_+(x_0)$ 都存在且相等.

左导数和右导数统称为单侧导数.

如果函数 $f(x)$ 在开区间 (a,b) 内可导,且 $f'_+(a)$ 和 $f'_-(b)$ 都存在,就说 $f(x)$ 在闭区间 $[a,b]$ 上可导.

2.1.3 导数的几何意义

函数 $y = f(x)$ 在点 x_0 处的导数为 $f'(x_0)$ 在几何上表示 $y = f(x)$ 在点 $M(x_0, f(x_0))$ 处的切线的斜率,即

$$\tan\alpha = f'(x_0),$$

其中 α 是切线的倾斜角. 这就是导数的几何意义.

根据导数的几何意义和直线的点斜式方程,可知曲线 $y = f(x)$ 上点 $M(x_0, y_0)$ 处的切线方程为

$$y - y_0 = f'(x_0)(x - x_0).$$

如果 $f'(x_0) \neq 0$,法线的斜率为 $-\dfrac{1}{f'(x_0)}$,从而法线方程为

$$y - y_0 = -\frac{1}{f'(x_0)}(x - x_0) \quad (f'(x_0) \neq 0).$$

【例8】 求抛物线 $y = x^2$ 在点 $(1,3)$ 处的切线方程和法线方程.

解:因为

$$y' = (x^2)' = 2x, \quad y'|_{x=1} = 2x|_{x=1} = 2,$$

由导数的几何意义可知,曲线 $y = x^2$ 在点 $(1,3)$ 处的切线方程为

$$y - 3 = 2(x - 1),$$

即

$$y = 2x + 1.$$

曲线 $y = x^2$ 在点 $(1,3)$ 处的法线方程为

$$y - 3 = -\frac{1}{2}(x - 1),$$

即

$$x + 2y - 7 = 0.$$

2.1.4 函数可导性与连续性的关系

设函数 $y = f(x)$ 在点 x 处可导,即

$$\lim_{\Delta x \to 0} \frac{\Delta y}{\Delta x} = f'(x)$$

存在. 根据函数的极限与无穷小的关系,由上式得

$$\frac{\Delta y}{\Delta x} = f'(x) + \alpha,$$

其中 α 为当 $\Delta x \to 0$ 时的无穷小. 两端同乘以 Δx,得

$$\Delta y = f'(x)\Delta x + \alpha \Delta x,$$

由此可见

$$\lim_{\Delta x \to 0} \Delta y = 0.$$

这表明如果函数 $y = f(x)$ 在点 x 处可导,则函数在该点必连续.其逆命题不成立,即一个函数在某点连续却不一定在该点可导.

【例9】 判断函数 $f(x) = |x|$ 在 $x = 0$ 处是否可导.

解:由导数定义得

$$\lim_{h \to 0} \frac{f(0 + h) - f(0)}{h} = \lim_{h \to 0} \frac{|h| - 0}{h} = \lim_{h \to 0} \frac{|h|}{h}.$$

当 $h < 0$ 时,$\dfrac{|h|}{h} = -1$,故

$$\lim_{h \to 0^-} \frac{|h|}{h} = -1.$$

当 $h > 0$ 时,$\dfrac{|h|}{h} = 1$,故

$$\lim_{h \to 0^+} \frac{|h|}{h} = 1.$$

所以 $\lim\limits_{h \to 0} \dfrac{f(0+h) - f(0)}{h}$ 不存在, 即函数 $f(x) = |x|$ 在 $x = 0$ 处不可导. 但此时函数 $f(x) = |x|$ 在点 $x = 0$ 处连续, 这说明连续未必可导.

习 题 2.1

1. 设 $f'(x_0)$ 存在, 求出下列极限:

(1) $\lim\limits_{h \to 0} \dfrac{f(x_0 + h) - f(x_0)}{h} = $ _____ .

(2) $\lim\limits_{x \to x_0} \dfrac{f(x) - f(x_0)}{x - x_0} = $ _____ .

(3) $\lim\limits_{\Delta x \to 0} \dfrac{f(x_0) - f(x_0 + \Delta x)}{\Delta x} = $ _____ .

(4) $\lim\limits_{h \to 0} \dfrac{f(x_0 + 2h) - f(x_0)}{h} = $ _____ .

(5) $\lim\limits_{h \to 0} \dfrac{f(x_0 + h) - f(x_0 - h)}{h} = $ _____ .

2. 函数 $f(x) = |x - 2|$ 在点 $x = 2$ 时的导数为( ).

A. 1   B. 0   C. -1 D. 不存在

3. 函数

$$f(x) = \begin{cases} 2x + 1, & x < 0 \\ x^2, & x \geqslant 0 \end{cases}$$

在 $x = 0$ 处是( ).

A. 没有极限   B. 有极限但不连续   C. 连续但不可导   D. 可导

4. 讨论 $f(x) = \begin{cases} x^2, & x < 1 \\ 2x, & x \geqslant 1 \end{cases}$ 在点 $x = 1$ 处的连续性与可导性.

5. 讨论 $f(x) = \begin{cases} x^2 + 1, & x < 1 \\ 2x, & x \geqslant 1 \end{cases}$ 在点 $x = 1$ 处的连续性与可导性.

6. 讨论 $f(x) = \begin{cases} x, & x \leqslant 1 \\ 2 - x, & x > 1 \end{cases}$ 在 $x = 1$ 处的连续性与可导性.

2.2 函数求导法则与基本初等函数求导公式

在 2.1 节中我们给出导数的定义, 并利用定义求得某些常见函数的导数, 但是若所有函数的可导计算都从定义出发, 则会带来很大的麻烦. 在本节中, 将介绍求导数的几个基本法则以及前一节中未讨论过的几个基本初等函数的导数公式, 借助于这些法则和基本初等函数的导数公式, 就能比较方便地求出常见的初等函数的导数.

2.2.1 函数的和、差、积、商的求导法则

定理 2.1 如果函数 $u = u(x), v = v(x)$ 都在点 x 处具有导数, 那么它们的和、差、积、

商(除分母为零的点外)都在点 x 处具有导数,且

(1) $[u(x) \pm v(x)]' = u'(x) \pm v'(x)$;

(2) $[u(x)v(x)]' = u'(x)v(x) + u(x)v'(x)$;

(3) $\left[\dfrac{u(x)}{v(x)}\right]' = \dfrac{u'(x)v(x) - u(x)v'(x)}{v^2(x)}$ $(v(x) \neq 0)$.

证明:(1) $[u(x) \pm v(x)]' = \lim\limits_{\Delta x \to 0} \dfrac{[u(x + \Delta x) \pm v(x + \Delta x)] - [u(x) \pm v(x)]}{\Delta x}$

$$= \lim_{\Delta x \to 0} \frac{u(x + \Delta x) - u(x)}{\Delta x} \pm \lim_{\Delta x \to 0} \frac{v(x + \Delta x) - v(x)}{\Delta x}$$

$$= u'(x) \pm v'(x).$$

(2) $[u(x)v(x)]' = \lim\limits_{\Delta x \to 0} \dfrac{u(x + \Delta x)v(x + \Delta x) - u(x)v(x)}{\Delta x}$

$$= \lim_{\Delta x \to 0}\left[\frac{u(x + \Delta x) - u(x)}{\Delta x} \cdot v(x + \Delta x) + u(x)\frac{v(x + \Delta x) - v(x)}{\Delta x}\right]$$

$$= \lim_{\Delta x \to 0}\frac{u(x + \Delta x) - u(x)}{\Delta x} \cdot \lim_{\Delta x \to 0}v(x + \Delta x) + u(x)\lim_{\Delta x \to 0}\frac{v(x + \Delta x) - v(x)}{\Delta x}$$

$$= u'(x)v(x) + u(x)v'(x).$$

(3) $\left[\dfrac{u(x)}{v(x)}\right]' = \lim\limits_{\Delta x \to 0} \dfrac{\dfrac{u(x + \Delta x)}{v(x + \Delta x)} - \dfrac{u(x)}{v(x)}}{\Delta x}$

$$= \lim_{\Delta x \to 0}\frac{u(x + \Delta x)v(x) - u(x)v(x + \Delta x)}{v(x + \Delta x)v(x)\Delta x}$$

$$= \lim_{\Delta x \to 0}\frac{[u(x + \Delta x) - u(x)]v(x) - u(x)[v(x + \Delta x) - v(x)]}{v(x + \Delta x)v(x)\Delta x}$$

$$= \lim_{\Delta x \to 0}\frac{\dfrac{u(x + \Delta x) - u(x)}{\Delta x}v(x) - u(x)\dfrac{v(x + \Delta x) - v(x)}{\Delta x}}{v(x + \Delta x)v(x)}$$

$$= \frac{u'(x)v(x) - u(x)v'(x)}{v^2(x)}.$$

定理 2.1 中的法则(1)(2)可推广到任意有限个可导函数的情形. 例如:

$$u = u(x),\ v = v(x),\ w = w(x)$$

均可导,则有

$$(u + v - w)' = u' + v' - w',$$

$$(uvw)' = u'vw + uv'w + uvw'.$$

在法则(2)中,当 $v(x) = C$(C 为常数)时,有

$$(Cu)' = Cu'.$$

【例1】 $y = 3x^2 + 5x - 6$,求 y'.

解:$y' = (3x^2)' + (5x)' - 6' = 3 \cdot 2x + 5 = 6x + 5.$

【例2】 $f(x) = 2x^3 + 3\sin x - \ln 2$,求 $f'(x)$ 及 $f'\left(\dfrac{\pi}{2}\right)$.

解:由求导法则,得

$$f'(x) = 6x^2 + 3\cos x,$$

则有

$$f'\left(\frac{\pi}{2}\right) = 6\left(\frac{\pi^2}{4}\right) + 3\cos\frac{\pi}{2} = \frac{3}{2}\pi^2.$$

【例3】 $y = e^x(\sin x + \cos x)$，求 y'.

解：$y' = (e^x)'(\sin x + \cos x) + e^x(\sin x + \cos x)'$

$= e^x(\sin x + \cos x) + e^x(\cos x - \sin x)$

$= 2e^x \cdot \cos x.$

【例4】 $y = \tan x$，求 y'.

解：$y' = (\tan x)' = \left(\frac{\sin x}{\cos x}\right)' = \frac{(\sin x)'\cos x - \sin x(\cos x)'}{\cos^2 x}$

$= \frac{\cos^2 x + \sin^2 x}{\cos^2 x} = \frac{1}{\cos^2 x} = \sec^2 x,$

即

$$(\tan x)' = \sec^2 x.$$

这就是正切函数的导数公式.

类似地，可得出余切函数的导数公式：

$$(\cot x)' = -\csc^2 x.$$

【例5】 求 $y = \sec x$，求 y'.

解：$y' = (\sec x)' = \left(\frac{1}{\cos x}\right)' = \frac{(1)'\cos x - 1\cdot(\cos x)'}{\cos^2 x} = \frac{\sin x}{\cos^2 x} = \sec x\tan x,$

即

$$(\sec x)' = \sec x\tan x.$$

这就是正割函数的导数公式.

类似地，可得出余割函数的导数公式：

$$(\csc x)' = -\csc x\cot x.$$

2.2.2 反函数的导数

定理2.2 如果函数 $x = f(y)$ 在区间 I_y 内单调、可导且 $f'(y) \neq 0$，则它的反函数 $y = f^{-1}(x)$ 在区间 $I_x = \{x \mid x = f(y), y \in I_y\}$ 内也可导，且

$$[f^{-1}(x)]' = \frac{1}{f'(y)}, \quad \text{或} \quad \frac{dy}{dx} = \frac{1}{\frac{dx}{dy}}. \tag{2.6}$$

上述结论可简单说成：反函数的导数等于直接函数导数的倒数.

【例6】 设 $x = \sin y, y \in \left[-\frac{\pi}{2}, \frac{\pi}{2}\right]$ 为直接函数，则 $y = \arcsin x$ 是它的反函数. 函数 $x = \sin y$ 在开区间 $I_y = \left(-\frac{\pi}{2}, \frac{\pi}{2}\right)$ 内单调、可导，且

$$(\sin y)' = \cos y > 0,$$

因此，由公式(2.6)，在对应区间 $I_x = (-1, 1)$ 内有

$$(\arcsin x)' = \frac{1}{(\sin y)'} = \frac{1}{\cos y}.$$

由于 $\cos y = \sqrt{1 - \sin^2 y} = \sqrt{1 - x^2}$（因为当 $-\frac{\pi}{2} < y < \frac{\pi}{2}$ 时，$\cos y > 0$，所以根号前只

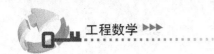
取正号),从而得反正弦函数的导数公式:

$$(\arcsin x)' = \frac{1}{\sqrt{1-x^2}}. \tag{2.7}$$

用类似的方法可得反余弦函数的导数公式:

$$(\arccos x)' = -\frac{1}{\sqrt{1-x^2}}. \tag{2.8}$$

反正切函数的导数公式:

$$(\arctan x)' = \frac{1}{1+x^2}.$$

反余切函数的导数公式:

$$(\text{arccot} x)' = -\frac{1}{1+x^2}.$$

2.2.3 复合函数的求导法则

定理 2.3 如果 $u = g(x)$ 在点 x 处可导,而 $y = f(u)$ 在点 $u = g(x)$ 处可导,则复合函数 $y = f[g(x)]$ 在点 x 处可导,且其导数为

$$\frac{dy}{dx} = f'(u) \cdot g'(x) \quad \text{或} \quad \frac{dy}{dx} = \frac{dy}{du} \cdot \frac{du}{dx}. \tag{2.9}$$

对于多层复合函数,也有类似的求导法则,例如:设由函数 $y = f(u)$, $u = \varphi(v)$ 及 $v = \psi(x)$ 构成复合函数,且满足相应的求导条件,则复合函数 $y = f\{\phi[\psi(x)]\}$ 的导数为

$$\frac{dy}{dx} = \frac{dy}{du} \cdot \frac{du}{dv} \cdot \frac{dv}{dx}.$$

由此可得,复合函数求导方式是从外到内层层求导,故形象地称其为链式法则.

【例7】函数 $y = e^{x^6}$,求 $\frac{dy}{dx}$.

解:把 $y = e^{x^6}$ 可以看作由 $y = e^u$, $u = x^6$ 复合而成,且 $\frac{dy}{du} = e^u$, $\frac{du}{dx} = 6x^5$,所以

$$\frac{dy}{dx} = \frac{dy}{du} \cdot \frac{du}{dx} = e^u \cdot 6x^5 = 6x^5 \cdot e^{x^6}.$$

【例8】 函数 $y = \ln\cos(e^x)$,求 $\frac{dy}{dx}$.

解:所给函数可分解为 $y = \ln u$, $u = \cos v$, $v = e^x$. 因为

$$\frac{dy}{du} = \frac{1}{u}, \quad \frac{du}{dv} = -\sin v, \quad \frac{dv}{dx} = e^x,$$

故

$$\frac{dy}{dx} = \frac{1}{u} \cdot (-\sin v) \cdot e^x = -\frac{\sin(e^x)}{\cos(e^x)} \cdot e^x = -e^x \tan(e^x).$$

通常,不必每次写出具体的复合结构,只要记住哪些为中间变量,哪个是自变量,把中间变量的式子看成一个整体就可以了,熟练掌握此方法可提高求导速度. 例如,例5不写出中间变量,可这样写:

$$\frac{dy}{dx} = [\ln\cos(e^x)]' = \frac{1}{\cos(e^x)}[\cos(e^x)]',$$

$$(\mathrm{e}^x)' = \frac{-\sin(\mathrm{e}^x)}{\cos(\mathrm{e}^x)}(\mathrm{e}^x)' = -\mathrm{e}^x\tan(\mathrm{e}^x).$$

【例9】 函数 $y = \ln\sin x$，求 $\dfrac{\mathrm{d}y}{\mathrm{d}x}$.

解：$\dfrac{\mathrm{d}y}{\mathrm{d}x} = (\ln\sin x)' = \dfrac{1}{\sin x}(\sin x)' = \dfrac{\cos x}{\sin x} = \cot x.$

2.2.4 基本求导法则与导数公式

1. 常数和基本初等函数的导数公式

$(1)(C)' = 0;$

$(2)(x^{\mu})' = \mu x^{\mu-1};$

$(3)(\sin x)' = \cos x;$

$(4)(\cos x)' = -\sin x;$

$(5)(\tan x)' = \sec^2 x;$

$(6)(\cot x)' = -\csc^2 x;$

$(7)(\sec x)' = \sec x\tan x;$

$(8)(\csc x)' = -\csc x\cot x;$

$(9)(a^x)' = a^x\ln a;$

$(10)(\mathrm{e}^x)' = \mathrm{e}^x;$

$(11)(\log_a x)' = \dfrac{1}{x\ln a};$

$(12)(\ln x)' = \dfrac{1}{x};$

$(13)(\arcsin x)' = \dfrac{1}{\sqrt{1-x^2}};$

$(14)(\arccos x)' = -\dfrac{1}{\sqrt{1-x^2}};$

$(15)(\arctan x)' = \dfrac{1}{1+x^2};$

$(16)(\operatorname{arccot} x)' = -\dfrac{1}{1+x^2}.$

2. 函数的和、差、积、商的求导法则

设 $u = u(x), v = v(x)$ 都可导,则有:

$(1)(u \pm v)' = u' \pm v';$

$(2)(Cu)' = Cu'(C$ 为常数$);$

$(3)(uv)' = u'v + uv';$

$(4)\left(\dfrac{u}{v}\right)' = \dfrac{u'v - uv'}{v^2}\ (v \neq 0).$

3. 反函数的求导法则

设 $x = f(y)$ 在区间 I_y 内单调可导,且 $f'(y) \neq 0$,则它的反函数 $y = f^{-1}(x)$ 在区间 $I_x = f(I_y)$ 内也可导,且

$$[f'(x)]' = \frac{1}{f'(y)} \quad \text{或} \quad \frac{\mathrm{d}y}{\mathrm{d}x} = \frac{1}{\dfrac{\mathrm{d}x}{\mathrm{d}y}}.$$

4. 复合函数的求导法则

设 $y = f(u)$,而 $u = g(x)$,且 $f(u)$ 及 $g(x)$ 都可导,则复合函数 $y = f[g(x)]$ 的导数为

$$\frac{\mathrm{d}y}{\mathrm{d}x} = \frac{\mathrm{d}y}{\mathrm{d}u} \cdot \frac{\mathrm{d}u}{\mathrm{d}x} \quad \text{或} \quad f'(u) = f'(x) \cdot g'(x) = f'[g(x)] \cdot g'(x).$$

【例10】 设 $y = \sin nx \cdot \sin^n x(n$ 为常数$)$,求 y'.

解：应用乘积的求导法则

$$y' = (\sin nx)' \cdot \sin^n x + \sin nx \cdot (\sin^n x)' = n\cos nx \cdot \sin^n x + \sin nx \cdot n\sin^{n-1}x \cdot \cos x$$

$$= n\sin^{n-1}x(\cos nx \cdot \sin x + \sin nx \cdot \cos x) = n\sin^{n-1}x \cdot \sin(n+1)x.$$

习 题 2.2

1. 计算下列函数的导数:

(1) $y = x^3 + 2x^2 - x - 3$;

(2) $y = \sqrt{x} + \dfrac{1}{x}$;

(3) $y = \sin x - 2x$;

(4) $y = 2^x - \mathrm{e}^x$;

(5) $y = \ln x + \dfrac{1}{x^2}$;

(6) $y = 4\cos x - 6\sin x$.

2. 计算下列函数的导数:

(1) $y = x^2 \sin x$;

(2) $y = \mathrm{e}^x \sin x$;

(3) $y = x\arctan x$;

(4) $y = x\ln x$;

(5) $y = \dfrac{\ln x}{x}$;

(6) $y = \dfrac{x}{\mathrm{e}^x}$.

3. 计算下列函数的导数:

(1) $y = (2 - 3x)^2$;

(2) $y = (x^2 + 3)^3$;

(3) $y = \cos(2 - x)$;

(4) $y = \sin^2 x$;

(5) $y = \mathrm{e}^{1-2x}$;

(6) $y = 3^{x^2}$;

(7) $y = \ln(1 + x^2)$;

(8) $y = \arcsin(3x)$.

2.3 高 阶 导 数

设 $y = f(x)$ 在 (a, b) 内可导,则它的导函数 $y' = f'(x)$ 作为 (a, b) 内的函数,我们仍然可以考察它们的可导性,这就产生了高阶导数.

例如,在变速直线运动中,如果物体的运动方程为 $s = s(t)$,则物体在时刻 t 的瞬时速度为 s 对 t 的导数,即 $v = s'$. 如果 $v = s'$ 仍是时间 t 的函数,则它对时间 t 的导数称为物体在时刻 t 的瞬时加速度,即 $a = v' = (s')'$(记为 s'')称为 s 对 t 的二阶导数. 这种导数的导数 $\dfrac{\mathrm{d}}{\mathrm{d}t}\left(\dfrac{\mathrm{d}s}{\mathrm{d}t}\right)$ 或 $(s')'$ 叫做 s 对 t 的二阶导数.

一般地,函数的导函数 $f'(x)$ 仍然是 x 的函数,我们把 $y' = f'(x)$ 的导数叫做函数

$y = f(x)$ 的二阶导数. 记作 y'' 或 $\dfrac{\mathrm{d}^2 y}{\mathrm{d}x^2}$, 即

$$y'' = (y')' \quad 或 \quad f''(x) \quad 或 \quad \dfrac{\mathrm{d}^2 y}{\mathrm{d}x^2}$$

一般地, 设 $f'(x)$ 在点 x 的某个邻域内有定义, 若极限

$$\lim_{\Delta x \to 0} \frac{f'(x + \Delta x) - f'(x)}{\Delta x} \ 存在,$$

则称此极限值为函数 $y = f(x)$ 在点的二阶导数.

例如, 自由落体的运动方程为 $s = \dfrac{1}{2} g t^2$, 加速度 $a = s'' = \left(\dfrac{1}{2} g t^2 \right)'' = (gt)' = g$.

相应地, 把 $y = f(x)$ 的导函数 $f'(x)$ 叫做函数 $y = f(x)$ 的一阶导数. 类似地,

二阶导数 $f''(x)$ 的导数叫做 $f(x)$ 的三阶导数, 记作 y''' 或 $\dfrac{\mathrm{d}^3 y}{\mathrm{d}x^3}$.

三阶导数 $f'''(x)$ 的导数叫做 $f(x)$ 的四阶导数, 记作 $y^{(4)}$ 或 $\dfrac{\mathrm{d}^4 y}{\mathrm{d}x^4}$.

一般地, $y = f(x)$ 的 $(n - 1)$ 阶导数的导数叫做 $f(x)$ 的 n 阶导数, 记作 $y^{(n)}$ 或 $\dfrac{\mathrm{d}^n y}{\mathrm{d}x^n}$.

若函数 $y = f(x)$ 具有 n 阶导数, 也常说成函数 $f(x)$ 为 n 阶可导.

n 阶导数存在的条件是: 如果函数 $y = f(x)$ 在点 x 处具有 n 阶导数, 那么 $f(x)$ 在点 x 的某一邻域内必定具有一切低于 n 阶的导数.

二阶及二阶以上的导数统称为高阶导数.

由此可见, 求高阶导数并不需要新的求导公式, 只需要对函数 $f(x)$ 逐次求导就可以 , 所以, 仍可用前面学过的求导方法来计算高阶导数.

【例1】 设函数 $y = 2x + 3$, 求 y''.

解: $y' = 2, y'' = 0$.

【例2】 $s = \sin 6t$, 求 s''.

解: $s' = 6\cos 6t, s'' = -36\sin 6t$.

下面介绍几个初等函数的 n 阶导数, 对其 n 阶导数的求解, 我们采用了归纳演绎的思想.

【例3】 求 $y = a^x$ 的 n 阶导数.

解: 因为

$$y' = a^x \ln a,$$
$$y'' = (\ln a \cdot a^x)' = \ln a (a^x)' = \ln a \cdot \ln a \cdot a^x = a^x (\ln a)^2,$$
$$y''' = a^x (\ln a)^3,$$

所以

$$y^{(n)} = a^x (\ln a)^n.$$

特殊地, 指数函数 $y = \mathrm{e}^x$ 的阶导数为 $y^{(n)} = \mathrm{e}^x$.

【例4】 设 $y = x^3$, 求 y''' 和 $y^{(4)}$.

解: 由于

$$y' = 3x^2, \quad y'' = 3 \times 2x = 6x, \quad y''' = 3 \times 2 \times 1 = 3! = 6,$$

因此

$$y^{(4)} = 0.$$

类似地,设 $y = x^5$,则 $y^{(5)} = 5!$,$y^{(6)} = 0$.

从这里,我们可以总结出:当 n 为正整数时,$y = x^n$,则 $y^{(n)} = n!$,$y^{(n+1)} = 0$.

【例5】 求幂函数的 n 阶导数公式.

解:设 $y = x^\mu$(μ 为任意常数),则

$$y' = \mu x^{\mu-1},$$
$$y'' = \mu(\mu - 1)x^{\mu-2},$$
$$y''' = \mu(\mu - 1)(\mu - 2)x^{\mu-3},$$
$$y^{(4)} = \mu(\mu - 1)(\mu - 2)(\mu - 3)x^{\mu-4},$$

一般地可得出

$$y^{(n)} = \mu(\mu - 1)(\mu - 2)\cdots(\mu - n + 1)x^{\mu-n},$$

即

$$(x^\mu)^{(n)} = \mu(\mu - 1)(\mu - 2)\cdots(\mu - n + 1)x^{\mu-n}.$$

当 $\mu = n$ 时,得到

$$(x^n)^{(n)} = n(n - 1)(n - 2)\cdots3 \cdot 2 \cdot 1 = n!,$$

而

$$(x^n)^{(n+1)} = 0.$$

【例6】 求正弦与余弦函数的 n 阶导数.

解:设 $y = \sin x$,则有

$$y' = \cos x = \sin\left(x + \frac{\pi}{2}\right),$$

$$y'' = \cos\left(x + \frac{\pi}{2}\right) = \sin\left(x + \frac{\pi}{2} + \frac{\pi}{2}\right) = \sin\left(x + 2 \cdot \frac{\pi}{2}\right),$$

$$y''' = \cos\left(x + 2 \cdot \frac{\pi}{2}\right) = \sin\left(x + 3 \cdot \frac{\pi}{2}\right),$$

$$y^{(4)} = \cos\left(x + 3 \cdot \frac{\pi}{2}\right) = \sin\left(x + 4 \cdot \frac{\pi}{2}\right),$$

可得

$$y^{(n)} = \sin\left(x + n \cdot \frac{\pi}{2}\right),$$

即

$$(\sin x)^{(n)} = \sin\left(x + n \cdot \frac{\pi}{2}\right).$$

用类似方法可得

$$(\cos x)^{(n)} = \cos\left(x + n \cdot \frac{\pi}{2}\right).$$

【例7】 求对数函数 $y = \ln(1 + x)$ 的 n 阶导数.

解:由于

$$y' = \frac{1}{1 + x},$$

$$y'' = \frac{1'(1 + x) - 1(1 + x)'}{(1 + x)^2} = \frac{0 - 1}{(1 + x)^2} = -\frac{1}{(1 + x)^2},$$

$$y''' = -\frac{1'(1+x)^2 - 1[(1+x)^2]'}{(1+x)^4} = -\frac{0 - 2(1+x)}{(1+x)^4} = \frac{2}{(1+x)^3},$$

$$y^{(4)} = \frac{2'(1+x)^3 - 2[(1+x)^3]'}{(1+x)^6} = \frac{-2 \cdot 3(1+x)^2}{(1+x)^6} = -\frac{1 \cdot 2 \cdot 3}{(1+x)^4},$$

可得

$$y^{(n)} = (-1)^{n-1}\frac{(n-1)!}{(1+x)^n},$$

即

$$[\ln(1+x)]^{(n)} = (-1)^{n-1}\frac{(n-1)!}{(1+x)^n}.$$

通常规定 $0! = 1$，所以这个公式当 $n = 1$ 时也成立.

习　题　2.3

1. 设函数 $f(x) = (x^3 + 1)^{-1}$，则 $\left.\dfrac{d^2y}{dx^2}\right|_{x=1} = $ _____.

2. 设 $y = (1 + 2x)(2 + 3x)^2(3 + 4x)^2$，则 $y^{(6)}(0) = $ _____.

3. 计算下列函数的二阶导数：

(1) $y = 2x^3 - x^2 + 3$；

(2) $y = \dfrac{x - 1}{(x + 1)^2}$；

(3) $y = xe^{x^2}$；

(4) $y = e^x\cos x$；

(5) $y = \ln \sin x$.

2.4　隐函数的导数

2.4.1　隐含数的导数

用式子表示函数关系，可以有不同的形式. 形如 $y = f(x)$ 的函数称为**显函数**. 例如 $y = \sin x, y = \ln x + \sqrt{1 - x^2}$ 等. 前面我们遇到的函数大多为显函数. 另外，关于 x, y 的二元方程 $F(x, y) = 0$ 也蕴含着两个变量 x 与 y 之间的某种关系，因而也可能确定 y 为 x 的函数. 例如，在方程中 $x^2 + y^2 = 1$，给 x 任一确定值，相应地就可确定 y 的值. 根据函数的定义，y 是 x 的函数. 一般地，由二元方程 $F(x, y) = 0$ 确定的函数称为**隐函数**.

把一个隐函数化成显函数，叫做隐函数的显化. 例如从方程 $x + y^3 - 1 = 0$ 解出 $y = \sqrt[3]{1 - x}$，就把隐函数化成了显函数. 隐函数的显化有时是有困难的，甚至是不可能的. 但在实际问题中，有时需要计算隐函数的导数.

因此，我们想寻找一个方法，不管隐函数能否显化，都能直接由方程算出它所确定的隐函数的导数.

隐函数的求导方法的基本思想是把方程

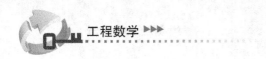

$$F(x, y) = 0$$

中的 y 看作 x 的函数 $y(x)$，方程两端对 x 求导数，然后解出 $\dfrac{dy}{dx}$，下面通过具体例子说明这种方法.

【例1】 求由方程 $y^3 + 2y - x - 3x^5 = 0$ 所确定的隐函数在 $x = 0$ 时的导数 $y'(0)$.

解：方程两边分别对 x 求导，由于方程两边的导数相等，所以

$$3y^2 \frac{dy}{dx} + 2 \frac{dy}{dx} - 1 - 15x^4 = 0,$$

得

$$\frac{dy}{dx} = \frac{1 + 15x^4}{3y^2 + 2}.$$

当 $x = 0$ 时，从原方程得 $y = 0$，所以

$$y'(0) = \frac{1}{2}.$$

【例2】 求由方程 $e^y + xy - e = 0$ 所确定的隐函数的导数 $\dfrac{dy}{dx}$.

解：我们把方程两边分别对 x 求导数，注意 y 是 x 的函数. 方程左边对 x 求导得

$$\frac{d}{dx}(e^y + xy - e) = e^y \frac{dy}{dx} + y + x \frac{dy}{dx},$$

方程右边对 x 求导得

$$(0)' = 0.$$

由于等式两边对 x 的导数相等，所以

$$e^y \frac{dy}{dx} + y + x \frac{dy}{dx} = 0,$$

从而

$$\frac{dy}{dx} = -\frac{y}{x + e^y} \quad (x + e^y \neq 0).$$

在这个结果中，分式中的 $y = y(x)$ 是由方程 $e^y + xy - e = 0$ 所确定的隐函数.

2.4.2 对数求导法

在某些场合，一些显函数的导数利用对数求导法通常比较简便. 这种方法是先在函数 $y = f(x)$ 的两边取对数，然后再求出 y 的导数.

【例3】 求 $y = x^{\sin x}$ $(x > 0)$ 的导数.

解：此函数既不是幂函数也不是指数函数，通常称为幂指函数. 为了它的导数，可以先在两边取对数，得

$$\ln y = \sin x \cdot \ln x,$$

上式两边对 x 求导，应注意到 y 是 x 的函数，得

$$\frac{1}{y} \cdot y' = \cos x \cdot \ln x + \sin x \cdot \frac{1}{x},$$

于是

$$y' = y\left(\cos x \cdot \ln x + \frac{\sin x}{x}\right) = x^{\sin x}\left(\cos x \cdot \ln x + \frac{\sin x}{x}\right).$$

由于对数具有化积商为和差的性质,因此我们可以把多因子乘积开方的求导运算,通过取对数得到化简.

对于一般形式的幂指函数

$$y = u^v \quad (u > 0),$$

如果 $u = u(x), v = v(x)$ 都可导,利用对数求导法求出幂指函数的导数.

（1）先对两边取对数,得

$$\ln y = v \cdot \ln u.$$

（2）上式两边对 x 求导,应注意 $y = y(x), u = u(x), v = v(x)$ 均是关于 x 的函数,得

$$\frac{1}{y} \cdot y' = v' \cdot \ln u + v \cdot \frac{1}{u} \cdot u',$$

于是

$$y' = y\left(v' \cdot \ln u + v \cdot \frac{1}{u} \cdot u'\right) = u^v\left(v' \cdot \ln u + v \cdot \frac{1}{u} \cdot u'\right).$$

幂指函数也可表示为

$$y = e^{v\ln u},$$

其导数可直接求得,为

$$y = e^{v\ln u}\left(v' \cdot \ln u + v \cdot \frac{1}{u} \cdot u'\right) = u^v\left(v' \cdot \ln u + v \cdot \frac{1}{u} \cdot u'\right).$$

【例4】 求函数 $y = \sqrt{\dfrac{(x-1)(x-2)}{(x-3)(x-4)}}$ 的导数 y'.

解:先在两边取对数(假定 $x > 4$),得

$$\ln y = \frac{1}{2}\left[\ln(x-1) + \ln(x-2) - \ln(x-3) - \ln(x-4)\right],$$

上式两边对 x 求导,注意到 $y = y(x)$,得

$$\frac{1}{y}y' = \frac{1}{2}\left(\frac{1}{x-1} + \frac{1}{x-2} - \frac{1}{x-3} - \frac{1}{x-4}\right),$$

于是

$$y' = \frac{y}{2}\left(\frac{1}{x-1} + \frac{1}{x-2} - \frac{1}{x-3} - \frac{1}{x-4}\right).$$

当 $x < 1$ 时,$y = \sqrt{\dfrac{(1-x)(2-x)}{(3-x)(4-x)}}$.

当 $2 < x < 3$ 时,$y = \sqrt{\dfrac{(x-1)(x-2)}{(3-x)(4-x)}}$.

同样的方法可得与上面相同的结果.

习 题 2.4

1. 求由方程 $e^{x+2y} = xy + 1$ 确定的隐函数的导数 $y'\big|_{(0,0)}$.

2. $y = y(x)$ 是由方程 $xy^2 + xy - x^2 = 0$ 所确定的隐函数,求 $\dfrac{dy}{dx}$.

3. $y = y(x)$ 是由方程 $y^2 - 2xy + 9 = 0$ 所确定的隐函数,求 $\dfrac{dy}{dx}$.

4. $y = y(x)$ 是由方程 $y = 1 - xe^y$ 所确定的隐函数,求 $\dfrac{\mathrm{d}y}{\mathrm{d}x}$.

5. 设 $y = x^{\cos 2x}(x > 0)$,求 y'.

2.5 函数的微分

2.5.1 微分的定义

在实际问题中,有时还需要研究函数增量的近似值.

计算函数增量 $\Delta y = f(x_0 + \Delta x) - f(x_0)$ 是我们非常关心的. 一般说来函数的增量的计算是比较复杂的,我们希望寻求计算函数增量的近似计算方法.

先分析一个具体问题. 一块正方形金属薄片受温度变化的影响,其边长由 x_0 变到 $x_0 + \Delta x$(图 2.3),问此薄片的面积改变了多少?

设此薄片的边长为 x,面积为 A,则 A 是 x 的函数:$A = x^2$. 薄片受温度变化的影响时面积的改变量,可以看成是当自变量 x 自 x_0 取得增量 Δx 时,函数 A 相应的增量 ΔA,即

$$\Delta A = (x_0 + \Delta x)^2 - x_0^2 = 2x_0\Delta x + (\Delta x)^2.$$

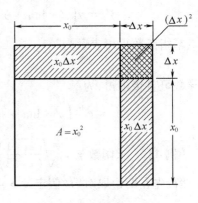

图 2.3

从上式可以看出,ΔA 分成两部分,第一部分 $2x_0\Delta A$ 是 Δx 的线性函数,即图 2.3 中带有斜线的两个矩形面积之和,而第二部分 $(\Delta x)^2$ 在图 2.3 中是带有交叉斜线的小正方形的面积,当 $\Delta x \to 0$ 时,第二部分 $(\Delta x)^2$ 是比 Δx 高阶的无穷小,即 $(\Delta x)^2 = o(\Delta x)$. 由此可见,如果边长改变很微小,即 $|\Delta x|$ 很小时,面积的改变量 ΔA 可近似地用第一部分来代替.

一般地,如果函数 $y = f(x)$ 满足一定条件,则函数的增量 Δy 可表示为

$$\Delta y = A\Delta x + o(\Delta x),$$

其中 A 是不依赖于 Δx 的常数,因此 $A\Delta x$ 是 Δx 的线性函数,且它与 Δy 之差

$$\Delta y - A\Delta x = o(\Delta x)$$

是比 Δx 高阶的无穷小. 所以,当 $A \neq 0$,且 $|\Delta x|$ 很小时,我们就可近似地用 $A\Delta x$ 来近似代替 Δy.

定义 2.3 设函数 $y = f(x)$ 在某区间内有定义,$x_0 + \Delta x$ 及 x_0 在这区间内,如果函数的增量

$$\Delta y = f(x_0 + \Delta x) - f(x_0),$$

可表示为

$$\Delta y = A\Delta x + o(\Delta x), \tag{2.10}$$

其中 A 是不依赖于 Δx 的常数,而 $o(\Delta x)$ 是比 Δx 高阶的无穷小,那么称函数 $y = f(x)$ 在点 x_0 是可微的,而 $A\Delta x$ 叫做函数 $y = f(x)$ 在点 x_0 相应于自变量增量 Δx 的微分,记作 $\mathrm{d}y$,即

$$\mathrm{d}y = A\Delta x.$$

定理 2.4 函数 $y = f(x)$ 在点 x_0 处可微的充分必要条件是函数 $f(x)$ 在点 x_0 处可导且

$$A = f'(x_0).$$

证明:(必要性) 设函数 $y = f(x)$ 在点 x_0 处可微,则按定义有式(2.10)成立.式(2.10)两边除以 Δx,得

$$\frac{\Delta y}{\Delta x} = A + \frac{o(\Delta x)}{\Delta x},$$

于是,当 $\Delta x \to 0$ 时,由上式就得到

$$A = \lim_{\Delta x \to 0} \frac{\Delta y}{\Delta x} = f'(x_0),$$

因此,如果函数 $f(x)$ 在点 x_0 处可微,则函数 $f(x)$ 在点 x_0 处也一定可导(即 $f'(x_0)$ 存在),且 $A = f'(x_0)$.

(充分性) 设函数 $y = f(x)$ 在点 x_0 处可导,即

$$\lim_{\Delta x \to 0} \frac{\Delta y}{\Delta x} = f'(x_0)$$

存在,根据极限与无穷小的关系,上式可写成

$$\frac{\Delta y}{\Delta x} = f'(x_0) + \alpha,$$

其中 $\alpha \to 0$(当 $\Delta x \to 0$). 由此又有

$$\Delta y = f'(x_0)\Delta x + \alpha \Delta x,$$

因 $\alpha \Delta x = o(\Delta x)$,且不依赖于 Δx,故上式相当于式(2.10),所以 $f(x)$ 在点 x_0 处也是可微的.

由定理 2.4 可见,函数 $f(x)$ 在点 x_0 处可微的充分必要条件是函数 $f(x)$ 在点 x_0 处可导,且当 $f(x)$ 在点 x_0 处可微时,其微分一定是

$$dy = f'(x_0)\Delta x,$$

这样用导数计算微分就很方便了.

通常把自变量 x 的增量 Δx 称为自变量的微分,记作 dx,即 $dx = \Delta x$,于是把函数 $y = f(x)$ 的微分又可写成

$$dy = f'(x)dx.$$

2.5.2 微分的几何意义

为了对微分有比较直观的了解,我们来说明微分的几何意义.

在直角坐标系中,函数 $y = f(x)$ 的图形是一条曲线. 对于某一固定的 x_0 值,曲线上有一个确定点 $M(x_0, y_0)$,当自变量 x 有微小增量 Δx 时,就得到曲线上另一点 $N(x_0 + \Delta x, y_0 + \Delta y)$,由图 2.4 可知:

$$MQ = \Delta x, \quad QN = \Delta y.$$

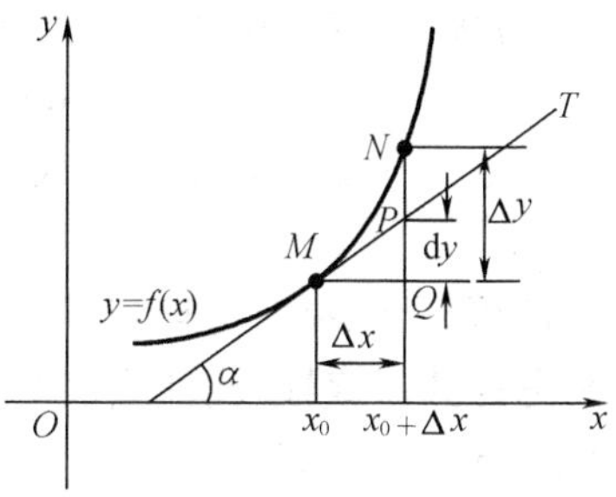

过 M 点作曲线的切线 MT,它的倾角为 α,则

$$QP = MQ \cdot \tan\alpha = \Delta x \cdot f'(x_0),$$

即

图 2.4

$$dy = QP.$$

由此可见,当 Δy 是曲线 $y = f(x)$ 上的 M 点的纵坐标的增量时,dy 就是曲线的切线上 M

点的纵坐标的相应增量. 当 $|\Delta x|$ 很小时, $|\Delta y - \mathrm{d}y|$ 比 $|\Delta x|$ 小得多. 因此在点 M 的邻近,我们可以用切线段来近似代替曲线段.

2.5.3 微分运算法则及微分公式表

1. 微分的四则运算

由 $\mathrm{d}y = f'(x)\mathrm{d}x$,很容易得到微分的运算法则及微分公式表(当 u,v 都可导时):

(1) $\mathrm{d}(u \pm v) = \mathrm{d}u \pm \mathrm{d}v$;

(2) $\mathrm{d}(Cu) = C\mathrm{d}u$;

(3) $\mathrm{d}(uv) = v\mathrm{d}u + u\mathrm{d}v$;

(4) $\mathrm{d}\left(\dfrac{u}{v}\right) = \dfrac{v\mathrm{d}u - u\mathrm{d}v}{v^2}(v \neq 0)$.

2. 微分基本公式表:

$$\mathrm{d}(x^\mu) = \mu x^{\mu-1}\mathrm{d}x \qquad \mathrm{d}(\sin x) = \cos x\mathrm{d}x$$

$$\mathrm{d}(\cos x) = -\sin x\mathrm{d}x \qquad \mathrm{d}(\tan x) = \sec^2 x\mathrm{d}x$$

$$\mathrm{d}(\cot x) = -\csc^2 x\mathrm{d}x \qquad \mathrm{d}(\sec x) = \sec x\tan x\mathrm{d}x$$

$$\mathrm{d}(\csc x) = -\csc x\cot x\mathrm{d}x \qquad \mathrm{d}(a^x) = a^x\ln a\mathrm{d}x$$

$$\mathrm{d}(\mathrm{e}^x) = \mathrm{e}^x\mathrm{d}x \qquad \mathrm{d}(\log_a x) = \dfrac{1}{x\ln a}\mathrm{d}x$$

$$\mathrm{d}(\ln x) = \dfrac{1}{x}\mathrm{d}x \qquad \mathrm{d}(\arcsin x) = \dfrac{1}{\sqrt{1-x^2}}\mathrm{d}x$$

$$\mathrm{d}(\arccos x) = -\dfrac{1}{\sqrt{1-x^2}}\mathrm{d}x \qquad \mathrm{d}(\arctan x) = \dfrac{1}{1+x^2}\mathrm{d}x$$

$$\mathrm{d}(\mathrm{arccot}\,x) = -\dfrac{1}{1+x^2}\mathrm{d}x$$

上述公式必须记牢,对以后学习积分学很有用处.

2.5.4 复合函数微分法则

与复合函数的求导法则相应的复合函数的微分法则可推导如下:设 $y = f(u)$ 及 $u = \varphi(x)$ 都可导,则复合函数 $y = f[\varphi(x)]$ 的微分为

$$\mathrm{d}y = y'_x\mathrm{d}x = f'(u)\varphi'(x)\mathrm{d}x.$$

由于 $\varphi'(x)\mathrm{d}x = \mathrm{d}u$,所以,复合函数 $y = f[\varphi(x)]$ 的微分公式也可以写成

$$\mathrm{d}y = f'(u)\mathrm{d}u.$$

由此可见,无论 u 是自变量还是中间变量,微分形式 $\mathrm{d}y = f'(u)\mathrm{d}u$ 保持不变. 这一性质称为**微分形式不变性**. 此性质表明,当变换自变量时,微分形式 $\mathrm{d}y = f'(u)\mathrm{d}u$ 并不改变.

【**例1**】 设函数 $y = x^2$.

(1) 求函数的微分;

(2) 求函数在 $x = 2$ 处的微分;

(3) 求函数在 $x = 2$ 处,当 $\Delta x = 0.01$ 时的微分.

解:(1) $\mathrm{d}y = (x^2)'\Delta x = 2x\Delta x$;

(2) $\mathrm{d}y\big|_{x=2} = 2x\big|_{x=2}\Delta x = 4\Delta x$;

$(3)\,dy\,\Big|_{\substack{x=2 \\ \Delta x=0.01}} \Delta x = 0.04.$

【例2】 求函数 $y = x^2 + \ln x + 3^x$ 的微分.

解: $dy = 2xdx + \dfrac{1}{x}dx + 3^x\ln3\,dx = \left(2x + \dfrac{1}{x} + 3^x\ln3\right)dx.$

【例3】 求函数 $y = e^{\sin(x^2+1)}$ 的微分.

解: $dy = \left[e^{\sin(x^2+1)} \cdot \cos(x^2+1) \cdot 2x\right]dx = 2x \cdot \cos(x^2+1) \cdot e^{\sin(x^2+1)}dx.$

2.5.5 微分的应用

在实际问题中,经常会遇到一些复杂的计算公式. 利用微分可以把一些复杂的计算公式用简单的近似公式来代替.

通过前面的学习可知,当 $|\Delta x|$ 很小时,$\Delta y \approx dy$,亦即

$$\Delta y = f(x_0 + \Delta x) - f(x_0) \approx f'(x_0)\Delta x,$$

或

$$f(x_0 + \Delta x) \approx f(x_0) + f'(x_0)\Delta x.$$

特别地,取 $x_0 = 0$,即得

$$f(\Delta x) \approx f(0) + f'(0)\Delta x,$$

或记作

$$f(x) \approx f(0) + f'(0)x.$$

【例4】 计算 $\sqrt[3]{1.03}$ 的近似值.

解:利用公式,有

$$\sqrt[3]{1.03} = (1 + 0.03)^{\frac{1}{3}} \approx 1 + \frac{1}{3} \times 0.03 = 1.01.$$

习 题 2.5

1. 将适当的函数填入下列括号内,使等式成立:

$(1)\,d(\quad) = xdx;$

$(2)\,d(\quad) = e^{3x}dx;$

$(3)\,d(\quad) = \sin2t\,dt;$

$(4)\,d(\quad) = \dfrac{1}{1 + x^2}dx;$

$(5)\,d(\quad) = \dfrac{1}{\sqrt{x}}dx.$

2. 求下列函数的微分:

$(1)\,y = 2x^3 + 3x - 1;$

$(2)\,y = \ln x \cdot \sin x;$

$(3)\,y = \ln\sqrt{x^2 + 1};$

$(4)\,y = \arcsin(x^2 - 1).$

2.6 微分学中值定理

微分中值定理在微积分理论中占有重要地位,它提供了导数应用的基本理论依据. 微分中值定理包括罗尔定理、拉格朗日中值定理和柯西中值定理,并利用这些定理进一步研究导数的应用.

2.6.1 罗尔定理

1. 费马引理

设函数 $f(x)$ 在点 ξ 的某邻域 $U(\xi)$ 内有定义,并且在点 ξ 处可导,如果对任意的 $x \in U(\xi)$,有

$$f(x) \leqslant f(\xi) \quad (\text{或} f(x) \geqslant f(\xi)),$$

那么

$$f'(\xi) = 0.$$

证明: 不妨设 $x \in U(\xi)$ 时,$f(x) \leqslant f(\xi)$(如果 $f(x) \geqslant f(\xi)$,可以类似地证明).

对于 $\xi + \Delta x \in U(\xi)$,有

$$f(\xi + \Delta x) \leqslant f(\xi),$$

从而当 $\Delta x > 0$ 时,有

$$\frac{f(\xi + \Delta x) - f(\xi)}{\Delta x} \leqslant 0,$$

当 $\Delta x < 0$ 时,有

$$\frac{f(\xi + \Delta x) - f(\xi)}{\Delta x} \geqslant 0.$$

根据函数 $f(x)$ 在点 ξ 处可导的条件及极限的保号性,便得到

$$f'(\xi) = f'_+(\xi) = \lim_{\Delta x \to 0^+} \frac{f(\xi + \Delta x) - f(\xi)}{\Delta x} \leqslant 0,$$

$$f'(\xi) = f'_-(\xi) = \lim_{\Delta x \to 0^-} \frac{f(\xi + \Delta x) - f(\xi)}{\Delta x} \geqslant 0,$$

所以有

$$f'(x_0) = 0.$$

通常称导数为零的点为函数的驻点.

费马引理的几何意义为,若函数曲线在某点的邻域内是光滑的,并且在区间内部存在最值点,那么该最值点处的切线一定是水平的(图 2.5).

2. 罗尔定理(Rolle)

如果函数 $f(x)$ 满足:

(1) 在闭区间 $[a,b]$ 上连续;

(2) 在开区间 (a,b) 内可导;

(3) 在区间端点处的函数值相等,即 $f(a) = f(b)$,那么在 (a,b) 内至少有一点 $\xi(a < \xi < b)$,

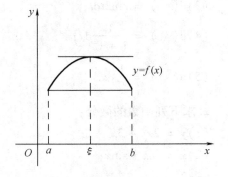

图 2.5

使得 $f'(\xi) = 0$.

证明:因为 $f(x)$ 在闭区间 $[a,b]$ 上连续,根据在闭区间上连续函数的最大值最小值定理,$f(x)$ 在闭区间 $[a,b]$ 上必定取得它的最大值 M 和最小值 m.

此时有两种可能情形:

(1) 当 $M = m$ 时,这时 $f(x)$ 在闭区间 $[a,b]$ 上必然取相同的数值 M,即
$$f(x) = M,$$
$\forall x \in (a,b)$,有 $f'(x) = 0$,因此,任取 $\xi \in (a,b)$,有 $f'(\xi) = 0$.

(2) 当 $M > m$ 时,因为 $f(a) = f(b)$,所以 M 和 m 这两个数中至少有一个不等于 $f(x)$ 在闭区间 $[a,b]$ 的端点处的函数值. 为确定起见,不妨设 $M \neq f(a)$(如果设 $m \neq f(a)$,证法完全类似),那么必定在开区间 (a,b) 内有一点 ξ,使 $f(\xi) = M$. 因此,任意 $\forall x \in (a,b)$,有
$$f(x) \leqslant f(\xi),$$
从而由费马引理可知 $f'(\xi) = 0$.

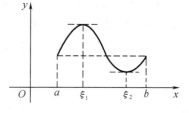

图 2.6

$[a,b]$ 如图 2.6 是对 Rolle 定理的几何解释. 即在闭区间内一条连续光滑的曲线,如果两端点等高,则在区间内一定能找到一点,使得该点处的切线是水平的.

2.6.2 拉格朗日中值定理(Lagrange)

罗尔定理中 $f(a) = f(b)$ 这个条件相当特殊,它使罗尔定理的应用受到限制,如果把 $f(a) = f(b)$ 这个条件取消,但仍保留其余两个条件,并相应地改变结论,得到微分学中十分重要的拉格朗日中值定理.

拉格朗日中值定理 如果函数 $f(x)$ 满足:

(1) 在闭区间 $[a,b]$ 上连续;

(2) 在开区间 (a,b) 内可导,那么在 (a,b) 内至少有一点 $\xi(a < \xi < b)$,使等式
$$f(b) - f(a) = f'(\xi)(b - a)$$
成立.

此定理的几何意义是,如果连续曲线 $y = f(x)$ 在弧 $\overset{\frown}{AB}$ 上除端点外处处具有不垂直于 x 轴的切线,那么这弧上至少有一点 C,使曲线在 C 点处的切线平行于弦 AB(图 2.7).

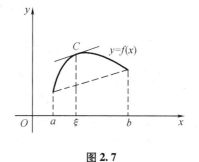

图 2.7

罗尔定理是拉格朗日中值定理的特殊情形:在罗尔定理中,由于 $f(a) = f(b)$,弦 AB 是平行于 x 轴的点,因此点 C 处的切线实际上也是平行于弦 AB 的.

我们知道,如果函数 $f(x)$ 在某一区间上是一个常数,那么 $f(x)$ 在该区间上的导数恒为零. 它的逆命题也成立.

【例1】 证明:当 $x > 0$ 时,
$$\frac{x}{1 + x} < \ln(1 + x) < x.$$

证明：设函数 $f(t) = \ln(1 + t)$，显然函数 $f(t)$ 在$[0,x]$ 上满足 Lagrange 中值定理的条件，可得：$\exists \xi \in (0,x)$，使得

$$f(x) - f(0) = f'(\xi)(x - 0) \quad (0 < \xi < x),$$

由于 $f(0) = 0, f'(t) = \dfrac{1}{1 + t}$，因此上式即为

$$\ln(1 + x) = \frac{x}{1 + \xi},$$

由 $\xi \in (0,x)$，得出

$$\frac{x}{1 + x} < \ln(1 + x) < x \quad (x > 0).$$

定理 2.5　如果函数 $f(x)$ 在区间 I 上的导数恒为零，那么 $f(x)$ 在区间 I 上是一个常数.

证明：在区间 I 上任取两点 $x_1, x_2(x_1 < x_2)$，应用拉格朗日中值定理结论

$$f(b) - f(a) = f'(\xi)(b - a),$$

得出

$$f(x_2) - f(x_1) = f'(\xi)(x_2 - x_1) \quad (x_1 < \xi < x_2),$$

由假定，$f'(\xi) = 0$，所以 $f(x_2) - f(x_1) = 0$，即

$$f(x_2) = f(x_1).$$

因为 x_1, x_2 是 I 上的任意两点，所以上面的等式表明：$f(x)$ 在区间 I 上是一个常数.

【例2】　求证：当 $x \in [0,1]$ 时，$\arcsin x + \arcsin \sqrt{1 - x^2} = \dfrac{\pi}{2}$.

证明：设 $f(x) = \arcsin x + \arcsin \sqrt{1 - x^2}$，则 $f(x)$ 是初等函数，在$[0,1]$ 上连续，在 $(0,1)$ 上可导，因此当 $x \in (0,1)$ 时

$$f'(x) = \frac{1}{\sqrt{1 - x^2}} + \frac{1}{\sqrt{1 - (1 - x^2)}} \cdot \frac{-x}{\sqrt{1 - x^2}} = 0,$$

由定理 2.5 可得

$$f(x) = C, \quad x \in [0,1],$$

又因为，当 $x = 0$ 时，$\arcsin 0 + \arcsin 1 = \dfrac{\pi}{2}$，因此 $x \in [0,1]$ 时

$$\arcsin x + \arcsin \sqrt{1 - x^2} = \frac{\pi}{2}.$$

2.6.3　柯西中值定理（**Cauchy**）

如果函数 $f(x)$ 及 $F(x)$ 满足

（1）在闭区间$[a,b]$ 上连续；

（2）在开区间(a,b) 内可导；

（3）对任一 $x \in (a,b)$，$F'(x) \neq 0$，那么在(a,b) 内至少存在一点 ξ，使等式

$$\frac{f(b) - f(a)}{F(b) - F(a)} = \frac{f'(\xi)}{F'(\xi)}$$

成立.

习 题 2.6

1. 函数 $y = \ln(x + 1)$ 在区间 $[0,1]$ 上满足拉格朗日中值定理的 $\xi = ($ $)$.

A. $\ln2$ 　　　　B. $\ln2 - 1$ 　　　　C. $\dfrac{1}{\ln2}$ 　　　　D. $\dfrac{1}{\ln2} - 1$

2. 利用拉格朗日中值定理证明下列不等式:

(1) 当 $x \geqslant 0$ 时,$\sin x \leqslant x$;

(2) 当 $0 \leqslant x \leqslant \dfrac{\pi}{2}$ 时,$\tan x \geqslant x$.

3. 设 $f(x)$ 在 $[0,1]$ 上连续,在 $(0,1)$ 内可导,且 $f(0) = \dfrac{1}{e}f(1)$. 求证:存在 $\xi \in (0,1)$,使得

$$f'(\xi) + f(\xi) = 0$$

4. 设 $f(x)$ 在 $[0,1]$ 上连续,在 $(0,1)$ 内可导,且 $f(0) = f(1) = 0$. 求证:存在 $\xi \in (0,1)$,使得

$$f'(\xi) = f(\xi)$$

5. 设 $f(x)$ 在 $[0,1]$ 上连续,在 $(0,1)$ 内可导,且 $f(0) = 1, f(1) = \dfrac{1}{e}$. 求证:存在 $\xi \in (0,1)$,使得

$$f'(\xi) = -e^{-\xi}$$

6. 设 $f(x)$ 是 $[a,b]$ 上的正值可微函数. 求证:存在 $\xi \in (a,b)$,使得

$$\ln\frac{f(b)}{f(a)} = \frac{f'(\xi)}{f(\xi)}(b - a)$$

2.7　洛必达法则

在无穷小的比较一节中,我们讨论过两个无穷小的商的极限问题,它们有的存在,有的不存在,我们把这类极限称为 $\dfrac{0}{0}$ 型未定式. 类似地,两个无穷大的商的极限也是有的存在,有的不存在,我们把这类极限称为 $\dfrac{\infty}{\infty}$ 型未定式. 对于这类极限,不能直接用函数商的求导法则计算. 这里我们介绍一种求这些未定式极限的有效方法 —— 洛必达法则.

2.7.1　$\dfrac{0}{0}$ 型

定理 2.6　如果函数 $f(x)$ 和 $g(x)$ 满足下列条件:

(1) $\lim\limits_{x \to a}f(x) = 0, \lim\limits_{x \to a}g(x) = 0$;

(2) 在点 a 的某去心邻域内,$f'(x)$ 与 $g'(x)$ 都存在,且 $g'(x) \neq 0$;

(3) $\lim\limits_{x \to a}\dfrac{f'(x)}{g'(x)} = A$(或为无穷大),

那么

$$\lim_{x \to a} \frac{f(x)}{g(x)} = \lim_{x \to a} \frac{f'(x)}{g'(x)} = A(或为无穷大).$$

【例1】 求极限 $\lim\limits_{x \to 2} \dfrac{x^2 + x - 6}{x^2 - 4}$.

解：$\lim\limits_{x \to 2} \dfrac{x^2 + x - 6}{x^2 - 4} = \lim\limits_{x \to 2} \dfrac{(x^2 + x - 6)'}{(x^2 - 4)'} = \lim\limits_{x \to 2} \dfrac{2x + 1}{2x} = \dfrac{5}{4}.$

【例2】 求极限 $\lim\limits_{x \to 0} \dfrac{\sin mx}{\sin nx}(n \neq 0)$.

解：$\lim\limits_{x \to 0} \dfrac{\sin mx}{\sin nx} = \lim\limits_{x \to 0} \dfrac{m\cos mx}{n\cos nx} = \dfrac{m}{n}.$

【例3】 求极限 $\lim\limits_{x \to 0} \dfrac{e^x - 1}{x}$.

解：$\lim\limits_{x \to 0} \dfrac{e^x - 1}{x} = \lim\limits_{x \to 0} \dfrac{e^x}{1} = 1.$

如果利用洛必达法则之后得到的导数之比的极限仍是 $\dfrac{0}{0}$ 型，且符合洛必达法则的条件，那么可以重复应用洛必达法则.

【例4】 求极限 $\lim\limits_{x \to 1} \dfrac{x^3 - 3x + 2}{x^3 - 2x^2 + x}$.

解：$\lim\limits_{x \to 1} \dfrac{x^3 - 3x + 2}{x^3 - 2x^2 + x} = \lim\limits_{x \to 1} \dfrac{3x^2 - 3}{3x^2 - 4x + 1} = \lim\limits_{x \to 1} \dfrac{6x}{6x - 4} = 3.$

注意，上式中的 $\dfrac{6x}{6x - 4}$ 已经不是未定式，不能对它应用洛必达法则，否则要导致错误结果. 以后使用洛必达法则时应当经常注意这一点，如果不是未定式，就不能应用洛必达法则.

定理2.7 如果函数 $f(x)$ 和 $g(x)$ 满足下列条件：

(1) $\lim\limits_{x \to \infty} f(x) = 0, \lim\limits_{x \to \infty} g(x) = 0$；

(2) 当 $|x|$ 足够大时，$f'(x)$ 与 $g'(x)$ 存在，且 $g'(x) \neq 0$；

(3) $\lim\limits_{x \to \infty} \dfrac{f'(x)}{g'(x)} = A(或为无穷大)$，

那么

$$\lim_{x \to \infty} \frac{f(x)}{g(x)} = \lim_{x \to \infty} \frac{f'(x)}{g'(x)} = A(或为无穷大).$$

【例5】 求极限 $\lim\limits_{x \to +\infty} \dfrac{\ln x}{x}$.

解：$\lim\limits_{x \to +\infty} \dfrac{\ln x}{x} = \lim\limits_{x \to +\infty} \dfrac{1}{x} = 0.$

【例6】 求极限 $\lim\limits_{x \to +\infty} \dfrac{\dfrac{\pi}{2} - \arctan x}{\dfrac{1}{x}}$.

解：$\lim\limits_{x \to +\infty} \dfrac{\dfrac{\pi}{2} - \arctan x}{\dfrac{1}{x}} = \lim\limits_{x \to +\infty} \dfrac{-\dfrac{1}{1 + x^2}}{-\dfrac{1}{x^2}} = \lim\limits_{x \to +\infty} \dfrac{x^2}{1 + x^2} = 1.$

2.7.2 $\dfrac{\infty}{\infty}$ 型

定理 2.8 如果函数 $f(x)$ 和 $g(x)$ 满足下列条件：

（1） $\lim\limits_{x \to a} f(x) = \infty$，$\lim\limits_{x \to a} g(x) = \infty$；

（2）在点 a 的某去心邻域内，$f'(x)$ 与 $g'(x)$ 存在，且 $g'(x) \neq 0$；

（3） $\lim\limits_{x \to a} \dfrac{f'(x)}{g'(x)} = A$ （或为无穷大），

那么

$$\lim_{x \to a} \frac{f(x)}{g(x)} = \lim_{x \to a} \frac{f'(x)}{g'(x)} = A \text{（或为无穷大）.}$$

定理 2.9 如果函数 $f(x)$ 和 $g(x)$ 满足下列条件：

（1） $\lim\limits_{x \to \infty} f(x) = \infty$，$\lim\limits_{x \to \infty} g(x) = \infty$；

（2）当 $|x|$ 足够大时，$f'(x)$ 与 $g'(x)$ 存在，且 $g'(x) \neq 0$；

（3） $\lim\limits_{x \to \infty} \dfrac{f'(x)}{g'(x)} = A$ （或为无穷大），

那么

$$\lim_{x \to \infty} \frac{f(x)}{g(x)} = \lim_{x \to \infty} \frac{f'(x)}{g'(x)} = A \text{（或为无穷大）.}$$

【例 7】 求极限 $\lim\limits_{x \to +\infty} \dfrac{\mathrm{e}^x}{x}$.

解： $\lim\limits_{x \to +\infty} \dfrac{\mathrm{e}^x}{x} = \lim\limits_{x \to +\infty} \dfrac{\mathrm{e}^x}{1} = +\infty$.

【例 8】 求极限 $\lim\limits_{x \to +\infty} \dfrac{\ln x}{x^n}$ $(x > 0)$.

解： $\lim\limits_{x \to +\infty} \dfrac{\ln x}{x^n} = \lim\limits_{x \to +\infty} \dfrac{\dfrac{1}{x}}{nx^{n-1}} = \lim\limits_{x \to +\infty} \dfrac{1}{nx^n} = 0$.

【例 9】 求极限 $\lim\limits_{x \to +\infty} \dfrac{x^n}{\mathrm{e}^{\lambda x}}$（$n$ 为正整数，$\lambda > 0$）.

解：相继应用洛必达法则 n 次，得

$$\lim_{x \to +\infty} \frac{x^n}{\mathrm{e}^{\lambda x}} = \lim_{x \to +\infty} \frac{nx^{n-1}}{\lambda \mathrm{e}^{\lambda x}} = \lim_{x \to +\infty} \frac{n(n-1)x^{n-2}}{\lambda^2 \mathrm{e}^{\lambda x}} = \cdots = \lim_{x \to +\infty} \frac{n!}{\lambda^n \mathrm{e}^{\lambda x}} = 0.$$

对数函数 $\ln x$、幂函数 x^n（$n > 0$）、指数函数 $\mathrm{e}^{\lambda x}$（$\lambda > 0$）均为当 $x \to +\infty$ 时的无穷大，但这三个函数的增大速度却不一样，幂函数增大的"速度"比对数函数快得多，而指数函数增大的"速度"又比幂函数快得多.

2.7.3 其他型未定式

$0 \cdot \infty$，$\infty - \infty$，0^0，1^∞，∞^0 型的未定式，也可通过 $\dfrac{0}{0}$ 或 $\dfrac{\infty}{\infty}$ 型的未定式来计算.

【例 10】 求极限 $\lim\limits_{x \to 0^+} x \ln x$.

解：这是 $0 \cdot \infty$ 型的未定式，

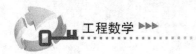

$$\lim_{x \to 0^+} x \ln x = \lim_{x \to 0^+} \frac{\ln x}{\frac{1}{x}} = \lim_{x \to 0^+} \frac{\frac{1}{x}}{-\frac{1}{x^2}} = \lim_{x \to 0^+} (-x) = 0.$$

【例 11】 求极限 $\lim\limits_{x \to \frac{\pi}{2}} (\sec x - \tan x)$.

解: 这是 $\infty - \infty$ 型的未定式,因为

$$\sec x - \tan x = \frac{1 - \sin x}{\cos x},$$

所以当 $x \to \dfrac{\pi}{2}$ 时,上式右端是 $\dfrac{0}{0}$ 型的未定式,应用洛必达法则,得

$$\lim_{x \to \frac{\pi}{2}} (\sec x - \tan x) = \lim_{x \to \frac{\pi}{2}} \frac{1 - \sin x}{\cos x} = \lim_{x \to \frac{\pi}{2}} \frac{-\cos x}{-\sin x} = 0.$$

【例 12】 求极限 $\lim\limits_{x \to 0^+} x^x$.

解: 这是 0^0 型的未定式,设 $y = x^x$,取对数得

$$\ln y = x \ln x.$$

因为

$$\lim_{x \to 0^+} \ln y = \lim_{x \to 0^+} (x \ln x) = 0,$$

所以

$$\lim_{x \to 0^+} y = e^0 = 1.$$

在这里我们用到了取对数求极限的方法,需要指出以下几点:

(1)求未定式的极限,要先判定其是否满足洛必达法则的条件;

(2)洛必达法则是求解未定式极限的有效方法,但最好能与其他求极限的方法结合使用,例如能化简时应尽可能先化简,可以应用等价无穷小替代或重要极限时,应尽可能应用,这样可以使运算简捷;

(3)当定理的条件不满足时,所求极限可能存在.

习 题 2.7

1. 计算下列极限:

(1) $\lim\limits_{x \to 0} \dfrac{\ln(1 + x)}{x}$;

(2) $\lim\limits_{x \to 0} \dfrac{e^x - e^{-x}}{\sin x}$;

(3) $\lim\limits_{x \to a} \dfrac{\sin x - \sin a}{x - a}$;

(4) $\lim\limits_{x \to 0} \dfrac{\sin 3x}{\tan 5x}$;

(5) $\lim\limits_{x \to \frac{\pi}{2}} \dfrac{\ln \sin x}{(\pi - 2x)^2}$;

(6) $\lim\limits_{x \to 0^+} \dfrac{\ln \tan 7x}{\ln \tan 2x}$;

(7) $\lim\limits_{x \to \frac{\pi}{2}} \dfrac{\tan x}{\tan 3x}$;

(8) $\lim\limits_{x \to +\infty} \dfrac{\ln\left(1 + \dfrac{1}{x}\right)}{\arccos x}$.

2. 计算下列极限:

(1) $\lim\limits_{x \to 0} \dfrac{\ln(1 + x^2)}{\sec x - \cos x}$;

(2) $\lim\limits_{x \to 0} x \cot 2x$;

(3) $\lim\limits_{x\to 0}x^2 \mathrm{e}^{\frac{1}{x^2}}$;

(4) $\lim\limits_{x\to 1}\left(\dfrac{2}{x^2-1}-\dfrac{1}{x-1}\right)$;

(5) $\lim\limits_{x\to 0^+}x^{\sin x}$;

(6) $\lim\limits_{x\to 0^+}\left(\dfrac{1}{x}\right)^{\tan x}$.

2.8 导数的应用

2.8.1 函数单调性的判定法

从几何直观上来看(图2.8),如果函数 $y=f(x)$ 在区间 $[a,b]$ 上单调增加,那么它的图形是一条沿 x 轴正向上升的曲线,其上每一点处的切线斜率为正,即 $f'(x)>0$ (个别点处可为零).

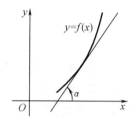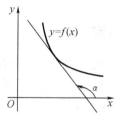

图2.8

如果函数 $y=f(x)$ 在区间 $[a,b]$ 上单调减少,那么它的图形是一条沿 x 轴正向下降的曲线,其上每一点处的切线斜率为负,即 $f'(x)<0$ (个别点处可为零).

定理2.10 设函数 $y=f(x)$ 在 $[a,b]$ 上连续,在 (a,b) 内可导.

(1) 如果在 (a,b) 内 $f'(x)>0$,那么函数 $y=f(x)$ 在 $[a,b]$ 上单调增加;

(2) 如果在 (a,b) 内 $f'(x)<0$,那么函数 $y=f(x)$ 在 $[a,b]$ 上单调减少.

判定法中的闭区间换成其他各种区间(包括无穷区间),那么结论也成立.

【例1】 判断函数 $f(x)=\sin x$ 在 $[0,2\pi]$ 上的单调性.

解:对于 $f'(x)=\cos x$,我们可以得出:

(1) 当 $x\in\left(0,\dfrac{\pi}{2}\right)$ 时, $f'(x)>0$,因此 $f(x)$ 在 $\left(0,\dfrac{\pi}{2}\right)$ 上单调递增;

(2) 当 $x\in\left(\dfrac{\pi}{2},\dfrac{3\pi}{2}\right)$ 时, $f'(x)<0$,因此 $f(x)$ 在 $\left(0,\dfrac{\pi}{2}\right)$ 上单调递减;

(3) 当 $x\in\left(\dfrac{3\pi}{2},2\pi\right)$ 时, $f'(x)>0$,因此 $f(x)$ 在 $\left(\dfrac{3\pi}{2},2\pi\right)$ 上单调递增.

2.8.2 曲线的凹凸性

定义2.4 设 $f(x)$ 在区间 I 上连续,如果对 I 上任意两点 x_1,x_2,恒有

$$f\left(\dfrac{x_1+x_2}{2}\right)<\dfrac{f(x_1)+f(x_2)}{2},$$

那么称 $f(x)$ 在 I 上的图形是(向上)凹的(或凹弧);如果恒有

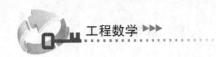

$$f\left(\frac{x_1 + x_2}{2}\right) > \frac{f(x_1) + f(x_2)}{2},$$

那么称 $f(x)$ 在 I 上的图形是(向上)凸的(或凸弧).

定理 2.11(曲线弧凹凸性的判定法) 设 $f(x)$ 在 $[a,b]$ 上连续,在 (a,b) 内具有一阶和二阶导数,那么

(1) 若在 (a,b) 内 $f''(x) > 0$,则 $f(x)$ 在 $[a,b]$ 上的图形是凹的;

(2) 若在 (a,b) 内 $f''(x) < 0$,则 $f(x)$ 在 $[a,b]$ 上的图形是凸的.

2.8.3 曲线的拐点及其求法

定义 2.5 连续曲线弧上的凹弧与凸弧的分界点,称为该曲线弧的拐点.

【例 2】 求出函数 $y = x^3$ 的拐点.

解:由 $y'' = 6x$,得出当 $x > 0$ 时,函数为凹的;当 $x < 0$ 时,函数为凸的,因此点 $(0,0)$ 为拐点.

2.8.4 函数的极值

如果一个函数在某一范围内出现了最高的点或最低的点,这些点的两侧函数的单调性是不同的. 这类点及其对应的函数值在实际问题中有着重要的应用.

定义 2.6 设函数 $y = f(x)$ 在点 x_0 的某领域内有定义,若对点 x_0 的去心邻域内的任一点 $x(x \neq x_0)$,均有

(1) $f(x) < f(x_0)$,则称 $f(x_0)$ 为 $f(x)$ 的极大值,称点 x_0 为 $f(x)$ 的极大值点;

(2) $f(x) > f(x_0)$,则称 $f(x_0)$ 为 $f(x)$ 的极小值,称点 x_0 为 $f(x)$ 的极小值点.

函数的极大值与极小值统称为函数的极值,极大值点与极小值点统称为极值点.

对于一个给定的函数,如何求出其极值点及对应的极值呢?若点 x_0 为极值点,那么它应该有怎样的特征呢?

定理 2.12(极值存在的必要条件) 设函数 $f(x)$ 在点 x_0 处可导,且 x_0 为 $f(x)$ 的极值点,则 $f'(x_0) = 0$.

从集合上可以解释为:如果 x_0 为 $f(x)$ 的极值点,曲线 $y = f(x)$ 在点 $(x_0, f(x_0))$ 处有切线,则该切线平行于 x 轴.

定义 2.7 若函数 $f(x)$ 在点 x_0 处可导,且 $f'(x_0) = 0$,我们则称点 x_0 为函数 $f(x)$ 的驻点.

定理 2.12 告诉我们:

(1) 如果 x_0 是可导的极值点,则其必为驻点. 但是反过来不一定正确,即 x_0 为函数 $f(x)$ 的驻点,但不一定为函数的极值点. 例如,$x = 0$ 是函数 $f(x) = x^3$ 的驻点但却不是极值点;

(2) 如果 x_0 是极值点,其不一定为驻点. 例如,$x = 0$ 是函数 $f(x) = |x|$ 的极值点,但是函数在 $x = 0$ 处不可导,因此 $x = 0$ 不是函数的驻点.

定理 2.13(极值存在的第一充分条件) 设函数 $f(x)$ 在点 x_0 处连续,且在点 x_0 的某邻域内可导(点 x_0 可除外). 如果在该邻域内

(1) 当 $x < x_0$ 时,$f'(x) > 0$;当 $x > x_0$ 时,$f'(x) < 0$,则点 x_0 为 $f(x)$ 的极大值点;

(2) 当 $x < x_0$ 时,$f'(x) < 0$;当 $x > x_0$ 时,$f'(x) > 0$,则点 x_0 为 $f(x)$ 的极小值点.

如果 $f'(x)$ 在点 x_0 的两侧保持相同符号,则点 x_0 不是 $f(x)$ 的极值点.

定理 2.14（极值存在的第二充分条件） 设函数 $f(x)$ 在点 x_0 处具有二阶导数，且 $f'(x_0), f''(x_0) \neq 0$，则

（1）当 $f''(x_0) < 0$ 时，函数 $f(x)$ 在 x_0 处取得极大值；

（2）当 $f''(x_0) > 0$ 时，函数 $f(x)$ 在 x_0 处取得极小值.

【例3】 利用极值存在的第二充分条件判定函数 $y = x^3 - \dfrac{3}{2}x^2$ 的极值与极值点.

解：所给函数的定义域为 $(-\infty, +\infty)$. 令 $y' = 0$，可得函数的两个驻点：

$$x_1 = 0, \quad x_2 = 1,$$

又由函数在驻点处的二阶导数分别为

$$y''\big|_{x=0} = -3, \quad y''\big|_{x=1} = 3,$$

因此得出，$x = 0$ 是函数的极大值点，极大值为 0；$x = 1$ 是函数的极小值点，极小值为 $-\dfrac{1}{2}$.

2.8.5 函数的最大值与最小值

由函数极值的定义，我们可以看出，极值并不一定是函数在定义域上的最值；极值是函数的局部特性，最值是函数的整体特性.

由闭区间上连续函数的特性，其一定既存在最大值又存在最小值，那么如何求出函数的最大值和最小值呢？

由闭区间上连续函数的图像可以观察到，这类函数的最值应该在极值点或者是在边界点处产生，因此我们要想求出最值就要将所有可能产生最值的点都找到，然后比较它们对应的函数值的大小即可. 具体步骤如下：

（1）求出函数在所给区间上的驻点及不可导点；

（2）求出（1）中各个点所对应的函数值；

（3）求出所给区间的端点的函数值；

（4）比较（2）及（3）中函数值，其中最大的便是最大值，最小的便是最小值.

【例4】 设函数 $f(x) = x^3 - 3x^2 - 9x + 2$，求该函数在 $[-2, 4]$ 上的最大值及最小值.

解：$f'(x) = 3x^2 - 6x - 9$，由此可得该函数在 $[-2, 4]$ 上没有不可导点，同时，令

$$3x^2 - 6x - 9 = 0,$$

得出驻点

$$x_1 = 3, \quad x_2 = -1,$$

因此求出对应的函数值分别为

$$f(3) = -25, \quad f(-1) = 7,$$

同时在端点处

$$f(-2) = 0, \quad f(4) = -18,$$

经过比较得出，函数在 $[-2, 4]$ 上的最小值为 $f(3) = -25$，最大值为 $f(-1) = 7$.

【例5】 铁路线上 AB 段的距离为 100 km. 工厂 C 距 A 处为 20 km，$AC \perp AB$. 为了运输需要，要在 AB 线上选定一点 D 向工厂修筑一条公路. 已知铁路每千米货运的运费与公路上每千米货运的运费之比为 $3:5$. 为了使货物从供应站 B 运到工厂 C 的运费最省，问 D 点应选在何处？

解：设 $AD = x$，则 $BD = 100 - x$，$CD = \sqrt{20^2 + x^2} = \sqrt{400 + x^2}$. 再设从 B 运到工厂 C

的总运费为 y,那么

$$y = 5k \times CD + 3k \times BD \ (k \text{ 为比例系数}),$$

即

$$y = 5k \sqrt{400 + x^2} + 3k(100 - x) \quad (0 \leqslant x \leqslant 100),$$

于是问题归结为:求运费函数在$[0,100]$上的最小值问题. 因此,我们首先得

$$y' = k\left(\frac{5x}{\sqrt{400 + x^2}} - 3 \right),$$

令 $y' = k\left(\dfrac{5x}{\sqrt{400 + x^2}} - 3 \right)$,求得 $x = 15$. 由于

$$y \big|_{x=0} = 400k, \ y \big|_{x=15} = 380k, \ y \big|_{x=100} = 500k \times \sqrt{1 + \frac{1}{25}}$$

所以当 $AD = 15$ km 时,总运费最省.

习 题 2.8

1. 函数 $y = \ln x$ 在区间$(0, \pi)$ 内( ).

A. 上凹且单调递增   B. 上凹且单调递减

C. 上凸且单调递减   D. 上凸且单调递增

2. 判断函数 $y = x \sin x$ 的凹凸性.

3. 求出函数 $y = x^{\frac{1}{3}}$ 的拐点.

4. 求出函数 $y = \dfrac{3}{5} x^{\frac{5}{3}} - \dfrac{3}{2} x^{\frac{2}{3}}$ 的极值点与极值.

5. 求出函数 $y = 2 - \dfrac{3}{2}(x - 1)^{\frac{2}{3}}$ 在$[0,2]$ 上的最大值与最小值.

6. 炼油厂要建容积为 V 的圆柱形储油罐,问应怎样设计才能使所用的材料最省?

2.9   土建专业中微分学的应用

应力是结构力学中经常会用到的概念,其具体是指物体由于外因(受力、湿度、温度场变化等)而变形时,在物体内各部分之间产生相互作用的内力,以抵抗这种外因的作用,并力图使物体从变形后的位置恢复到变形前的位置.

在所考察的截面某一点单位面积上的内力称为应力. 同截面垂直的称为正应力或法向应力,同截面相切的称为剪应力或切应力.

而点的应力需用极限的概念来定义. 设 ΔA 为 B 面上围绕 Q 点的无限小的面积,ΔA 上作用的内力的合力为 $\Delta \boldsymbol{F}$(如图 2.9 所示,拉、压力分别用实线箭头、

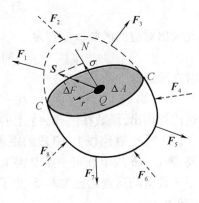

图 2. 9

虚线箭头表示），则 Q 点的应力为

$$S = \lim_{\Delta A \to 0} \frac{\Delta F}{\Delta A}$$

【例1】 应力为杆件截面上的分布内力集度．

如图 2.10 所示，平均应力为

$$p = \frac{\Delta F}{\Delta A}$$

一点处的总应力为

$$p = \lim_{\Delta A \to 0} \frac{\Delta F}{\Delta A} = \frac{\mathrm{d}F}{\mathrm{d}A}$$

如图 2.11 所示，其中，应力 p 可分解为正应力 σ 和切应力 τ．

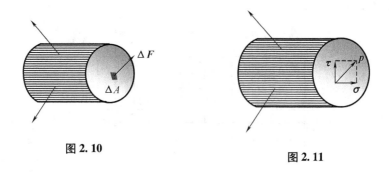

图 2.10

图 2.11

对于应力，其具有以下特征：

（1）必须明确截面及点的位置；

（2）是矢量，正应力 拉为正；切应力顺时针为正；

（3）单位：Pa（帕）和 MPa（兆帕）．

【例2】 弯曲正应力一般公式．

弯曲应力，又称挠曲应力、挠应力或弯应力．弯曲应力简单说即弯曲产生的应力．弯曲应力分为正应力和切应力．

相关知识点：

（1）受弯构件横截面上有两种内力——弯矩和剪力．弯矩 M 在横截面上产生正应力；剪力在横截面上产生剪应力．

（2）已知横截面上的内力，求横截面上的应力属于静不定问题，必须利用变形关系、物理关系和静力平衡关系．

弯矩产生的正应力是影响强度和刚度的主要因素，故对弯曲正应力进行了较严格的推导．剪力产生的剪应力对梁的强度和刚度的影响是次要因素，故对剪应力公式没作严格推导，先假定了剪应力的分布规律，然后用平衡关系直接求出剪应力的计算公式．

（3）梁进行强度计算时，主要是满足正应力的强度条件．某些特殊情况下，还应校核是否满足剪应力的强度条件．

（4）根据强度条件表达式，提高构件弯曲强度的主要措施是：减小最大弯矩；提高抗弯截面系数和材料性能．

（5）弯曲中心是薄壁截面梁横弯时，横截面上剪应力的合力作用点．因此横弯作用的薄

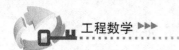

壁截面梁,发生平面弯曲的充要条件是:横向载荷过弯曲中心和平行于形心主轴.

在实际应用中,弯曲应力是指法向应力的变化分量,沿厚度上的变化可以是线性的,也可以是非线性的.其最大值发生在壁厚的表面处,设计时一般取最大值进行强度校核.壁厚的表面达到屈服极限后,仍能继续提高承载能力,但表面应力不再增加,屈服层由表面向中间扩展.所以在压力容器中,弯曲应力的危害性要小于相同数值的薄膜应力.

几何条件为

$$\mathrm{d}\lambda = y\mathrm{d}\theta, \quad \varepsilon = \frac{a_1a_2 - \overline{a_1a_2}}{a_1a_2} = \frac{\mathrm{d}\lambda}{\mathrm{d}x} = y\frac{\mathrm{d}\theta}{\mathrm{d}x} = y\frac{\mathrm{d}\theta}{\rho\mathrm{d}\theta} = \frac{y}{\rho}$$

物理条件(胡克定律):

$$\sigma = E\varepsilon = E\frac{y}{\rho}$$

其图示解释如图 2.12 所示.

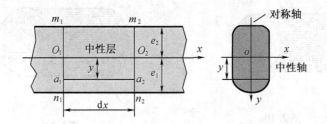

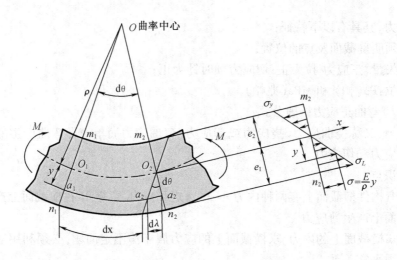

图 2.12

【例3】 胡克定律.

实验表明,在比例极限内,杆的轴向变形 Δl 与外力 F 及杆长 l 成正比,与横截面积 A 成反比.即

$$\Delta l \propto \frac{Fl}{A}$$

引入比例常数 E,有

$$\Delta l = \frac{Fl}{EA} = \frac{F_N l}{EA}$$

这就是胡克定律.

其中,E 为弹性模量,单位为 Pa;EA 为杆的抗拉(压)刚度;G 为切变模量.

胡克定律的另一种形式为

$$\varepsilon = \frac{\sigma}{E}, \quad \tau = G\gamma$$

实验表明,横向应变与纵向应变之比为一常数 ν,称为横向变形系数(泊松比),则

$$\nu = \frac{\varepsilon'}{\varepsilon} = -\frac{\varepsilon'}{\varepsilon}, \quad \varepsilon' = -\nu\varepsilon = -\nu\frac{\sigma}{E}$$

2.10　其他领域中微分学的应用

【例1】(人口增长率)　《全球 2000 年报告》指出,世界人口在 1975 年为 41 亿,并以每年 2% 的相对比率增长. 若用 P 表示自 1975 年以来的人口数,求 $\dfrac{\mathrm{d}P}{\mathrm{d}t}$,它的实际意义是什么?

解:$\dfrac{\mathrm{d}P}{\mathrm{d}t} = 0.02$,表示每年人口的增长率.

【例2】(电流)　电路中某点处的电流 i 是通过该点处的电量 q 关于时间 t 的瞬时变化率,如果某一电路中的电量为 $q(t) = t^3 + t$,求:

(1)电流函数 $i(t)$;

(2)$t = 3$ 时的电流是多少?

(3)什么时候电流为 49 A?

解:(1)$i(t) = \dfrac{\mathrm{d}q(t)}{\mathrm{d}t} = 3t^2 + 1$;

(2)$i(3) = 28$;

(3)$i(t) = 3t^2 + 1 = 49 \Rightarrow t = 4$,即 4 s 时电流为 49 A.

【例3】(制冷效果)　某电器厂对冰箱制冷后断电测试其制冷效果,t h 后冰箱内的温度为 $T = \dfrac{2t}{0.05t + 1} - 20$(单位:℃). 问冰箱内的温度 T 关于时间 t 的变化率是多少?

解:冰箱温度 T 关于时间 t 的变化率为 $\dfrac{\mathrm{d}T}{\mathrm{d}t} = \left(\dfrac{2t}{0.05t + 1} - 20 \right)' = \dfrac{2}{(0.05t + 1)^2}$(℃/h).

【例4】(放射物的衰减)　放射性元素碳 - 14(单位:g)的衰减由下式给出:$Q = \mathrm{e}^{-0.000\,121t}$,其中 Q 是 t a 后碳 - 14 存余的数量(单位:g). 问碳 - 14 的衰减速度(单位:g/a)是多少?

解:碳 - 14 的衰减速度为 $v = \dfrac{\mathrm{d}Q}{\mathrm{d}t} = (\mathrm{e}^{-0.000\,121t})' = -0.000\,121\mathrm{e}^{-0.000\,121t}$(g/a).

【例5】(钢棒长度的变化率)　假设某钢棒的长度 L(单位:cm)取决于气温 H(单位:℃),而气温 H 取决于时间 t(单位:h),如果气温每升高 1 ℃,钢棒长度增加 2 cm,而每隔 1 h,气温上升 3 ℃,问钢棒长度关于时间的增加有多快?

解:钢棒长度对气温的变化率 $\dfrac{\mathrm{d}L}{\mathrm{d}H} = 2$ cm/℃,气温对时间的变化率为 $\dfrac{\mathrm{d}H}{\mathrm{d}t} = 3$ ℃/h. 要求

长度对时间的变化率, 即求 $\dfrac{dL}{dt}$, 将 L 看作 H 的函数, H 看作 t 的函数, 由复合函数求导的链式

法则得 $\dfrac{dL}{dt} = \dfrac{dL}{dH}\dfrac{dH}{dt} = 2 \times 3 = 6 \ \text{cm/h}$. 因而, 长度关于时间的增长率为 $6 \ \text{cm/h}$.

【例6】(通货膨胀) 设函数 $p(t)$ 表示在时刻 t 某种产品的价格, 则在通货膨胀期间, $p(t)$ 将迅速增加. 请用 $p(t)$ 的导数解析以下三种情形:

(1) 通货膨胀仍然存在;

(2) 通货膨胀率正在下降;

(3) 在不久的将来, 物价将稳定下来.

解: (1) $p'(t) > 0$ 表示产品的价格在上升, 即通货膨胀仍然存在;

(2) $p'(t) > 0$ 表示通货膨胀存在, $p''(t) < 0$ 表示通货膨胀率正在下降;

(3) $p'(t) \to 0$ 表示产品的价格不再上升, 即物价将稳定下来.

【例7】(雨滴蒸发) 雨滴在高空下落的时候, 表面不断蒸发, 体积不断减少. 设雨滴在蒸发过程中始终保持球体形状, 若其体积的减少率与表面积成正比, 试证明其半径的减少率是常数.

解: 设雨滴球体的半径为 r, 则体积 $V = \dfrac{4}{3}\pi r^3$, 表面积 $S = 4\pi r^2$, 在等式两边同时对 t 求

导, 有 $\dfrac{dV}{dt} = 4\pi r^2 \dfrac{dr}{dt}$, 由题意 $\dfrac{dV}{dt} = kS = 4\pi r^2$, 其中 k 是常数, 则

$$\frac{dV}{dt} = \frac{1}{4k\pi r^2} \cdot 4k\pi r^2 = k$$

是常数, 即半径的减少率是常数.

【例8】(弹头的弹道) 弹道曲线可用参数方程表示为 $\begin{cases} x = v_0 t \cos\alpha \\ y = v_0 t \sin\alpha - \dfrac{1}{2}gt^2 \end{cases}$, 其中 v_0 为

初速度, α 是发射角, g 是重力加速度. 那么弹头在时刻 t 的运动速度的大小和方向分别是多少?

解: 弹头的水平方向的速度 $\dfrac{dx}{dt} = v_0 \cos\alpha$, 铅直方向的速度 $\dfrac{dy}{dt} = v_0 \sin\alpha - gt$, 所以在时刻 t 弹头运动的速度的大小为

$$v = \sqrt{\left(\frac{dx}{dt}\right)^2 + \left(\frac{dy}{dt}\right)^2} = \sqrt{(v_0\cos\alpha)^2 + (v_0\sin\alpha - gt)^2} = \sqrt{v_0^2 - 2v_0\sin\alpha gt + g^2t^2}$$

再求速度的方向, 即曲线的切线的方向, 可用切线的倾斜角 $\theta(t)$ 来表示. 根据导数的几

何意义, 有 $\tan\theta(t) = \dfrac{dy}{dx} = \dfrac{\dfrac{dy}{dt}}{\dfrac{dx}{dt}} = \dfrac{v_0\sin\alpha - gt}{v_0\cos\alpha}$, 由倾斜角即可得出切线的方向.

【例9】(油层扩散) 从一艘破裂的油轮中渗漏出来的油, 在海面上逐步扩散形成油层, 设在扩散的过程中, 其形状一直是一个厚度均匀的圆柱体, 其体积也始终保持不变, 已知其厚度 h 的减少率与 h^3 成正比, 试证明其半径 r 的增加率与 r^3 成反比.

证明: 因油层的体积 $V = \pi r^2 h$, 在等式两边同时对 t 求导, 由于 V, π 都是常数, 所以有

$$2r \frac{\mathrm{d}r}{\mathrm{d}t} h + r^2 \frac{\mathrm{d}h}{\mathrm{d}t} = 0,$$

由题意 $\frac{\mathrm{d}h}{\mathrm{d}t} = -k_1 h^3$，则 $\frac{\mathrm{d}r}{\mathrm{d}t} = -\frac{r}{2h} \frac{\mathrm{d}h}{\mathrm{d}t} = \frac{k_1 h^2 r}{2}$，又 $h = \frac{V}{\pi r^2}$，故

$$\frac{\mathrm{d}r}{\mathrm{d}t} = \frac{k_1 r}{2} \left(\frac{V}{\pi r^2}\right)^2 = \frac{k_1 V^2}{2\pi^2 r^3} = \frac{k_1 V^2}{2\pi^2} \frac{1}{r^3},$$

因为 $\frac{k_1 V^2}{2\pi^2}$ 是常数，则半径 r 的增加率与 r^3 成反比.

【例10】（收入增加量） 某公司生产一种新型游戏程序，假设能全部出售，收入函数为 $R = 36x - \frac{x^2}{20}$，其中 x 为公司一天的产量. 如果公司每天的产量从 250 增加到 260，请估计公司每天收入的增加量.

解：公司每天产量的增加量为 $\Delta x = 10$，用 $\mathrm{d}R$ 估计每天的收入增加量为

$$\Delta R \Big|_{\substack{\Delta x = 10 \\ x = 250}} \approx \mathrm{d}R \Big|_{\substack{\Delta x = 10 \\ x = 250}} = \left(36x - \frac{x^2}{20}\right)' \Delta x \Big|_{\substack{\Delta x = 10 \\ x = 250}} = (360 - x) \Big|_{x = 250} = 110.$$

【例11】（球面的光洁度） 有一批半径为 1 cm 的球，为了提高球面的光洁度，要镀上一层铜，厚度定为 0.01 cm. 估计一下每只球需用铜多少（铜的密度是 8.9 g/cm³）？

解：已知球体体积为 $V = \frac{4}{3}\pi R^3$，$R_0 = 1$ cm，$\Delta R = 0.01$ cm. 镀层的体积为

$$\Delta V = V(R_0 + \Delta R) - V(R_0) \approx V'(R_0) \Delta R = 4\pi R_0^2 \Delta R$$
$$\approx 4 \times 3.14 \times 1^2 \times 0.01 \approx 0.13 \text{ cm}^3,$$

于是镀每只球需用的铜约为

$$0.13 \times 8.9 \approx 1.16 \text{ g}.$$

【例12】（油管铺设线路的设计） 要铺设一石油管道，将石油从炼油厂输送到石油灌装点. 炼油厂附近有条宽 2.5 km 的河，灌装点在炼油厂的对岸沿河下游 10 km 处. 如果在水中铺设管道的费用为 6 万元/km，在河边铺设管道的费用为 4 万元/km. 试在河边找一点 P，使管道铺设费最低.

解：设 P 点距炼油厂的距离为 x，管道铺设费为 y，由题意有

$$y = 4x + 6 \sqrt{(10-x)^2 + 2.5^2} \quad (x > 0),$$

则

$$y' = 4 - \frac{6(10-x)}{\sqrt{(10-x)^2 + 6.25}}.$$

令 $y' = 0$，得驻点 $x = 10 \pm \frac{10}{\sqrt{20}}$，舍去大于 10 的驻点，由于管道最低铺设费一定存在，且在 $(0,10)$ 内取得，所以最小值点为 $x \approx 7.764$ km，最低的管道铺设费为 $y \approx 51.18$ 万元.

【例13】（最大容积） 从半径为 R 的圆铁片上截下中心角为 φ 的扇形卷成一圆锥形漏斗，问 φ 取多大时做成的漏斗的容积最大？

解：设所做漏斗的顶半径为 r，高为 h，则 $2\pi r = R\varphi$，$r = \sqrt{R^2 - h^2}$，漏斗的容积 V 为

$$V = \frac{\pi r^2 h}{3} = \frac{\pi h(R^2 - h^2)}{3} \quad (0 < h < R),$$

由于 h 由中心角 φ 唯一确定,故将问题转化为先求函数 $V = V(h)$ 在 $(0, R)$ 上的最大值. 令

$$V' = \frac{\pi R^2}{3} - \pi h^2 = 0,$$

得唯一驻点 $h = \frac{R}{\sqrt{3}}$. 从而

$$\varphi = \frac{2\pi \sqrt{R^2 - h^2}}{R} \bigg|_{h = \frac{R}{\sqrt{3}}} = \frac{2\sqrt{6}}{3}\pi.$$

因此根据问题的实际意义知 $\varphi = \frac{2\sqrt{6}}{3}\pi$ 时能使漏斗的容积最大.

【例 14】(材料最省) 欲用围墙围成面积为 $216 \ \text{m}^2$ 的一块矩形土地,并在正中用一堵墙将其隔成两块,问这块土地的长和宽选取多大的尺寸,才能使所用建筑材料最省?

解:设矩形土地的长为 x,宽为 y,则由题意 $xy = 216$. 设围墙总长为 L,则 $L = 2x + 3y$,从而

$$L = 2x + 3 \times \frac{216}{x}, \quad L' = \frac{2x^2 - 648}{x^2},$$

令 $L' = 0$,得 $x = \pm 18$. 由实际问题可知,函数的最小值一定存在,函数只有一个驻点.

【例 15】(学校选址问题) 设位于坐标系中的点 $A(0, h)$,$B(-l, 0)$,$C(l, 0)$ 处有三个新建居民点,预计这三个居民点上的小学生人数分别为 300 人、250 人和 250 人. 现在要为三个居民点建造一所小学,问应建在何处为宜?

解:设最佳方案位置为 P,应该使 $300PA + 250PB + 250PC$ 最小,也就是使所有小学生所走之路总和为最小.

根据本例具有一定对称性的具体情况,可知 P 点应在线段 OA 上的某点 $(0, y)$ 处,于是可得目标函数为

$$S = f(y) = 300(h - y) + 500\sqrt{l^2 + y^2} \quad (0 \leqslant y \leqslant h).$$

这里 $0 \leqslant y \leqslant h$ 是目标函数的实际定义域,它是目标函数自然定义域 $(-\infty, +\infty)$ 的一个子集. 显然 $f(y)$ 在 $[0, h]$ 上连续,在 $(0, h)$ 上可微,且 $f'(y) = 0$. 得 $f(y)$ 的唯一驻点 $y = \frac{3}{4}l$.

这里根据问题的实际意义可知最优点 P 确实存在,目标函数也一定可微,但此唯一驻点是否在实际定义域内还得看 h 与 l 之间的比例关系,现按两种不同比例情况分析叙述如下:

(1) 当 $h > \frac{3}{4}l$ 时,可以断定所求的点为 $P\left(0, \frac{3}{4}l\right)$,即应把小学建在 $\left(0, \frac{3}{4}l\right)$ 点处;

(2) 当 $h \leqslant \frac{3}{4}l$ 时,$f(y)$ 在 $[0, h]$ 上单调减少,所以所求的点为 $P = A$,也就是说应把小学建在居民点 A 处.

【例 16】(影子的运动速度问题) 一个身高 2 m 的人,向一个高为 5 m 的灯柱走去,当他走到离灯柱 2.8 m 时,该人的瞬时速度为 2 m/s,求此时人身影的长度之瞬时伸长率,并求身影顶端的运动速度.

解:设人与灯柱的距离为 x 时,人身影长为 s. 根据几何知识,有 $\frac{5}{x + s} = \frac{2}{s}$,解得 s 与 x 之间的函数关系为

$$s = \frac{2}{3}x,$$

根据复合函数求导法则,有

$$\frac{ds}{dt} = \frac{ds}{dx} \cdot \frac{dx}{dt} = \frac{2}{3} \frac{dx}{dt}.$$

将题意中 $\frac{dx}{dt} = -2$ m/s 代入此式得 $\frac{ds}{dt} = -\frac{4}{3}$ m/s,结果说明身影此时正以 $\frac{4}{3}$ m/s 的速度缩短.

而身影顶端点的位置到灯柱低端的距离用 y 表示,类似地可得

$$y = \frac{5}{3}x, \quad \frac{dy}{dt} = \frac{5}{3}\frac{dx}{dt},$$

当 $\frac{dx}{dt} = -2$ m/s 时,$\frac{dy}{dt} = -\frac{10}{3}$ m/s,即影子顶端以 $\frac{10}{3}$ m/s 的速度向灯柱靠拢.

【例17】(沙堆高度的增加率问题) 卷扬机堆起的沙堆呈圆锥体形状,在堆放过程中,圆锥体底半径与高度始终保持一定的比例,根据沙粒大小及干燥程度,可确定沙堆圆锥体的半顶角 α 恒为定值. 若卷扬机输出沙粒速度为 3.3 m³/min,$\alpha = \frac{\pi}{3}$,试问当沙堆高度为 $h = 1$ m 时,沙堆高度的增长率是多少?

解:设在 t 时刻沙堆高度为 h,底半径为 r,由于半顶角 $\alpha = \frac{\pi}{3}$,所以

$$r = h\tan\frac{\pi}{3} = \sqrt{3}h, \quad V = \frac{1}{3}\pi r^2 h = \pi h^3,$$

根据复合函数求导法则,有

$$\frac{dV}{dt} = \frac{dV}{dh} \cdot \frac{dh}{dt} = 3\pi h^2 \frac{dh}{dt},$$

将 $h = 1$ 及 $\frac{dV}{dt} = 3.3$ 代入得

$$\frac{dh}{dt} = \frac{3.3}{3\pi} \approx 0.35 \text{ m/min},$$

即沙堆高为 $h = 1$ m 时,高度的增长率约为 0.35 m/min.

【阅读材料3】

四大数学家之一 —— 欧拉

莱昂哈德·保罗·欧拉(Leonhard Paul Euler,1707—1783),瑞士数学家及自然科学家,数学史上最伟大的数学家之一.

欧拉出生于瑞士巴塞尔的一个牧师家庭,自幼受父亲的教育,并希望他学习神学,但他对数学最感兴趣. 欧拉13岁入读巴塞尔大学,15岁大学毕业,16岁获得硕士学位. 上大学时,他收到丹尼尔一世·伯努利的特别指导,专心研究数学. 当他在19岁时写的一篇关于船桅的论文获得巴黎科学院的奖金后,他的父亲就不再反对他攻读数学了,于是他彻底放弃了当牧师的想法,开始专攻数学.

1727年,在丹尼尔一世·伯努利的推荐下,欧拉到俄罗斯的彼得堡科学院从事研究工

作,并在 1731 年接替丹尼尔成为物理学教授.

过度的工作使欧拉得了眼疾,28 岁就不幸右眼失明. 1741 年,欧拉应普鲁士彼德烈大帝的邀请,到柏林任科学院物理数学所所长,直到 1766 年.后来在沙皇喀德林二世的诚恳敦聘下重回彼得堡.不料,不久他左眼视力衰退,最后完全失明.在他完全失明前,他抓紧这最后的时刻,在一块大黑板上疾书发现的公式,然后口述其内容,由他的学生特别是大儿子 A. 欧拉(数学家和物理学家)笔录.欧拉完全失明后,仍以惊人的毅力和黑暗搏斗,凭着记忆和心算进行研究,直到逝世,长达 17 年之久.

欧拉的著述浩瀚,在包括微积分和图论等的多个数学领域都有重大的发现.例如,欧拉综合了莱布尼茨的微分和牛顿的流数,在 1748—1770 年间,先后发表了《无穷小分析引论》《微分学》《积分学》等微积分史上里程碑式的著作.此外,哥德巴赫猜想也是在他与哥德巴赫的通信中提出来的.在计算机领域中广泛使用的 RSA 公钥密码算法也正是以欧拉函数为基础的算法.欧拉在 1736 年解决了哥尼斯堡七桥问题,并发表了论文《关于位置几何问题的解法》,对一笔画问题进行了阐述,他是最早运用图论和拓扑学解决问题的先驱.

总之,在数学的各个领域都有欧拉的身影,常常能见到以欧拉命名的公式、定理和重要常数,如欧拉角、欧拉常数、欧拉数、欧拉方程、欧拉公式、欧拉变换等.欧拉对于数学符号的贡献也是巨大的,如圆周率、函数、虚数、正弦函数、余弦函数、正切函数、求和符号等,都是欧拉首创的.

欧拉不愧是历史上最伟大的数学家之一,他的一生是为数学发展而奋斗的一生.他那杰出的智慧,顽强的毅力,孜孜不倦的奋斗精神和高尚的科学道德,是永远值得我们学习的.

第3章 积 分 学

在微分学中,我们讨论了一元函数微分学,掌握了如何求函数的导数及微分. 本章我们将要研究求导数的相反问题,即已知一个函数的导数,求这个函数. 这类问题在数学中可归结为求导运算的逆运算,即微分学的基本问题之一 —— 积分学.

3.1 不定积分的概念与性质

3.1.1 原函数与不定积分

在微分学中我们已经解决了求已知函数的导数或微分的问题,但在实际问题中常常遇到与此相反的问题. 例如,已知物体在时刻 t 的运动速度 $v(t) = s'(t)$,求物体的运动规律 $s(t)$;已知曲线的切线斜率 $k = F'(x)$,求曲线方程 $y = F(x)$ 等. 以上问题都是已知某函数的导数或微分,反过来求这个函数的问题,为此我们先引入原函数的概念.

定义 3.1　如果对任意 $x \in I$,都有

$$F'(x) = f(x) \quad \text{或} \quad \mathrm{d}F(x) = f(x)\mathrm{d}x,$$

则称 $F(x)$ 为 $f(x)$ 在区间 I 上的原函数.

例如:

(1) 在 $(-\infty, \infty)$ 上,$(x^2)' = 2x$,则 x^2 是 $2x$ 的一个原函数;

(2) $(\sin x)' = \cos x$,即 $\sin x$ 是 $\cos x$ 的一个原函数.

定理 3.1(原函数存在定理)　如果函数 $f(x)$ 在区间 I 上连续,则在区间 I 上 $f(x)$ 一定有原函数,即存在区间 I 上的可导函数 $F(x)$,使得对任意 $x \in I$,有

$$F'(x) = f(x).$$

这里应该注意到:

(1) 如果 $f(x)$ 有一个原函数,则 $f(x)$ 就有无穷多个原函数. 事实上,若 $F(x)$ 是 $f(x)$ 的原函数,则 $[F(x) + C]' = f(x)$,即 $F(x) + C$ 也为 $f(x)$ 的原函数,其中 C 为任意常数;

(2) 如果 $F(x)$ 与 $G(x)$ 都为 $f(x)$ 在区间 I 上的原函数,则 $F(x)$ 与 $G(x)$ 之差为常数,即

$$G(x) - F(x) = C \quad (C \text{ 为常数});$$

(3) 如果 $F(x)$ 为 $f(x)$ 在区间 I 上的一个原函数,则 $F(x) + C(C$ 为任意常数$)$ 可表示 $f(x)$ 的任意一个原函数.

定义 3.2　在区间 I 上,函数 $f(x)$ 的带有任意常数项的原函数称为 $f(x)$ 在区间上 I 的不定积分,记作

$$\int f(x)\mathrm{d}x,$$

其中,记号 $\int$ 称为积分号,$f(x)$ 称为被积函数,$f(x)\mathrm{d}x$ 称为被积表达式,x 称为积分变量.

由定义可知,如果 $F(x)$ 为 $f(x)$ 在区间 I 上的一个原函数,则 $F(x) + C$ 就是 $f(x)$ 的不

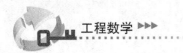

定积分,即 $\int f(x)\,\mathrm{d}x$ 可以表示 $f(x)$ 的任意一个原函数. 因此,

$$\int f(x)\,\mathrm{d}x = F(x) + C \quad (C \text{ 为任意常数})$$

【例1】 求不定积分 $\int x^2\,\mathrm{d}x$.

解: 因为 $\left(\dfrac{x^3}{3}\right)' = x^2$,所以 $\dfrac{x^3}{3}$ 是 x^2 的一个原函数,因此

$$\int x^2\,\mathrm{d}x = \frac{x^3}{3} + C.$$

【例2】 求不定积分 $\int \dfrac{1}{x}\,\mathrm{d}x$.

解:因为当 $x > 0$ 时,$(\ln x)' = \dfrac{1}{x}$;$x < 0$ 时,$[\ln(-x)]' = \dfrac{1}{x}$,所以

$$(\ln|x|)' = \frac{1}{x},$$

因此

$$\int \frac{1}{x}\,\mathrm{d}x = \ln|x| + C.$$

3.1.2 不定积分的几何意义

由于不定积分 $\int f(x)\,\mathrm{d}x = F(x) + C(C$ 为任意常数),因此,不定积分在几何上表示积分曲线族 $F(x) + C$.

由于 $F'(x) = f(x)$,因此在积分曲线族上横坐标相同的点 x 处作切线,切线的斜率都相等,且都等于 $f(x)$,所以积分曲线族上横坐标相同的点处切线平行.

【例3】 设曲线过点 $(2,8)$,且其上任一点处切线的斜率为该点横坐标的三倍,求此曲线的方程.

解:设曲线方程为 $y = f(x)$,其上任一点 (x,y) 处切线的斜率为 $\dfrac{\mathrm{d}y}{\mathrm{d}x} = 3x$,从而

$$y = \int 3x\,\mathrm{d}x = \frac{3}{2}x^2 + C,$$

由 $y(2) = 8$ 得 $C = 2$,因此所求曲线方程为

$$y = \frac{3}{2}x^2 + 2.$$

3.1.3 基本积分表

由不定积分的定义可知,求原函数或不定积分与求导数或微分互为逆运算(但与以前学过的算数中的逆运算有所不同),它们的关系是:

(1) 先积分后求导(或微分)—— 还原.

$$\frac{\mathrm{d}}{\mathrm{d}x}\left[\int f(x)\,\mathrm{d}x\right] = f(x),$$

或

$$d\left[\int f(x)dx\right] = f(x)dx.$$

(2) 先求导(或微分)后积分 —— 差一个常数.

$$\int F'(x)dx = F(x) + C,$$

或

$$\int dF(x) = F(x) + C.$$

由此可见,微分运算与不定积分运算互逆,当微分 d 与积分 $\int$ 连在一起时,"d$\int$" 使函数还原,"$\int$d" 使函数差一个常数.

因为求不定积分是求导数的逆运算,所以由基本初等函数的导数公式对应地可以得到基本积分公式.

(1) $\int kdx = kx + C$ （k 为常数）;

(2) $\int x^\mu dx = \dfrac{x^{\mu+1}}{\mu+1} + C$ （$\mu \neq -1$）;

(3) $\int \dfrac{dx}{x} = \ln|x| + C$;

(4) $\int \dfrac{dx}{1+x^2} = \arctan x + C$;

(5) $\int \dfrac{dx}{\sqrt{1-x^2}} = \arcsin x + C$;

(6) $\int \cos x dx = \sin x + C$;

(7) $\int \sin x dx = -\cos x + C$;

(8) $\int \dfrac{dx}{\cos^2 x} = \int \sec^2 x dx = \tan x + C$;

(9) $\int \dfrac{dx}{\sin^2 x} = \int \csc^2 x dx = -\cot x + C$;

(10) $\int \sec x \tan x dx = \sec x + C$;

(11) $\int \csc x \cot x dx = -\csc x + C$;

(12) $\int e^x dx = e^x + C$;

(13) $\int a^x dx = \dfrac{a^x}{\ln a} + C$ （$a > 0$）.

3.1.4 不定积分的性质

根据不定积分的定义,可以推得如下两个性质:

性质1 设函数 $f(x)$ 和 $g(x)$ 的原函数存在,则

$$\int [f(x) + g(x)] dx = \int f(x) dx + \int g(x) dx.$$

性质 1 对于有限个函数都是成立的.

性质 2 设函数 $f(x)$ 的原函数存在, k 为非零常数, 则

$$\int k f(x) dx = k \int f(x) dx \quad (k \ 为常数, k \neq 0).$$

利用基本积分表和不定积分的这两个性质, 可以求出一些简单函数的不定积分.

【例 4】 求不定积分 $\int x \sqrt{x} dx.$

解: $\int x \sqrt{x} dx = \int x^{\frac{3}{2}} dx = \dfrac{2}{5} x^{\frac{5}{2}} + C.$

这里要注意的是, 积分运算的结果是否正确, 可以通过它的逆运算求导运算来加以验证. 如果它的导数等于被积函数, 那么积分结果是正确的, 否则积分结果是错误的, 由于

$$\left(\frac{2}{5} x^{\frac{5}{2}} + C \right)' = x^{\frac{3}{2}} = x \sqrt{x},$$

所以这个结果是正确的.

【例 5】 求不定积分 $\int \sqrt{x} (x^2 - 2) dx.$

解: $\int \sqrt{x} (x^2 - 2) dx = \int x^{\frac{5}{2}} dx - \int 2 x^{\frac{1}{2}} dx = \dfrac{2}{7} x^{\frac{7}{2}} - \dfrac{4}{3} x^{\frac{3}{2}} + C.$

【例 6】 求不定积分 $\int \dfrac{(x-1)^2}{x} dx.$

解: $\int \dfrac{(x-1)^2}{x} dx = \int \dfrac{x^2 - 2x + 1}{x} dx = \int \left(x - 2 + \dfrac{1}{x} \right) dx = \dfrac{1}{2} x^2 - 2x + \ln|x| + C.$

【例 7】 求不定积分 $\int \dfrac{1 + x + x^2}{x(1 + x^2)} dx.$

解: $\int \dfrac{1 + x + x^2}{x(1 + x^2)} dx = \int \dfrac{(1 + x^2) + x}{x(1 + x^2)} dx = \int \dfrac{1}{x} dx + \int \dfrac{1}{1 + x^2} dx = \ln|x| + \arctan x + C.$

【例 8】 求不定积分 $\int (e^x - 3\cos x + 2^x e^x) dx.$

解:
$$\int (e^x - 3\cos x + 2^x e^x) dx = \int e^x dx - \int 3\cos x dx + \int (2e)^x dx$$
$$= e^x - 3\sin x + \frac{(2e)^x}{\ln 2e} + C$$
$$= e^x - 3\sin x + \frac{(2e)^x}{1 + \ln 2} + C.$$

【例 9】 求不定积分 $\int \dfrac{\cos 2x}{\sin x + \cos x} dx.$

解: $\int \dfrac{\cos 2x}{\sin x + \cos x} dx = \int \dfrac{\cos^2 x - \sin^2 x}{\sin x + \cos x} dx = \int (\cos x - \sin x) dx = \sin x + \cos x + C.$

通过例 9 可以看出, 如果被积函数能够化简, 要先化简后再求积分.

习 题 3.1

1. 下列各题中哪些函数具有相同原函数:

(1) $\frac{1}{2}\sin^2 x$, $-\frac{1}{4}\cos 2x$, $-\frac{1}{4}\cos^2 x$;

(2) $\ln x$, $\ln 2x$, $\ln |x|$, $\ln x + C$.

2. 一个函数的原函数如果存在,则原函数有( ).

A. 一个   B. 两个   C. 无穷多   D. 都不对

3. 已知 $\int f(x)\mathrm{d}x = \frac{1}{2}x^4 - x^2 + C$,则 $f(x) = $ ( ).

A. $2x^3 - 2x$ B. $2x^3 - 2x + C$ C. $x^3 - x$ D. $x^4 - 2x$

4. $\int f'(x)\mathrm{d}x = $ _____.

5. 设 $f'(x)$ 存在且连续,则 $\left(\int \mathrm{d}f(x)\right)' = $ ( ).

A. $f(x)$ B. $f'(x)$ C. $f'(x) + C$ D. $f(x) + C$

6. 求不定积分:

(1) $\int x^2\sqrt{x}\,\mathrm{d}x$;   (2) $\int (1 + \sqrt{x})^3\mathrm{d}x$;

(3) $\mathrm{d}\frac{x + \sqrt{x} + 3x^2}{x}\mathrm{d}x$;   (4) $\int \frac{(x-1)^3}{x^2}\mathrm{d}x$;

(5) $\int \frac{x^4}{1+x^2}\mathrm{d}x$;   (6) $\int \tan^2 x\,\mathrm{d}x$.

3.2   不定积分的换元积分法

利用基本积分表与积分的性质,所能计算的不定积分是非常有限的. 本节将利用复合函数求导法则的逆运算求不定积分,其主要手段为通过变量代换的方法来求函数的不定积分,我们称这种方法为换元积分法,简称换元法.

换元法通常分成两类,首先我们介绍第一类换元法.

3.2.1   第一类换元积分法(凑微分法)

设 $F(u)$ 为 $f(u)$ 的原函数,即

$$F'(u) = f(u) \quad \text{或} \quad \int f(u)\mathrm{d}u = F(u) + C.$$

如果 $u = \varphi(x)$,且设 $\varphi(x)$ 可微,那么根据复合函数的微分法,有

$$\mathrm{d}F[\varphi(x)] = f[\varphi(x)]\varphi'(x)\mathrm{d}x,$$

从而根据不定积分的定义可得

$$\int f[\varphi(x)]\varphi'(x)\mathrm{d}x = \left[\int f(u)\mathrm{d}u\right]\Big|_{u=\varphi(x)} = F[\varphi(x)] + C.$$

于是有下述定理:

定理 3.2 设函数 $f(u)$ 具有原函数,函数 $\varphi(x)$ 可导,则有换元公式

$$\int f[\varphi(x)]\varphi'(x)\mathrm{d}x = \left[\int f(u)\mathrm{d}u\right]_{u=\varphi(x)}, \tag{3.1}$$

公式(3.1)称为第一类换元积分公式.

第一类换元积分的目的是通过换元,把一个形式复杂的不定积分转化为一个形式简单的不定积分,而这个形式简单的不定积分往往可能就是基本积分公式. 也就是说,第一类换元法的基本思想是用换元对被积表达式进行化简,然后再求不定积分. 而换元法的关键在于如何选择适当的换元变量.

【例1】 求不定积分 $\int 2\cos 2x\mathrm{d}x$.

解:被积函数中,$\cos 2x$ 是一个复合函数:

$$\cos 2x = \cos u, \quad u = 2x$$

常数因子 2 恰好是中间变量的 u 导数. 因此,作变换 $u = 2x$,便有

$$\int 2\cos 2x\mathrm{d}x = \int \cos 2x \cdot 2\mathrm{d}x = \int \cos 2x \cdot (2x)'\mathrm{d}x = \int \cos u\mathrm{d}u = \sin u + C,$$

再以 $u = 2x$ 代入,即得

$$\int 2\cos 2x\mathrm{d}x = \sin 2x + C.$$

【例2】 求不定积分 $\int \cos^2 x\sin x\mathrm{d}x$.

解:
$$\int \cos^2 x\sin x\mathrm{d}x = -\int \cos^2 x\mathrm{d}(\cos x) \quad (u = \cos x)$$
$$= -\int u^2\mathrm{d}u = -\frac{1}{3}u^3 + C$$
$$= -\frac{1}{3}\cos^3 x + C.$$

在运算比较熟练,或中间变量比较简单明了时,可以不必写出中间变量的代换符号.

【例3】 求 $\int x\mathrm{e}^{-x^2}\mathrm{d}x$.

解:$\int x\mathrm{e}^{-x^2}\mathrm{d}x = \frac{1}{2}\int \mathrm{e}^{-x^2}\mathrm{d}x^2 = -\frac{1}{2}\int \mathrm{e}^{-x^2}\mathrm{d}(-x^2) = -\frac{1}{2}\mathrm{e}^{-x^2} + C.$

【例4】 求不定积分 $\int \frac{1}{6+2x}\mathrm{d}x$.

解:$\int \frac{1}{6+2x}\mathrm{d}x = \frac{1}{2}\int \frac{1}{6+2x}(6+2x)'\mathrm{d}x = \frac{1}{2}\int \frac{1}{6+2x}\mathrm{d}(6+2x) = \frac{1}{2}\ln|6+2x| + C.$

【例5】 求不定积分 $\int \tan x\mathrm{d}x$.

解:$\int \tan x\mathrm{d}x = \int \frac{\sin x}{\cos x}\mathrm{d}x = -\int \frac{1}{\cos x}\mathrm{d}\cos x = -\ln|\cos x| + C.$

【例6】 求不定积分 $\int \frac{1}{a^2+x^2}\mathrm{d}x$.

解:$\int \frac{1}{a^2+x^2}\mathrm{d}x = \frac{1}{a^2}\int \frac{1}{1+\left(\frac{x}{a}\right)^2}\mathrm{d}x = \frac{1}{a}\int \frac{1}{1+\left(\frac{x}{a}\right)^2}\mathrm{d}\frac{x}{a} = \frac{1}{a}\arctan\frac{x}{a} + C.$

【例7】 求不定积分 $\int \dfrac{1}{\sqrt{a^2-x^2}}\mathrm{d}x(a>0)$.

解: $\int \dfrac{1}{\sqrt{a^2-x^2}}\mathrm{d}x = \dfrac{1}{a}\int \dfrac{1}{\sqrt{1-\left(\dfrac{x}{a}\right)^2}}\mathrm{d}x = \int \dfrac{1}{\sqrt{1-\left(\dfrac{x}{a}\right)^2}}\mathrm{d}\dfrac{x}{a} = \arcsin\dfrac{x}{a}+C.$

【例8】 求不定积分 $\int \dfrac{1}{x^2-a^2}\mathrm{d}x$.

解: $\begin{aligned}\int \dfrac{1}{x^2-a^2}\mathrm{d}x &= \dfrac{1}{2a}\int\left(\dfrac{1}{x-a}-\dfrac{1}{x+a}\right)\mathrm{d}x\\ &= \dfrac{1}{2a}\left[\int \dfrac{1}{x-a}\mathrm{d}(x-a)-\int \dfrac{1}{x+a}\mathrm{d}(x+a)\right]\\ &= \dfrac{1}{2a}\left[\ln|x-a|-\ln|x+a|\right]+C\\ &= \dfrac{1}{2a}\ln\left|\dfrac{x-a}{x+a}\right|+C.\end{aligned}$

几种常见的凑微分的形式:

(1) $\int f(ax+b)\mathrm{d}x = \dfrac{1}{a}\int f(ax+b)\mathrm{d}(ax+b)$;

(2) $\int f(ax^n+b)x^{n-1}\mathrm{d}x = \dfrac{1}{na}\int f(ax^n+b)\mathrm{d}(ax^n+b)$;

(3) $\int \dfrac{1}{x^2}f\left(\dfrac{1}{x}\right)\mathrm{d}x = -\int f\left(\dfrac{1}{x}\right)\mathrm{d}\left(\dfrac{1}{x}\right)$;

(4) $\int f(\mathrm{e}^x)\mathrm{e}^x\mathrm{d}x = \int f(\mathrm{e}^x)\mathrm{d}(\mathrm{e}^x)$;

(5) $\int f(\ln x)\dfrac{1}{x}\mathrm{d}x = \int f(\ln x)\mathrm{d}(\ln x)$;

(6) $\int f(a^x)a^x\mathrm{d}x = \dfrac{1}{\ln a}\int f(a^x)\mathrm{d}(a^x)$;

(7) $\int f(\sqrt{x})\dfrac{\mathrm{d}x}{\sqrt{x}} = 2\int f(\sqrt{x})\mathrm{d}(\sqrt{x})$;

(8) $\int f(\sin x)\cos x\mathrm{d}x = \int f(\sin x)\mathrm{d}(\sin x)$;

(9) $\int f(\cos x)\sin x\mathrm{d}x = -\int f(\cos x)\mathrm{d}(\cos x)$;

(10) $\int f(\tan x)\sec^2 x\mathrm{d}x = \int f(\tan x)\mathrm{d}(\tan x)$;

(11) $\int f(\cot x)\csc^2 x\mathrm{d}x = -\int f(\cot x)\mathrm{d}(\cot x)$;

(12) $\int \dfrac{f(\arcsin x)}{\sqrt{1-x^2}}\mathrm{d}x = \int f(\arcsin x)\mathrm{d}(\arcsin x)$;

　　或 $\int \dfrac{f(\arccos x)}{\sqrt{1-x^2}}\mathrm{d}x = -\int f(\arccos x)\mathrm{d}(\arccos x)$;

(13) $\int \dfrac{f(\arctan x)}{1+x^2}\mathrm{d}x = \int f(\arctan x)\mathrm{d}(\arctan x)$;

或 $\int \dfrac{f(\operatorname{arccot}x)}{1+x^2}\mathrm{d}x = -\int f(\operatorname{arccot}x)\mathrm{d}(\operatorname{arccot}x).$

下面我们利用基本积分表中的一个或多个积分公式,作两步或两步以上的凑微分.

【例9】 求不定积分 $\displaystyle\int\left[\dfrac{1}{x(1+2\ln x)} + \dfrac{1}{\sqrt{x}}\mathrm{e}^{\sqrt[3]{x}}\right]\mathrm{d}x.$

解:$\displaystyle\int\left[\dfrac{1}{x(1+2\ln x)} + \dfrac{1}{\sqrt{x}}\mathrm{e}^{\sqrt[3]{x}}\right]\mathrm{d}x = \int\dfrac{1}{x(1+2\ln x)}\mathrm{d}x + \int\dfrac{1}{\sqrt{x}}\mathrm{e}^{\sqrt[3]{x}}\mathrm{d}x$

$$= \int\dfrac{1}{1+2\ln x}\cdot\mathrm{d}(\ln x) + 2\int\mathrm{e}^{\sqrt[3]{x}}\mathrm{d}\sqrt{x}$$

$$= \dfrac{1}{2}\int\dfrac{1}{1+2\ln x}\mathrm{d}(1+2\ln x) + \dfrac{2}{3}\int\mathrm{e}^{\sqrt[3]{x}}\mathrm{d}(3\sqrt{x})$$

$$= \dfrac{1}{2}\ln|1+2\ln x| + \dfrac{2}{3}\mathrm{e}^{\sqrt[3]{x}} + C.$$

如果被积函数中含有三角函数,利用三角恒等式进行变形后,再用凑微分法.

【例10】 求不定积分 $\displaystyle\int\sin^3 x\mathrm{d}x.$

解:$\displaystyle\int\sin^3 x\mathrm{d}x = \int\sin^2 x\cdot\sin x\mathrm{d}x = \int(\cos^2 x - 1)\mathrm{d}\cos x = \dfrac{1}{3}\cos^3 x - \cos x + C.$

【例11】 求不定积分 $\displaystyle\int\cos^2 x\mathrm{d}x.$

解:$\displaystyle\int\cos^2 x\mathrm{d}x = \int\dfrac{1+\cos 2x}{2}\mathrm{d}x = \dfrac{1}{2}\left[\int\mathrm{d}x + \int\cos 2x\mathrm{d}x\right] = \dfrac{1}{2}\int\mathrm{d}x + \dfrac{1}{4}\int\cos 2x\mathrm{d}(2x)$

$$= \dfrac{1}{2}x + \dfrac{1}{4}\sin 2x + C.$$

【例12】 求不定积分 $\displaystyle\int\sec x\mathrm{d}x.$

解:$\displaystyle\int\sec x\mathrm{d}x = \int\dfrac{1}{\cos x}\mathrm{d}x$

$$= \int\dfrac{\cos x}{\cos^2 x}\mathrm{d}x$$

$$= \int\dfrac{1}{1-\sin^2 x}\mathrm{d}\sin x$$

$$= \dfrac{1}{2}\int\left(\dfrac{1}{1+\sin x} + \dfrac{1}{1-\sin x}\right)\mathrm{d}\sin x$$

$$= \dfrac{1}{2}\left[\int\dfrac{1}{1+\sin x}\mathrm{d}(1+\sin x) - \int\dfrac{1}{1-\sin x}\mathrm{d}(1-\sin x)\right]$$

$$= \dfrac{1}{2}(\ln|1+\sin x| - \ln|1-\sin x|) + C$$

$$= \dfrac{1}{2}\ln\dfrac{1+\sin x}{1-\sin x} + C$$

$$= \dfrac{1}{2}\ln\left|\dfrac{\sec x + \tan x}{\sec x - \tan x}\right| + C$$

$$= \ln|\sec x + \tan x| + C.$$

同时利用两个或两个以上的积分公式凑成一个和、差、积、商的微分.

【例13】 求不定积分 $\int \dfrac{1 - \sin x}{x + \cos x}\mathrm{d}x$.

解: $\int \dfrac{1 - \sin x}{x + \cos x}\mathrm{d}x = \int \dfrac{1}{x + \cos x}\mathrm{d}(x + \cos x) = \ln|x + \cos x| + C$.

上面所举的例子,使我们认识到凑微分法在求不定积分中的作用. 同时也看到求复合函数的不定积分要比求复合函数的导数困难得多,因为其中需要一定的技巧. 如何选择中间变量 $u = \varphi(x)$ 没有一般途径可循,要想掌握这个方法,不仅要熟悉一些典型的例子,还要多做练习才行.

3.2.2 第二类换元积分法

第二类换元积分法是当不定积分 $\int f(x)\mathrm{d}x$ 在基本积分表中没有这类积分时,适当地选择变量代换 $x = \psi(t)$,化积分为下列形式

$$\int f(x)\mathrm{d}x = \int f[\psi(t)]\psi'(t)\mathrm{d}t.$$

这个公式的成立需要一定的条件. 首先等式右边的不定积分要存在,即被积函数

$$f[\psi(t)]\psi'(t)$$

具有原函数;其次,积分

$$\int f[\psi(t)]\psi'(t)\mathrm{d}t$$

的结果必须用 $x = \psi(t)$ 的反函数 $t = \psi^{-1}(t)$ 代回去. 为了保证反函数的存在且可导,假定直接函数在 t 的某一个区间(此区间和所考虑的 x 的积分区间相对应)上是单调的,并且 $\psi(t) \neq 0$.

定理3.3 设 $x = \psi(t)$ 是单调、可导的函数,且 $\psi'(t) \neq 0$,又设 $f[\psi(t)]\psi'(t)$ 具有原函数,则有换元公式

$$\int f(x)\mathrm{d}x = \left[\int f[\psi(t)]\psi'(t)\mathrm{d}t \right]_{t = \psi^{-1}(x)}. \tag{3.2}$$

其中, $t = \psi^{-1}(x)$ 为 $x = \psi(t)$ 的反函数.

利用公式(3.2)进行积分运算的变量代换法非常多. 如果选择得当,会使积分运算非常容易. 常用的主要有三角代换法、倒(置)代换法和简单无理函数代换法.

1. 三角函数代换法

当被积函数含有如 $\sqrt{a^2 - x^2}$, $\sqrt{a^2 + x^2}$, $\sqrt{x^2 - a^2}$ 的二次根式时,将上列三式连同 x, a 根据勾股定理作为一个直角三角形三条边的边长,再令其中一个锐角为 t,那么 x 和根式均可表示为 t 的三角函数,从而化去了被积函数中的根式.

利用三角函数代换,变根式积分为三角有理式积分.

【例14】 求不定积分 $\int \sqrt{a^2 - x^2}\,\mathrm{d}x$ $(a > 0)$.

解: 利用三角公式 $\sin^2 t + \cos^2 t = 1$,令 $x = a\sin t$, $-\dfrac{\pi}{2} < t < \dfrac{\pi}{2}$,则

$$\sqrt{a^2 - x^2} = a\cos t, \quad \mathrm{d}x = a\cos t\,\mathrm{d}t,$$

因此有

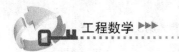

$$\int \sqrt{a^2 - x^2}\,\mathrm{d}x = \int a\cos t \cdot a\cos t\,\mathrm{d}t.$$
$$= a^2 \int \cos^2 t\,\mathrm{d}t$$
$$= a^2 \int \frac{1 + \cos 2t}{2}\,\mathrm{d}t$$
$$= \frac{a^2}{2}t + \frac{a^2}{4}\sin 2t + C$$
$$= \frac{a^2}{2}t + \frac{a^2}{2}\sin t \cos t + C.$$

由于
$$x = a\sin t \Rightarrow \sin t = \frac{x}{a} \Rightarrow t = \arcsin \frac{x}{a},$$
所以
$$\int \sqrt{a^2 - x^2}\,\mathrm{d}x = \frac{a^2}{2}\arcsin \frac{x}{a} + \frac{a^2}{2}\frac{x}{a}\frac{\sqrt{a^2 - x^2}}{a} + C,$$
$$= \frac{a^2}{2}\arcsin \frac{x}{a} + \frac{x}{2}\sqrt{a^2 - x^2} + C.$$

2. 倒（置）代换法

所谓倒代换，即设 $x = \dfrac{1}{t}$ 或 $t = \dfrac{1}{x}$，会使被积函数产生显著变化，能否使变化有利于积分运算，需要较丰富的经验和技巧.

【例 15】 求不定积分 $\displaystyle\int \dfrac{\mathrm{d}x}{x(x^n - 1)}$ $(x \in \mathbf{N}^+)$.

解：令 $x = \dfrac{1}{t}, \mathrm{d}x = -\dfrac{1}{t^2}\mathrm{d}t$，则有

$$\int \frac{\mathrm{d}x}{x(x^n + 1)} = \int \frac{-\dfrac{1}{t^2}\mathrm{d}t}{\dfrac{1}{t}\left(\dfrac{1}{t^n} + 1\right)} = \int \frac{-\dfrac{1}{t}}{\dfrac{1}{t^n} + 1}\mathrm{d}t = -\int \frac{t^{n-1}}{1 + t^n}\mathrm{d}t$$
$$= -\frac{1}{n}\int \frac{1}{1 + t^n}\mathrm{d}(t^n + 1) = -\frac{1}{n}\ln|t^n + 1| + C$$
$$= -\frac{1}{n}\ln\left|\frac{1}{x^n} + 1\right| + C.$$

3. 简单无理函数代换法

当 n 次根式内的函数为如下形式时
$$\sqrt[n]{ax + b} \quad \text{或} \quad \sqrt[n]{\frac{ax + b}{cx + d}} \quad \left(\frac{a}{c} \neq \frac{b}{d}\right)$$
可直接令其为 t，在解出 x 为 t 的有理函数后，从而化去了被积函数中的 n 次根式.

【例 16】 求不定积分 $\displaystyle\int \dfrac{\sqrt{x-1}}{x}\mathrm{d}x$.

解：令 $t = \sqrt{x - 1}$，则
$$x = t^2 + 1, \quad \mathrm{d}x = 2t\mathrm{d}t,$$

因此有

$$
\begin{aligned}
\int \frac{\sqrt{x-1}}{x}\mathrm{d}x &= \int \frac{t}{t^2+1}2t\mathrm{d}t = 2\int \frac{t^2}{t^2+1}\mathrm{d}t \\
&= 2\int \frac{t^2+1-1}{t^2+1}\mathrm{d}t \\
&= 2\int \left(1 - \frac{1}{t^2+1}\right)\mathrm{d}t \\
&= 2(t - \arctan t) + C \\
&= 2t - 2\arctan t + C \\
&= 2\sqrt{x-1} - 2\arctan\sqrt{x-1} + C.
\end{aligned}
$$

在本节例题中,有几个积分在以后会经常用到,所以通常将其当作公式使用. 在基本积分表中再添加以下几个公式(其中常数 $a > 0$):

$(14)\int \tan x\mathrm{d}x = -\ln|\cos x| + C;$

$(15)\int \cot x\mathrm{d}x = \ln|\sin x| + C;$

$(16)\int \sec x\mathrm{d}x = \ln|\sec x + \tan x| + C;$

$(17)\int \csc x\mathrm{d}x = \ln|\csc x - \cot x| + C;$

$(18)\int \frac{\mathrm{d}x}{a^2+x^2} = \frac{1}{a}\arctan \frac{x}{a} + C;$

$(19)\int \frac{\mathrm{d}x}{x^2-a^2} = \frac{1}{2a}\ln\left|\frac{x-a}{x+a}\right| + C;$

$(20)\int \frac{\mathrm{d}x}{\sqrt{a^2-x^2}} = \arcsin \frac{x}{a} + C;$

$(21)\int \frac{\mathrm{d}x}{\sqrt{x^2+a^2}} = \ln(x + \sqrt{x^2+a^2}) + C;$

$(22)\int \frac{\mathrm{d}x}{\sqrt{x^2-a^2}} = \ln|x + \sqrt{x^2-a^2}| + C.$

习 题 3.2.

1. 在下列各式等号右端的空白处填入适当的系数,使等式成立:

$(1)\mathrm{d}x = \underline{\qquad} \mathrm{d}(2x+3);$

$(2)\frac{\mathrm{d}x}{\sqrt{x}} = \underline{\qquad} \mathrm{d}(\sqrt{x});$

$(3)x\mathrm{d}x = \underline{\qquad} \mathrm{d}(5x^2+2);$

$(4)\mathrm{e}^{ax}\mathrm{d}x = \underline{\qquad} \mathrm{d}(\mathrm{e}^{ax}+b);$

$(5)\frac{\mathrm{d}x}{1+9x^2} = \underline{\qquad} \mathrm{d}(\arctan 3x).$

2. 求下列不定积分:

(1) $\int e^{3x} dx$；

(2) $\int (3x - 2)^4 dx$；

(3) $\int \dfrac{1}{1 - 3x} dx$；

(4) $\int \dfrac{1}{a^2 + x^2} dx$；

(5) $\int \cos^3 x dx$；

(6) $\int \dfrac{1}{x \ln x \ln \ln x} dx$；

(7) $\int \sin 3x \cos 2x dx$；

(8) $\int \dfrac{dx}{1 + \sqrt{x}}$；

(9) $\int \dfrac{x^2 dx}{\sqrt{a^2 - x^2}}$ $(a > 0)$；

(10) $\int \dfrac{\sqrt{x^2 - 9}}{x^2} dx$.

3.3 不定积分的分部积分法

上一节我们在复合函数求导法则的基础上研究了复合函数的积分方法,即换元积分法. 这一节我们在乘积求导公式的基础上研究函数乘积的积分方法,即分部积分法.

设函数 $u(x)$, $v(x)$ 具有连续导数,那么两个函数乘积的导数公式为

$$(uv)' = u'v + uv',$$

或

$$d(uv) = vdu + udv,$$

两端积分,得

$$uv = \int vu' dx + \int uv' dx,$$

或

$$\int d(uv) = \int vdu + \int udv,$$

即

$$\int udv = uv - \int vdu, \tag{3.3}$$

或

$$\int uv' dx = uv - \int vu' dx. \tag{3.4}$$

公式 (3.3) 或公式 (3.4) 称为不定积分的分部积分公式.

比较分部积分公式左、右两个积分的被积函数. 实际上是把被积函数分解为两部分,一部分积分,另一部分微分,这个"一积一微"的方法被称为分部积分法.

分部积分法告诉我们,当求 $\int udv \left(\int uv' dx \right)$ 有困难,而求 $\int vdu \left(\int u'v dx \right)$ 比较容易时,可利用分部积分公式.

分部积分法的关键是:如何把被积函数分成两部分,即如何选取 u 与 v. 一般要考虑下面两点:

(1) v 要容易求得;

(2) $\int vdu$ 要比 $\int udv$ 容易积出.

对常见的被积函数,我们选取的依据是:对数函数、反三角函数的导函数是有理函数或无理函数,它们排在前面的位置;幂函数的导函数是低次幂函数,它们排在中间;三角函数、指数函数的导函数仍为同类函数,故放在最后.

3.3.1　被积函数为幂函数乘三角函数或指数函数

当被积函数是幂函数与正弦(余弦)函数的乘积或幂函数与指数函数的乘积时,用分部积分法,取幂函数为 u,这样用一次分部积分法就可以使幂函数的次数降低一次,所以称为降次法.

【例1】　求不定积分 $\int x\cos x\mathrm{d}x$.

解：$\int x\cos x\mathrm{d}x = \int x\mathrm{d}\sin x = x\sin x - \int \sin x\mathrm{d}x = x\sin x + \cos x + C$.

【例2】　求不定积分 $\int x\mathrm{e}^x\mathrm{d}x$.

解：$\int x\mathrm{e}^x\mathrm{d}x = x\mathrm{e}^x - \int \mathrm{e}^x\mathrm{d}x = x\mathrm{e}^x - \mathrm{e}^x + C = \mathrm{e}^x(x-1) + C$.

3.3.2　被积函数为幂函数乘反三角函数或对数函数

当被积函数是反三角函数与幂函数的乘积或对数函数与幂函数的乘积时,用分部积分法,选反三角函数或对数函数为 u,微分后转变成别的函数,所以称为转换法.

【例3】　求不定积分 $\int \arccos x\mathrm{d}x$.

解：
$$\int \arccos x\mathrm{d}x = x\arccos x - \int x\mathrm{d}\arccos x$$
$$= x\arccos x + \int \frac{x}{\sqrt{1-x^2}}\mathrm{d}x$$
$$= x\arccos x - \frac{1}{2}\int \frac{1}{(1-x^2)^{\frac{1}{2}}}\mathrm{d}(1-x^2)$$
$$= x\arccos x - \sqrt{1-x^2} + C.$$

【例4】　求不定积分 $\int x\ln x\mathrm{d}x$.

解：
$$\int x\ln x\mathrm{d}x = \frac{1}{2}\int \ln x\mathrm{d}x^2$$
$$= \frac{1}{2}\left[x^2\ln x - \int x^2\mathrm{d}\ln x\right]$$
$$= \frac{1}{2}\left[x^2\ln x - \int x\mathrm{d}x\right]$$
$$= \frac{1}{2}\left[x^2\ln x - \frac{1}{2}x^2\right] + C$$
$$= \frac{1}{2}x^2\ln x - \frac{1}{4}x^2 + C.$$

3.3.3　比较典型的几个例题

【例5】　求不定积分 $\int \mathrm{e}^x\sin x\mathrm{d}x$.

解：
$$\int e^x \sin x dx = \int \sin x de^x$$
$$= e^x \sin x - \int e^x d\sin x$$
$$= e^x \sin x - \int e^x \cos x dx$$
$$= e^x \sin x - \int \cos x de^x$$
$$= e^x \sin x - \left(e^x \cos x - \int e^x d\cos x \right)$$
$$= e^x \sin x - e^x \cos x - \int e^x \sin x dx,$$

因此得

$$2\int e^x \sin x dx = e^x (\sin x - \cos x) + 2C,$$

即

$$\int e^x \sin x dx = \frac{1}{2} e^x (\sin x - \cos x) + C.$$

通过上面的例题可知，当被积函数为指数函数与正弦（余弦）函数的乘积时，需要分部积分两次后，出现了"循环现象"，这时所求积分是经过解方程而求得的.

在计算不定积分的过程中，如果被积函数较复杂，往往要兼用换元法与分部积分法.

【例 6】 求不定积分 $\int e^{\sqrt{x}} dx$.

解：令 $\sqrt{x} = t$，则 $x = t^2$，$dx = 2tdt$，因此

$$\int e^{\sqrt{x}} dx = 2\int te^t dt = 2\int tde^t = 2te^t - 2\int e^t dt = 2e^t (t - 1) + C = 2e^{\sqrt{x}} (\sqrt{x} - 1) + C.$$

习 题 3.3

1. 设 u, v 都为 x 的可微函数，则 $\int u dv = ($ $)$.

A. $uv - \int v du$ B. $uv - \int u'v du$ C. $uv - \int v' du$ D. $uv - \int uv' du$

2. $\int \frac{\ln x}{x^2} dx = ($ $)$.

A. $\frac{1}{x}\ln x + \frac{1}{x} + C$ B. $-\frac{1}{x}\ln x + \frac{1}{x} + C$

C. $\frac{1}{x}\ln x - \frac{1}{x} + C$ D. $-\frac{1}{x}\ln x - \frac{1}{x} + C$

3. 求不定积分：

(1) $\int \ln x dx$;   (2) $\int xe^{-x} dx$;

(3) $\int te^{-2t} dx$;   (4) $\int x^2 \ln x dx$;

(5) $\int \ln^2 x \mathrm{d}x$;

(6) $\int x \ln(x-1) \mathrm{d}x$;

(7) $\int x^2 \cos x \mathrm{d}x$;

(8) $\int \dfrac{(\ln x)^2}{x^2} \mathrm{d}x$.

3.4 定积分的概念

前面我们介绍了积分学的第一个基本问题——不定积分,它是微分运算的逆运算.下面我们介绍积分学的第二个基本问题——定积分,它的概念是在解决实际问题的过程中逐步发展起来的.我们先来讨论两个例子.

3.4.1 定积分举例

【例1】 曲边梯形面积.

设 $y=f(x)$ 在区间 $[a,b]$ 上非负、连续,由直线 $x=a,x=b,y=0$ 及曲线 $y=f(x)$ 所围成的图形,称为曲边梯形.现求此曲边梯形面积,其中曲线弧称为曲边.

我们知道,矩形的高是不变的,它的面积可按公式

$$矩形面积 = 高 \times 底$$

来定义和计算.而这里遇到的困难是它的高随 $f(x)$ 的变化而变化,因此不能直接用矩形的面积公式来求得.但是,如果我们把这个曲边梯形分割成很多个小曲边梯形(图3.1),使得每个小曲边梯形的底边都很短,这时它们的曲边的变化就可以看成是几乎不变的,从而可以用一些同底的小矩形来代替小曲边梯形,即"以直代曲",而所有这些小矩形面积的总和就是这个曲边梯形面积的一个近似值.当这种分割无限加细时,小矩形面积之和的极限就转化为曲边梯形的面积.

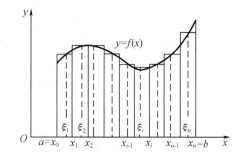

图3.1

上述想法,可用数学语言表述如下.

在区间 $[a,b]$ 中任意插入若干个分点

$$a = x_0 < x_1 < x_2 \cdots < x_{n-1} < x_n = b,$$

把 $[a,b]$ 分成 n 个小区间

$$[x_0,x_1],[x_1,x_2],\cdots,[x_{n-1},x_n],$$

它们的长度依次为

$$\Delta x_1 = x_1 - x_0,\ \Delta x_2 = x_2 - x_1,\cdots,\Delta x_n = x_n - x_{n-1}.$$

经过每一个分点作平行于 y 轴的直线段,把曲边梯形分成 n 个窄曲边梯形,在每个小区间 $[x_{i-1},x_i]$ 上任取一点 ξ_i ,以 $[x_{i-1},x_i]$ 为底, $f(\xi_i)$ 为高的窄矩形近似替代第 i 个窄曲边梯形 $(i=1,2,\cdots,n)$,把这样得到的 n 个窄矩形面积之和作为所求曲边梯形面积 A 的近似值,即

$$A \approx f(\xi_1)\Delta x_1 + f(\xi_2)\Delta x_2 + \cdots + f(\xi_n)\Delta x_n = \sum_{i=1}^{n} f(\xi_i)\Delta x_i.$$

为了保证所有小区间的长度都无限缩小,我们要求小区间长度中的最大值趋于零,记

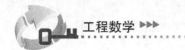

$\lambda = \max\{\Delta x_1, \Delta x_2, \cdots, \Delta x_n\}, \lambda \to 0$ 时,取上述和式的极限,可得曲边梯形的面积

$$A = \lim_{\lambda \to 0} \sum_{i=1}^{n} f(\xi_i) \Delta x_i.$$

【例2】 变速直线运动的路程.

设某物体做直线运动,已知速度 $v = v(t)$ 是时间间隔 $[T_1, T_2]$ 上 t 的连续函数,且 $v(t) \geqslant 0$,计算在这段时间内物体所经过的路程 s.

由于是变速运动,不能直接用速度 v 是常数时路程 $s = v \cdot t$ 的计算公式. 但 $v(t)$ 是连续函数,故在一很小的时段内,可以近似地将速度看作是常数. 因此我们可以将时间段分成很小的时段,在每个小时段内,速度"以不变代变",求出物体所走过路程的近似值. 当这一细分无限加细时,上述近似值的极限就是所求路程的经确值. 具体步骤如下.

在 $[T_1, T_2]$ 内任意插入若干个分点

$$T_1 = t_0 < t_1 < t_2 < \cdots < t_{n-1} < t_n = T_2,$$

把 $[T_1, T_2]$ 分成 n 个小段

$$[t_0, t_1], [t_1, t_2], \cdots, [t_{n-1}, t_n],$$

各小段时间长依次为

$$\Delta t_1 = t_1 - t_0, \Delta t_2 = t_2 - t_1, \cdots, \Delta t_n = t_n - t_{n-1},$$

相应各段的路程为

$$\Delta s_1, \ \Delta s_2, \ \cdots, \ \Delta s_n,$$

在时间间隔 $[t_{i-1}, t_i]$ 上任取一个时刻 $\tau_i (t_{i-1} \leqslant \tau_i \leqslant t_i)$,以 τ_i 时的速度 $v(\tau_i)$ 来代替 $[t_{i-1}, t_i]$ 上各个时刻的速度,则得第 i 段路程的近似值,即

$$\Delta s_i \approx v(\tau_i) \Delta t_i \quad (i = 1, 2, \cdots, n).$$

于是每段部分路程的近似值之和就是所求变速直线运动路程 s 的近似值,即

$$s \approx v(\tau_1) \Delta t_1 + v(\tau_2) \Delta t_2 + \cdots + v(\tau_n) \Delta t_n = \sum_{i=1}^{n} v(\tau_i) \Delta t_i,$$

记 $\lambda = \max\{\Delta t_1, \Delta t_2, \cdots, \Delta t_n\}$,当 $\lambda \to 0$ 时,取上述和式的极限,即得变速直线运动的路程

$$s = \lim_{\lambda \to 0} \sum_{i=1}^{n} v(\tau_i) \Delta t_i.$$

3.4.2 定积分的定义

由上述两例可见,一个是几何问题,一个是物理问题,尽管它们的具体内容不同,但都可以通过将整体的问题分割成局部的问题,而且在每一个局部上,以近似代精确,最后通过取极限而实现由近似到精确的转化. 从数量上看,都是归结为求一种特殊的和式的极限,即

$$面积 A = \lim_{\lambda \to 0} \sum_{i=1}^{n} f(\xi_i) \Delta x_i,$$

$$路程 s = \lim_{\lambda \to 0} \sum_{i=1}^{n} v(\tau_i) \Delta t_i.$$

抽去上面所讨论问题的实际背景,只保留其数学的结构,就可以得到下述定积分的概念.

定义3.3 设函数 $f(x)$ 在 $[a, b]$ 上有界,在 $[a, b]$ 中任意插入若干个分点

$$a = x_0 < x_1 < x_2 < \cdots < x_{n-1} < x_n = b,$$

把区间 $[a, b]$ 分成 n 个小区间

$$[x_0,x_1],[x_1,x_2],\cdots,[x_{n-1},x_n],$$

各个小区间的长度依次为

$$\Delta x_1 = x_1 - x_0, \Delta x_2 = x_2 - x_1, \cdots, \Delta x_n = x_n - x_{n-1},$$

在每个小区间$[x_{i-1},x_i]$上任取一点$\xi_i(x_{i-1} \leqslant \xi_i \leqslant x_i)$,作函数值$f(\xi_i)$与小区间长度$\Delta x_i$的乘积$f(\xi_i)\Delta x_i(i = 1,2,\cdots,n)$,并作出和

$$S = \sum_{i=1}^{n} f(\xi_i)\Delta x_i, \tag{3.5}$$

记$\lambda = \max\{\Delta x_1, \Delta x_2, \cdots, \Delta x_n\}$,如果不论对$[a,b]$怎样划分,也不论在小区间$[x_{i-1},x_i]$上点$\xi_i$怎样取法,只要当$\lambda \to 0$时,和$S$总趋于确定的极限$I$,这时我们称这个极限$I$为函数$f(x)$在区间$[a,b]$上的定积分(简称积分),记作$\int_a^b f(x)\mathrm{d}x$,即

$$\int_a^b f(x)\mathrm{d}x = \lim_{\lambda \to 0} \sum_{i=1}^{n} f(\xi_i)\Delta x_i,$$

其中,$f(x)$叫做被积函数,$f(x)\mathrm{d}x$叫做被积表达式,x叫做积分变量,a叫做积分下限,b叫做积分上限,$[a,b]$叫做积分区间.

因为黎曼(Riemann,1826—1866)首先在一般形式下给出了和式(3.5)的定义,因此也称它为黎曼和,上述意义下的定积分,也叫做黎曼积分.

关于定积分,我们还有如下几点重要说明.

1. 关于可积性问题

被积函数具有什么样的条件才可积,这个问题十分复杂,我们不作深入讨论,只是不加证明地给出两个充分条件如下:

定理3.4 设$f(x)$在$[a,b]$上连续,则$f(x)$在$[a,b]$上可积.

定理3.5 设$f(x)$在$[a,b]$上有界,且只有有限个间断点,则$f(x)$在$[a,b]$上可积.

2. 关于积分区间问题

按照定积分的定义,当积分区间改变,和式$\sum_{i=1}^{n} f(\xi_i)\Delta x_i$也会改变,所以定积分的值与积分区间是有关的,特别地,我们规定:

(1) 当$a = b$时,$\int_a^b f(x)\mathrm{d}x = 0$;

(2) 当$a > b$时,$\int_a^b f(x)\mathrm{d}x = -\int_b^a f(x)\mathrm{d}x.$

3. 关于积分变量问题

当积分区间$[a,b]$和被积函数$f(x)$都不改变时,定积分的值与选取的积分变量没有关系,即

$$\int_a^b f(x)\mathrm{d}x = \int_a^b f(t)\mathrm{d}t = \int_a^b f(u)\mathrm{d}u.$$

4. 定积分的几何意义

显然当$f(x) \geqslant 0$时,定积分$\int_a^b f(x)\mathrm{d}x$表示由$y = f(x),y = 0,x = a,x = b$所围成图形的面积;如果$f(x) \leqslant 0$时,由$y = f(x),y = 0,x = a,x = b$所围成图形在$x$轴下方,定积分$\int_a^b f(x)\mathrm{d}x$的值是曲边梯形面积的负值;如果$f(x)$在$[a,b]$上的某一些区间取正,另一些区间

取负,我们就将所围成的面积按上述规律相应地赋予正、负号,则定积分 $\int_a^b f(x)\mathrm{d}x$ 的值就是这些面积的代数和(图 3.2).

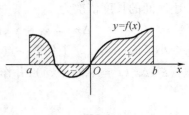

3.4.3 定积分的性质

下面讨论定积分的性质. 下列各性质中积分上下限的大小,如不特别指明,均不加限制,并假定各性质中所列出的定积分都是存在的.

性质 1 函数和(差)的定积分等于它们定积分的和(差),即

$$\int_a^b \left[f(x) \pm g(x) \right]\mathrm{d}x = \int_a^b f(x)\mathrm{d}x \pm \int_a^b g(x)\mathrm{d}x.$$

图 3.2

推论 对于任意有限个函数都是成立的.

性质 2 被积函数的常数因子可以提到积分号外面,即

$$\int_a^b kf(x)\mathrm{d}x = k\int_a^b f(x)\mathrm{d}x \ (k\ 是常数).$$

性质 3 如果将积分区间分成两部分,则在整个区间上的定积分等于这两部分区间上的定积分之和,即设 $a < c < b$,则

$$\int_a^b f(x)\mathrm{d}x = \int_a^c f(x)\mathrm{d}x + \int_c^b f(x)\mathrm{d}x.$$

这个性质表明定积分对于积分区间具有可加性(图 3.3). 这种积分区间的"可加性"还可取消 a,b,c 大小的限制.

性质 4 如果在区间 $[a,b]$ 上 $f(x) \equiv 1$,则

$$\int_a^b f(x)\mathrm{d}x = \int_a^b \mathrm{d}x = b - a.$$

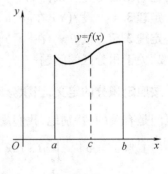

性质 5 如果在区间 $[a,b]$ 上 $f(x) \geqslant 0$,则

$$\int_a^b f(x)\mathrm{d}x \geqslant 0 \quad (a < b).$$

推论 1 如果在区间 $[a,b]$ 上,$f(x) \leqslant g(x)$,则

$$\int_a^b f(x)\mathrm{d}x \leqslant \int_a^b g(x)\mathrm{d}x \quad (a < b).$$

图 3.3

推论 2 $\left| \int_a^b f(x)\mathrm{d}x \right| \leqslant \int_a^b |f(x)|\mathrm{d}x \quad (a < b).$

性质 6 设 M 与 m 分别是函数 $f(x)$ 在区间 $[a,b]$ 上的最大值和最小值,则

$$m(b - a) \leqslant \int_a^b f(x)\mathrm{d}x \leqslant M(b - a) \quad (a < b).$$

性质 7(定积分中值定理) 如果函数 $f(x)$ 在区间 $[a,b]$ 上连续,则在积分区间 $[a,b]$ 上至少存在一点 ξ,使下式成立:

$$\int_a^b f(x)\mathrm{d}x = f(\xi)(b - a) \quad (a \leqslant \xi \leqslant b).$$

这个公式叫做积分中值公式(图 3.4).

证明:利用性质6得,

$$m \leqslant \frac{1}{b-a}\int_a^b f(x)\,\mathrm{d}x \leqslant M,$$

再由闭区间上连续函数的介值定理,在$[a,b]$上至少存在一点ξ,使

$$f(\xi) = \frac{1}{b-a}\int_a^b f(x)\,\mathrm{d}x$$

两端分别乘以$(b-a)$,故得此性质.

显然无论$a > b$还是$a < b$,上述等式恒成立.

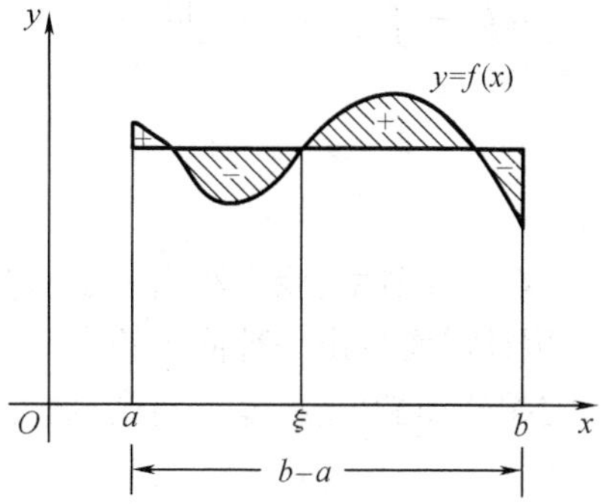

【例3】 利用定积分的性质,比较$\int_0^1 x^2\mathrm{d}x$和$\int_0^1 x^3\mathrm{d}x$积分值的大小.

解:因为在区间$[0,1]$内,$x^2 - x^3 = x^2(1-x) \geqslant 0$,即

$$x^2 \geqslant x^3,$$

根据定积分的不等式性质,有

$$\int_0^1 x^2\mathrm{d}x \geqslant \int_0^1 x^3\mathrm{d}x.$$

图 3.4

习 题 3.4

1.下列命题中正确的是( ).

A.在$[a,b]$上若$f(x) \neq g(x)$,则$\int_a^b f(x)\,\mathrm{d}x \neq \int_a^b g(x)\,\mathrm{d}x$

B.$\int_a^b f(x)\,\mathrm{d}x = \int_a^b f(t)\,\mathrm{d}t$

C.$\int_a^b f(x)\,\mathrm{d}x = f(x)\,\mathrm{d}x$

D.若$\int_a^b f(x)\,\mathrm{d}x = \int_a^b g(x)\,\mathrm{d}x$,且$f(x)$,$g(x)$都是连续函数,则$f(x) = g(x)$.

2.设连续函数曲线$y = f(x)$与$y = g(x)$在$[a,b]$上关于x轴对称,则$\int_a^b f(x)\,\mathrm{d}x + \int_a^b g(x)\,\mathrm{d}x = ($).

A.$2\int_a^b f(x)\,\mathrm{d}x$ B.$2\int_a^b g(x)\,\mathrm{d}x$ C.0 D.$2\int_a^b (f(x) - g(x))\,\mathrm{d}x$

3.设$f(x)$在$[a,b]$上连续,则$[a,b]$上至少有一点ξ,使$f(\xi) = ($).

A.$\int_a^b f(x)\,\mathrm{d}x$ B.$\frac{1}{b-a}\int_a^b f(x)\,\mathrm{d}x$

C.$\frac{1}{b-a}\int_b^a f(x)\,\mathrm{d}x$ D.$\int_b^a f(x)\,\mathrm{d}x$

4.设在$[a,b]$上$f(x) \geqslant 0$不恒为零且定积分存在,则一定有$\int_a^b f(x)\,\mathrm{d}x$ ＿＿＿＿ 0.

5. $I_1 = \int_0^{\frac{\pi}{2}} \sqrt{1 + x^2}\, dx$ 与 $I_2 = \int_0^{\frac{\pi}{2}} \sqrt{1 + \sin^2 x}\, dx$ 的大小关系为 I_1 _____ I_2.

3.5 微积分基本公式

在上一节中,我们给出了定积分的定义.但在实际应用中,这种计算是相当困难和烦琐的,因此需要找出一种简单的方法来计算它.本节我们将介绍微积分基本公式,利用函数的不定积分和微积分基本公式,将定积分的计算化简,从而建立不定积分和定积分之间的关系.

首先从实际问题中寻找解决问题的线索.

3.5.1 问题的提出

【例1】 变速直线运动中位置函数与速度函数之间的关系.

我们对变速直线运动中的位置函数 $s(t)$ 与速度函数 $v(t)$ 之间的联系作进一步的考察.

某一物体在直线上取定原点、正向及长度单位,使它成一数轴.设时刻 t 时物体所在位置为 $s(t)$,速度为 $v(t)(v(t) \geqslant 0)$.

已知物体在时间间隔 $[t_1, t_2]$ 内经过的路程可以用速度函数 $v(t)$ 在 $[t_1, t_2]$ 上的定积分

$$\int_{t_1}^{t_2} v(t)\, dt$$

来表达;另一方面,这段路程又可以通过位置函数 $s(t)$ 在区间 $[t_1, t_2]$ 上的增量

$$s(t_2) - s(t_1)$$

来表达.由此可见,位置函数 $s(t)$ 与速度函数 $v(t)$ 之间有如下关系:

$$\int_{t_1}^{t_2} v(t)\, dt = s(t_2) - s(t_1),$$

其中,$s'(t) = v(t)$.

上述从变速直线运动的路程这个特殊问题中得出来的关系,在一定条件下具有普遍性.

3.5.2 积分上限函数及其导数

设函数 $f(x)$ 在区间 $[a,b]$ 上连续,并且设 x 为 $[a,b]$ 上的一点,考察函数 $f(x)$ 在部分区间 $[a,x]$ 上的定积分

$$\int_a^x f(x)\, dx.$$

函数 $f(x)$ 在区间 $[a,x]$ 上仍连续,因此这个定积分存在.这里,x 既表示定积分的上限,又表示积分变量.因为定积分与积分变量的记法无关,所以,为了明确起见,可以把积分变量改用其他符号,例如用 t 表示,则上面的定积分可以写成

$$\int_a^x f(t)\, dt.$$

如果上限 x 在区间 $[a,b]$ 上任意变动,则对于每一个取定的 x 值,定积分有一个对应值,所以它在 $[a,b]$ 上定义了一个函数,记作 $\Phi(x)$

$$\Phi(x) = \int_a^x f(t)\, dt \quad (a \leqslant x \leqslant b),$$

称为积分上限函数.

函数 $\Phi(x)$ 具有下面一些性质.

定理 3.6　如果函数 $f(x)$ 在区间 $[a,b]$ 上连续,则积分上限函数

$$\Phi(x) = \int_a^x f(t)\,\mathrm{d}t$$

在区间 $[a,b]$ 内可导,且它的导数

$$\Phi'(x) = \frac{\mathrm{d}}{\mathrm{d}x}\int_a^x f(t)\,\mathrm{d}t = f(x) \quad (a \leqslant x \leqslant b). \tag{3.6}$$

证明:如图 3.5 所示,若 $x \in (a,b)$,设 x 获得增量 Δx,$|\Delta x|$ 足够小,使 $x + \Delta x \in (a,b)$. 下面直接按导数定义来计算.

(1) 求增量 $\Delta\Phi(x)$.

$$\begin{aligned}
\Delta\Phi(x) &= \Phi(x + \Delta x) - \Phi(x) \\
&= \int_a^{x+\Delta x} f(t)\,\mathrm{d}t - \int_a^x f(t)\,\mathrm{d}t \\
&= \int_x^{x+\Delta x} f(t)\,\mathrm{d}t \\
&= f(\xi)\Delta x,
\end{aligned}$$

其中,ξ 介于 x 与 $x + \Delta x$ 之间.

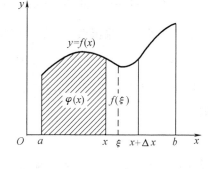

图 3.5

(2) 求增量比值 $\dfrac{\Delta\Phi(x)}{\Delta x}$.

$$\frac{\Delta\Phi(x)}{\Delta x} = f(\xi).$$

(3) 取极限,令 $\Delta x \to 0$,此时 $\xi \to x$,由 $f(x)$ 的连续性,得

$$\lim_{\Delta x \to 0}\frac{\Delta\Phi(x)}{\Delta x} = \lim_{\Delta x \to 0} f(\xi) = \lim_{\xi \to x} f(\xi) = f(x),$$

即

$$\Phi'(x) = \frac{\mathrm{d}}{\mathrm{d}x}\int_a^x f(t)\,\mathrm{d}t = f(x).$$

若 $x = a$,取 $\Delta x > 0$,则同理可证 $\Phi'_+(a) = f(a)$;若 $x = b$,取 $\Delta x < 0$,则同理可证 $\Phi'_-(b) = f(b)$.

【例 2】　求 $\displaystyle\int_0^x \frac{1}{\sqrt{1+t^2}}\mathrm{d}t$ 的导数.

解:$\dfrac{\mathrm{d}}{\mathrm{d}x}\displaystyle\int_0^x \dfrac{1}{\sqrt{1+t^2}}\mathrm{d}t = \dfrac{1}{\sqrt{1+x^2}}$.

【例 3】　求 $\displaystyle\int_x^1 \sin t\,\mathrm{d}t$ 的导数.

解:由于 $\displaystyle\int_x^1 \sin t\,\mathrm{d}t = -\int_1^x \sin t\,\mathrm{d}t$,因此得

$$\frac{\mathrm{d}}{\mathrm{d}x}\int_x^1 \sin t\,\mathrm{d}t = -\frac{\mathrm{d}}{\mathrm{d}x}\int_1^x \sin t\,\mathrm{d}t = -\sin x.$$

根据上述定理中的公式,联想到原函数的定义,得到下面的重要定理 —— 原函数存在

定理.

定理 3.7 若函数 $f(x)$ 在区间 $[a,b]$ 上连续, 则函数

$$\Phi(x) = \int_a^x f(t)\,\mathrm{d}t \tag{3.7}$$

就是函数 $f(x)$ 在 $[a,b]$ 上的一个原函数.

这个定理的重要意义是: 一方面肯定了连续函数的原函数是存在的, 连续函数的变上限函数就是该连续函数的一个原函数, 另一方面初步揭示了积分学中的定积分与原函数之间的联系. 因此, 我们就可以通过原函数来计算定积分.

3.5.3 牛顿 – 莱布尼茨公式

定理 3.8 如果函数 $F(x)$ 是连续函数 $f(x)$ 在区间 $[a,b]$ 上的一个原函数, 则

$$\int_a^b f(x)\,\mathrm{d}x = F(b) - F(a). \tag{3.8}$$

证明: 由于函数 $F(x)$ 是连续函数 $f(x)$ 的一个原函数, 同时根据定理 3.7 可知积分上限函数

$$\Phi(x) = \int_a^x f(t)\,\mathrm{d}t$$

也是函数 $f(x)$ 的一个原函数, 因此我们将会得出

$$F(x) = \Phi(x) + C \quad (C \text{ 为某个常数}),$$

或写为

$$\Phi(x) = F(x) - C,$$

所以

$$\int_a^x f(t)\,\mathrm{d}t = F(x) - C,$$

上式中令 $x = a$, 得

$$\int_a^a f(t)\,\mathrm{d}t = F(a) - C = 0,$$

$$C = F(a),$$

再令 $x = b$, 即得

$$\int_a^b f(x)\,\mathrm{d}x = F(b) - F(a).$$

显然, 公式 (3.8) 对于 $a > b$ 的情况同样成立.

本定理给出的公式 (3.8) 揭示了实际背景完全不同的定积分和不定积分之间的内在联系, 亦即揭示了积分与微分之间的内在联系; 这一公式将计算定积分的问题转化为求不定积分的问题, 从而提供了一种简便易行的求法. 这一具有重大理论与实际价值的定理称为微积分基本定理, 公式 (3.8) 称为微积分基本公式, 由于这个公式由牛顿和莱布尼茨发现的, 因此又称为牛顿 (Newton) – 莱布尼茨 (Leibniz) 公式. 它也常常写成下面的形式:

$$\int_a^b f(x)\,\mathrm{d}x = \big[F(x) \big]_a^b. \tag{3.9}$$

【例4】 求定积分 $\int_0^1 x^4 \mathrm{d}x$.

解: $\int_0^1 x^4 \mathrm{d}x = \left[\dfrac{1}{5} x^5 \right]_0^1 = \dfrac{1}{5}.$

【例5】 求定积分 $\int_0^{\frac{\pi}{2}} \cos x \mathrm{d}x$.

解: $\int_0^{\frac{\pi}{2}} \cos x \mathrm{d}x = \left[\sin x\right]_0^{\frac{\pi}{2}} = 1$.

习 题 3.5

1. 设 $y = \int_0^x (t-1)(t-2)\mathrm{d}t$, 则 $\left.\dfrac{\mathrm{d}y}{\mathrm{d}x}\right|_{x=3} = ($).

A. -2 B. -1 C. 1   D. 2

2. $\dfrac{\mathrm{d}}{\mathrm{d}x} \int_0^x \sin t \mathrm{d}t = $ _____.

3. $\dfrac{\mathrm{d}}{\mathrm{d}x} \int_x^1 \ln t \mathrm{d}t \, (x > 0) = $ _____.

4. 求下列定积分:

(1) $\int_1^3 x^3 \mathrm{d}x$;   (2) $\int_1^4 \sqrt{x} \mathrm{d}x$;

(3) $\int_0^{2\pi} \sin x \mathrm{d}x$;   (4) $\int_0^a (3x - 2x + 1)\mathrm{d}x$;

(5) $\int_1^2 \left(x^2 + \dfrac{1}{x^4}\right)\mathrm{d}x$;   (6) $\int_{\frac{1}{\sqrt{3}}}^{\sqrt{3}} \dfrac{1}{1+x^2}\mathrm{d}x$.

3.6 定积分的换元法和分部积分法

牛顿－莱布尼茨公式告诉我们, 计算连续函数 $f(x)$ 的定积分 $\int_a^b f(x)\mathrm{d}x$ 可以转化为求 $f(x)$ 的原函数在区间 $[a,b]$ 上的增量. 这说明连续函数的定积分计算与不定积分计算有着密切的联系. 在不定积分的计算中有换元法和分部积分法两种方法, 因此在一定的条件下, 我们也可以在定积分的计算中应用换元法和分部积分法.

3.6.1 定积分的换元法

定理3.9 设函数 $f(x)$ 在区间 $[a,b]$ 上连续, 函数 $x = \varphi(t)$ 满足条件:

(1) $\varphi(\alpha) = a, \varphi(\beta) = b$;

(2) $\varphi(t)$ 在 $[\alpha,\beta]$ (或 $[\beta,\alpha]$) 上具有连续导数, 且其值域为 $[a,b]$, 则有

$$\int_a^b f(x)\mathrm{d}x = \int_\alpha^\beta f[\varphi(t)]\varphi'(t)\mathrm{d}t. \tag{3.10}$$

公式 (3.10) 称为定积分的换元公式, 与不定积分的换元公式不同的是: 我们只要计算在新的积分变量下, 新的被积函数在新的积分区间内的积分值, 从而避免了积分后新变量要代回到原变量的麻烦.

这里我们注意到, 换元公式对 $a > b$ 也适用.

【例1】 求定积分 $\int_0^4 \dfrac{\sqrt{x}}{1+\sqrt{x}}\mathrm{d}x$.

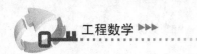

解:令 $\sqrt{x} = t(t \geqslant 0)$,则

$$x = t^2, \quad dx = 2tdt,$$

当 x 由 0 变到 4 时,t 由 0 变到 2. 于是有

$$\int_0^4 \frac{\sqrt{x}}{1+\sqrt{x}} dx = \int_0^2 \frac{t}{1+t} \cdot 2t dt = 2\int_0^2 \frac{t^2}{1+t} dt = 2\int_0^2 \left(t - 1 + \frac{1}{1+t}\right) dt$$

$$= 2\left[\frac{t^2}{2} - t + \ln|t+1|\right]_0^2 = 2\ln 3.$$

【例 2】 求定积分 $\int_0^a \sqrt{a^2 - x^2}\, dx\, (a > 0)$.

解:设 $x = a\sin t$,则 $dx = a\cos t dt$,且当 $x = 0$ 时,$t = 0$;当 $x = a$ 时,$t = \frac{\pi}{2}$,故

$$\int_0^a \sqrt{a^2 - x^2}\, dx = a^2 \int_0^{\frac{\pi}{2}} \cos^2 t dt = \frac{a^2}{2} \int_0^{\frac{\pi}{2}} (1 + \cos 2t)\, dt$$

$$= \frac{a^2}{2}\left[t + \frac{1}{2}\sin 2t\right]_0^{\frac{\pi}{2}} = \frac{\pi a^2}{4}.$$

根据定积分的几何意义,从几何直观上看,显然有下述结论.

【例 3】 求证:

(1) 若 $f(x)$ 在 $[-a, a]$ 上连续且为偶函数,则

$$\int_{-a}^a f(x)\, dx = 2\int_0^a f(x)\, dx.$$

(2) 若 $f(x)$ 在 $[-a, a]$ 上连续且为奇函数,则

$$\int_{-a}^a f(x)\, dx = 0.$$

证明:由于

$$\int_{-a}^a f(x)\, dx = \int_{-a}^0 f(x)\, dx + \int_0^a f(x)\, dx,$$

对 $\int_{-a}^0 f(x)\, dx$ 作代换 $x = -t$,得

$$\int_{-a}^0 f(x)\, dx = \int_a^0 f(-t)\, d(-t) = \int_0^a f(-t)\, dt = \int_0^a f(-x)\, dx,$$

于是

$$\int_{-a}^a f(x)\, dx = \int_0^a f(-x)\, dx + \int_0^a f(x)\, dx = \int_0^a [f(x) + f(-x)]\, dx.$$

若当 $f(x)$ 为偶函数时

$$f(x) + f(-x) = 2f(x),$$

故

$$\int_{-a}^a (x)\, dx = 2\int_0^a f(x)\, dx.$$

若当 $f(x)$ 为奇函数时

$$f(x) + f(-x) = 0,$$

故

$$\int_{-a}^a f(x)\, dx = 0.$$

3.6.2 定积分的分部积分法

设函数 $u = u(x)$，$v = v(x)$ 在区间 $[a,b]$ 上具有连续导数，则有

$$(uv)' = u'v + uv',$$

即

$$uv' = (uv)' - u'v,$$

等式两端取 x 由 a 到 b 的积分，即得

$$\int_a^b uv' \mathrm{d}x = [uv]_a^b - \int_a^b vu' \mathrm{d}x, \tag{3.11}$$

或写成

$$\int_a^b u \mathrm{d}v = [uv]_a^b - \int_a^b v \mathrm{d}u. \tag{3.12}$$

这就是定积分的分部积分公式.

分部积分法表明，原函数已经积出的部分可用上、下限代入. 下面我们举例来看一下分部积分法的计算.

【例4】 求定积分 $\int_1^2 \ln x \mathrm{d}x$.

解：$\int_1^2 \ln x \mathrm{d}x = [x\ln x]_1^2 - \int_1^2 x \mathrm{d}\ln x = 2\ln 2 - \int_1^2 \mathrm{d}x = 2\ln 2 - [x]_1^2 = 2\ln 2 - 1.$

【例5】 求定积分 $\int_0^{\frac{1}{2}} \arcsin x \mathrm{d}x$.

解：
$$\int_0^{\frac{1}{2}} \arcsin x \mathrm{d}x = [x\arcsin x]_0^{\frac{1}{2}} - \int_0^{\frac{1}{2}} \frac{x}{\sqrt{1-x^2}} \mathrm{d}x$$
$$= \frac{1}{2} \cdot \frac{\pi}{6} + [\sqrt{1-x^2}]_0^{\frac{1}{2}}$$
$$= \frac{\pi}{12} + \frac{\sqrt{3}}{2} - 1.$$

【例6】 求定积分 $\int_0^4 \mathrm{e}^{\sqrt{x}} \mathrm{d}x$.

解：先用换元法. 令 $\sqrt{x} = t$，则 $x = t^2$，$\mathrm{d}x = 2t\mathrm{d}t$，当 $x = 0$ 时，$t = 0$；当 $x = 4$ 时，$t = 2$. 因此

$$\int_0^4 \mathrm{e}^{\sqrt{x}} \mathrm{d}x = \int_0^2 \mathrm{e}^t \cdot 2t \mathrm{d}t = 2\int_0^2 t \mathrm{d}\mathrm{e}^t = 2\left([t\mathrm{e}^t]_0^2 - \int_0^2 \mathrm{e}^t \mathrm{d}t\right) = 2(2\mathrm{e}^2 - [\mathrm{e}^t]_0^2) = 2(\mathrm{e}^2 + 1).$$

习 题 3.6

1. $\int_{\frac{\pi}{2}}^{\frac{\pi}{2}} (x^3 + \sin x)\cos x \mathrm{d}x = $ _____ .

2. 计算下列定积分：

$(1) \int_1^e \frac{1 + 2\ln x}{x} \mathrm{d}x$；

$(2) \int_0^a \sqrt{a^2 - x^2} \mathrm{d}x \ (a > 0)$；

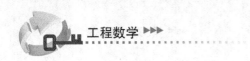

(3) $\displaystyle\int_{\frac{\pi}{3}}^{\pi} \sin\left(x + \frac{\pi}{3}\right)\mathrm{d}x$;

(4) $\displaystyle\int_{0}^{1} \frac{x+2}{\sqrt{2x+1}}\mathrm{d}x$;

(5) $\displaystyle\int_{0}^{\frac{\pi}{2}} \sin x\cos^3 x\,\mathrm{d}x$;

(6) $\displaystyle\int_{1}^{4} \frac{1}{1+\sqrt{x}}\mathrm{d}x$;

(7) $\displaystyle\int_{0}^{\sqrt{2}} \sqrt{2-x^2}\,\mathrm{d}x$;

(8) $\displaystyle\int_{0}^{1} te^{-\frac{t^2}{2}}\mathrm{d}t$;

(9) $\displaystyle\int_{\frac{\pi}{6}}^{\frac{\pi}{2}} \cos^2 x\,\mathrm{d}x$;

(10) $\displaystyle\int_{0}^{\pi} (1-\sin^3\theta)\mathrm{d}\theta$.

3. 计算下列定积分:

(1) $\displaystyle\int_{0}^{1} xe^x\,\mathrm{d}x$;

(2) $\displaystyle\int_{0}^{1} x\sin x\,\mathrm{d}x$;

(3) $\displaystyle\int_{1}^{e} x\ln x\,\mathrm{d}x$;

(4) $\displaystyle\int_{0}^{1} x\arctan x\,\mathrm{d}x$.

(5) $\displaystyle\int_{\frac{1}{e}}^{e} |\ln x|\,\mathrm{d}x$.

3.7 反 常 积 分

在前面的学习中,我们知道定积分是以有限区间与有界函数(特别是连续函数)为前提的,但在实际问题中,往往需要突破这两个限制,这就要我们把定积分概念从这两个方面加以推广,形成了反常积分.

3.7.1 无穷限的反常积分

定义 3.4 设函数 $f(x)$ 在区间 $[a, +\infty)$ 上连续,取 $b > a$. 如果极限

$$\lim_{b\to+\infty}\int_{a}^{b} f(x)\,\mathrm{d}x.$$

存在,则称此极限为函数 $f(x)$ 在区间 $[a, +\infty)$ 上的反常积分,记作 $\displaystyle\int_{a}^{+\infty} f(x)\,\mathrm{d}x$,即

$$\int_{a}^{+\infty} f(x)\,\mathrm{d}x = \lim_{b\to+\infty}\int_{a}^{b} f(x)\,\mathrm{d}x. \tag{3.13}$$

这时也称反常积分 $\displaystyle\int_{a}^{+\infty} f(x)\,\mathrm{d}x$ 收敛;如果上述极限不存在,函数 $f(x)$ 在区间 $[a, +\infty)$ 上的反常积分 $\displaystyle\int_{a}^{+\infty} f(x)\,\mathrm{d}x$ 就没有意义,习惯上称为反常积分 $\displaystyle\int_{a}^{+\infty} f(x)\,\mathrm{d}x$ 发散,这时记号 $\displaystyle\int_{a}^{+\infty} f(x)\,\mathrm{d}x$ 不再表示数值了.

类似地,设函数 $f(x)$ 在区间 $(-\infty, b]$ 上连续,取 $a < b$. 如果极限

$$\lim_{a\to-\infty}\int_{a}^{b} f(x)\,\mathrm{d}x$$

存在,则称此极限为函数 $f(x)$ 在区间 $(-\infty, b]$ 上的反常积分,记作 $\displaystyle\int_{-\infty}^{b} f(x)\,\mathrm{d}x$,即

$$\int_{-\infty}^{b} f(x)\,\mathrm{d}x = \lim_{a\to-\infty}\int_{a}^{b} f(x)\,\mathrm{d}x. \tag{3.14}$$

这时也称反常积分 $\int_{-\infty}^{b} f(x)\mathrm{d}x$ 收敛;如果上述极限不存在,就称反常积分 $\int_{-\infty}^{b} f(x)\mathrm{d}x$ 发散.

设函数 $f(x)$ 在区间 $(-\infty,+\infty)$ 上连续,如果反常积分

$$\int_{-\infty}^{0} f(x)\mathrm{d}x \quad 和 \quad \int_{0}^{+\infty} f(x)\mathrm{d}x$$

都收敛,则称上述两反常积分之和为函数 $f(x)$ 在区间 $(-\infty,+\infty)$ 上的反常积分,记作

$$\int_{-\infty}^{+\infty} f(x)\mathrm{d}x,$$

即

$$\int_{-\infty}^{+\infty} f(x)\mathrm{d}x = \int_{-\infty}^{0} f(x)\mathrm{d}x + \int_{0}^{+\infty} f(x)\mathrm{d}x = \lim_{a\to-\infty}\int_{a}^{0} f(x)\mathrm{d}x + \lim_{b\to+\infty}\int_{0}^{b} f(x)\mathrm{d}x. \quad (3.15)$$

这时也称反常积分 $\int_{-\infty}^{+\infty} f(x)\mathrm{d}x$ 收敛;否则就称反常积分 $\int_{-\infty}^{+\infty} f(x)\mathrm{d}x$ 发散.

【例1】 计算反常积分 $\int_{0}^{+\infty} \mathrm{e}^{-x}\mathrm{d}x$.

解: $\int_{0}^{+\infty} \mathrm{e}^{-x} = \lim_{b\to+\infty}\int_{0}^{b} \mathrm{e}^{-x}\mathrm{d}x = \lim_{b\to+\infty}\left[-\mathrm{e}^{-x}\right]_{0}^{b} = \lim_{b\to+\infty}(-\mathrm{e}^{-b}+1) = 1.$

【例2】 计算反常积分 $\int_{-\infty}^{+\infty} \dfrac{1}{1+x^2}\mathrm{d}x$.

解: $\int_{-\infty}^{+\infty} \dfrac{1}{1+x^2}\mathrm{d}x = \int_{-\infty}^{0} \dfrac{1}{1+x^2}\mathrm{d}x + \int_{0}^{+\infty} \dfrac{1}{1+x^2}\mathrm{d}x = \lim_{a\to-\infty}\int_{a}^{0} \dfrac{1}{1+x^2}\mathrm{d}x + \lim_{b\to+\infty}\int_{0}^{b} \dfrac{1}{1+x^2}\mathrm{d}x$

$\qquad = \lim_{a\to-\infty}\left[\arctan x\right]_{a}^{0} + \lim_{b\to+\infty}\left[\arctan x\right]_{0}^{b}$

$\qquad = -\left(-\dfrac{\pi}{2}\right) + \dfrac{\pi}{2} = \pi.$

3.7.2 无界函数的反常积分

定义3.5 设函数 $f(x)$ 在区间 $(a,b]$ 上连续,且 $\lim\limits_{x\to a^+} f(x) = \infty$,如果极限

$$\lim_{\varepsilon\to 0^+}\int_{a+\varepsilon}^{b} f(x)\mathrm{d}x \quad (\varepsilon > 0)$$

存在,则称此极限为无界函数 $f(x)$ 在区间 (a,b) 上的反常积分,记作 $\int_{a}^{b} f(x)\mathrm{d}x$,即

$$\int_{a}^{b} f(x)\mathrm{d}x = \lim_{\varepsilon\to 0^+}\int_{a+\varepsilon}^{b} f(x)\mathrm{d}x. \quad (3.16)$$

这时也称反常积分 $\int_{a}^{b} f(x)\mathrm{d}x$ 收敛;如果上述极限不存在,就称反常积分 $\int_{a}^{b} f(x)\mathrm{d}x$ 发散.

类似地,设函数 $f(x)$ 在 $[a,b)$ 上连续,且 $\lim\limits_{x\to b^-} f(x) = \infty$,如果极限

$$\lim_{\varepsilon\to 0^+}\int_{a}^{b-\varepsilon} f(x)\mathrm{d}x \quad (\varepsilon > 0)$$

存在,则称此极限为无界函数与 $f(x)$ 在区间 $[a,b]$ 上的反常积分,记作 $\int_{a}^{b} f(x)\mathrm{d}x$,即

$$\int_{a}^{b} f(x)\mathrm{d}x = \lim_{\varepsilon\to 0^+}\int_{a}^{b-\varepsilon} f(x)\mathrm{d}x. \quad (3.17)$$

此时也称反常积分收敛,否则,就称反常积分 $\int_{a}^{b} f(x)\mathrm{d}x$ 发散.

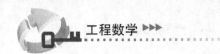

设函数 $f(x)$ 在 $[a,b]$ 上除点 $x = c(a < c < b)$ 外连续,且 $\lim\limits_{x \to} f(x) = \infty$,如果两个反常积分

$$\int_a^c f(x)\,\mathrm{d}x \quad 和 \quad \int_c^b f(x)\,\mathrm{d}x$$

都收敛,则无界函数 $f(x)$ 在区间 $[a,b]$ 上的反常积分为

$$\int_a^b f(x)\,\mathrm{d}x = \int_a^c f(x)\,\mathrm{d}x + \int_c^b f(x)\,\mathrm{d}x = \lim_{\varepsilon \to 0^+} \int_a^{c-\varepsilon} f(x)\,\mathrm{d}x + \lim_{\varepsilon \to 0^+} \int_{c+\varepsilon}^b f(x)\,\mathrm{d}x, \qquad (3.18)$$

此时也称反常积分为 $\int_a^b f(x)\,\mathrm{d}x$ 收敛,否则,就称反常积分发散.

上述定义的反常积分统称为无界函数的反常积分.

【例3】 计算反常积分 $\displaystyle\int_0^a \frac{\mathrm{d}x}{\sqrt{a^2 - x^2}}$ $(a > 0)$.

解: $\displaystyle\int_0^a \frac{\mathrm{d}x}{\sqrt{a^2 - x^2}} = \lim_{\varepsilon \to 0^+} \int_0^{a-\varepsilon} \frac{\mathrm{d}x}{\sqrt{a^2 - x^2}}$

$\qquad = \lim\limits_{\varepsilon \to 0^+} \left[\arcsin \dfrac{x}{a} \right]_0^{a-\varepsilon}$

$\qquad = \lim\limits_{\varepsilon \to 0^+} \arcsin \dfrac{a - \varepsilon}{a}$

$\qquad = \dfrac{\pi}{2}$.

【例4】 计算反常积分 $\displaystyle\int_0^1 \ln x\,\mathrm{d}x$.

解: $\displaystyle\int_0^1 \ln x\,\mathrm{d}x = \lim_{\varepsilon \to 0^+} \int_\varepsilon^1 \ln x\,\mathrm{d}x$

$\qquad = \lim\limits_{\varepsilon \to 0^+} \left(\left[x\ln x \right]_\varepsilon^1 - \int_\varepsilon^1 \mathrm{d}x \right)$

$\qquad = \lim\limits_{\varepsilon \to 0^+} (-\varepsilon\ln\varepsilon - 1 + \varepsilon)$

$\qquad = -1$.

习 题 3.7

1. 判定下列各反常积分的收敛性,如果收敛,计算反常积分的值:

(1) $\displaystyle\int_1^{+\infty} \frac{\mathrm{d}x}{x^2}$;

(2) $\displaystyle\int_0^{+\infty} \sin x\,\mathrm{d}x$;

(3) $\displaystyle\int_{-\infty}^{+\infty} \frac{1}{1+x^2}\,\mathrm{d}x$;

(4) $\displaystyle\int_1^2 \frac{\mathrm{d}x}{x\ln x}$;

(5) $\displaystyle\int_0^1 \frac{\arcsin\sqrt{x}}{\sqrt{x(1-x)}}\,\mathrm{d}x$;

(6) $\displaystyle\int_0^{+\infty} \frac{\mathrm{d}x}{(1+x)(1+x^2)}$;

(7) $\displaystyle\int_{-\infty}^{+\infty} \frac{\mathrm{d}x}{x^2+2x+2}$.

2. 讨论 $\displaystyle\int_a^{+\infty} \frac{\mathrm{d}x}{x^p}(a > 0)$ 的收敛性(p 为实数).

3.8 土建专业中积分学的应用

1. 弯矩问题

弯矩是构件受力发生弯曲时,在它内部任一横截面上的两方出现的相互作用的内力矩. 构件某一横截面上的弯矩值等于此一截面左侧(或右侧) 诸外力对截面形心力矩的代数和.

形象地说房屋的梁在重物的作用下,会发生一定形变,这时的弯矩的大小就等于作用在梁的力乘以形变量,它的单位是 N·m.

【例1】 由 A_3 钢(可视为理想弹塑性材料)制成的矩形截面纯弯梁受弯矩 M,已知屈服极限 σ_s,截面尺寸 b,h,试求弹性失效弯矩 M_e、弹塑性弯矩 $M_{e,p}$、极限弯矩 M_p 和比值 M_p/M_e.

解:弹性失效弯矩 M_e 相应的应力分布图如图3.6所示,有

$$\sigma_{max} = \frac{M_e}{W} = \sigma_s,\ W = \frac{1}{6}bh,\ M_e = \frac{bh^2}{6} \cdot \sigma_s.$$

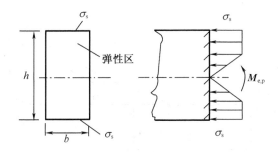

图 3.6

弹塑性弯矩 $M_{e,p}$ 相应的应力分布如图3.7所示,有

$$M_{e,p} = M_e + M_p = \frac{bh^2}{6} \cdot \sigma_s + 2\int_{h_0/2}^{h/2} b\sigma_s y \mathrm{d}y$$

$$= \frac{bh^2}{6} \cdot \sigma_s + \frac{b}{4}(h^2 - h_0^2)\sigma_s = \frac{b}{12}(3h^2 - h_0^2)\sigma_s.$$

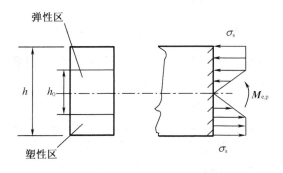

图 3.7

2. 挠度与转角

挠度是指细长物体或薄物体在受力或受热后弯曲变形程度的度量. 细长物体(如梁或柱)的挠度是指在变形时其轴线上各点在该点处轴线法平面内的位移量. 薄板或薄壳的挠度是指中面上各点在该点处中面法线上的位移量. 物体上各点挠度随位置和时间变化的规律称为挠度函数或位移函数. 通过求挠度函数来计算应变和应力是固体力学的研究方法之一.

挠度是弯曲变形时横截面形心沿与轴线垂直方向的线位移,用 y 表示;转角是弯曲变形时横截面相对其原来的位置转过的角度,用 θ 表示.

传统的桥梁挠度测量大都采用百分表或位移计直接测量,目前在我国桥梁维护、旧桥安全评估或新桥验收中仍广泛应用. 该方法的优点是设备简单,可以进行多点检测,直接得到各测点的挠度数值,测量结果稳定可靠. 但是直接测量方法存在很多不足,该方法需要在各个测点拉钢丝或者搭设架子,所以桥下有水时无法进行直接测量;对跨线桥,由于受铁路或公路行车限界的影响,该方法也无法使用;跨越峡谷等的高桥也无法采用直接方法进行测量;另外采用直接方法进行挠度测量,无论布设还是撤销仪表,都比较繁杂,耗时较长.

【例2】 试求图3.8中悬臂梁挠度、转角方程,并确定自由端 B 的挠度 ω_B、转角 θ_B. 已知 P,l,EI 为常量.

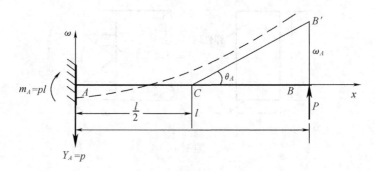

图3.8

解:(1) 写 $M(x)$ 并作积分求出固定端 A 处的约束力. 于是有

$$M(x) = Pl - Px \quad (0 < x \leqslant l)$$

$$EI\frac{\mathrm{d}\omega}{\mathrm{d}x} = Plx - \frac{1}{2}Px^2 + C, \tag{3.19}$$

$$EI\omega = \frac{1}{2}Px^2 - \frac{1}{6}Px^3 + Cx + D. \tag{3.20}$$

(2) 定积分常数. 由于整梁用一个 $M(x)$ 表示,所以此处可用梁两端的约束条件来定积分常数. 根据固定端对位移的约束性质,A 端应有

$$\theta(0) = 0, \quad \omega(0) = 0.$$

而 B 端是自由端,不提供确定的约束条件. 事实上,两个约束条件恰好确定两个待定常数 C 和 D. 将 $\theta(0) = 0$ 代入式(3.7),则有 $C = 7$;将 $\omega(0) = 0$ 和 $C = 0$ 代入式(3.8),则有 $D = 0$.

(3) 确定 $\theta(x),\omega(x)$ 和 θ_B,ω_B. 令式(3.19) 和式(3.20) 中 $C = 0$ 且 $D = 0$,即得

$$EI\theta(x) = Plx - \frac{1}{2}Px^2, \tag{3.21}$$

$$EI\omega(x) = \frac{1}{2}Plx^2 - \frac{1}{6}Px^3. \tag{3.22}$$

于是得自由端的转角与挠度分别为

$$\theta(l) = \theta_B = \frac{1}{EI}\left(Pl^2 - \frac{1}{2}Pl^2\right) = \frac{Pl^2}{2EI},$$

和

$$\omega(l) = \omega_B = \frac{1}{EI}\left(\frac{1}{2}Pl^3 - \frac{1}{6}Pl^3\right) = \frac{Pl^3}{3EI}.$$

θ_B, ω_B 均为正值.

【例3】 试求图 3.9 中点 C 的挠度和 A, B 端的转角. 已知 q, l, EI 为常数.

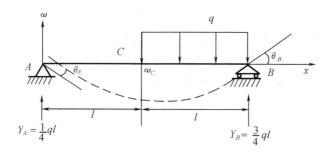

图 3.9

解: 写 $M(x)$ 并作积分. 由于整梁上的荷载在图 3.4 的 C 处不连续, 所以必须分别用 $M_1(x)$ 和 $M_2(x)$ 表示 AC 与 CV 段的弯矩, 因而只能分段积分. 求得约束力如图 3.9 所示, 于是

$$M_1(x) = \frac{1}{4}qlx \quad (0 \leqslant x \leqslant l),$$

$$EI\frac{d\omega_1}{dx} = \frac{1}{8}qlx^2 + C_1, \tag{3.23}$$

$$EI\omega_1 = \frac{1}{24}qlx^3 + C_1x + D_1, \tag{3.24}$$

$$M_2(x) = \frac{1}{4}qlx - \frac{1}{2}q(x-l)^2 \quad (l \leqslant x \leqslant 2l).$$

同时

$$EI\frac{d\omega^2}{dx} = \frac{1}{8}qlx^2 - \frac{1}{6}q(x-l)^3 + C_2, \tag{3.25}$$

且有

$$EI\omega_2 = \frac{1}{24}qlx^3 - \frac{1}{24}q(x-l)^4 + C_2x + D_2. \tag{3.26}$$

四个积分常数可由 A, B 处的两个约束条件和 C 截面处的两个连续条件来共同确定.

根据挠度曲线的特征, 轴线 ACB 变形后应仍为处处光滑连续的弹性曲线, 因而可写出 A, B 处两个铰链提供的两个约束条件

$$\omega_1(0) = 0, \quad \omega_2(2l) = 0,$$

及 C 截面提供的两个连续条件

$$\omega_1(l) = \omega_2(l), \quad \theta_1(l) = \theta_2(l),$$

代入式(3.23)至式(3.26),可得到

$$D_1 = D_2 = 0, \quad C_1 = C_2 = -\frac{7ql^3}{48},$$

最后求得

$$\theta_A = \theta_1(0) = -\frac{7ql^3}{48EI}, \quad \theta_B = \theta_2(2l) = \frac{9ql^3}{48EI}, \quad \omega_C = \omega_1(l) = -\frac{5ql^4}{48EI},$$

所得的结果表示于图 3.9 上.

3. 静矩、惯性矩与极惯性矩问题

【例 4】 截面对坐标轴的静矩为

$$S_y = \int_A x\,\mathrm{d}A, \quad S_x = \int_A y\,\mathrm{d}A,$$

试计算矩形截面对于轴的面积矩和对于形心轴的面积矩 S_y.

解:如图 3.10 所示,建立坐标系.

首先,计算截面对轴的面积矩 S_{y_1}:根据公式

$$S_{y_1} = \int_A z\,\mathrm{d}A,$$

取平行于 y_1 轴的窄条面积为微面积,即

$$\mathrm{d}A = b\,\mathrm{d}z,$$

所以

$$S_{y_1} = \int_0^h zb\,\mathrm{d}z = b \cdot \frac{h^2}{2} = \frac{bh^2}{2}.$$

其次,计算截面对形心轴 y 的面积矩 S_y:

$$S_y = \int_{-h}^{h} zb\,\mathrm{d}z = 0,$$

结果如图 3.11 所示.

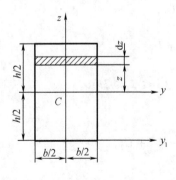

图 3.10

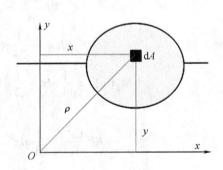

图 3.11

极惯性矩为

$$I_P = \int \rho^2\,\mathrm{d}A.$$

惯性矩为

$$I_x = \int y^2\,\mathrm{d}A, \quad I_y = \int x^2\,\mathrm{d}A.$$

惯性积为

$$I_{xy} = \int xy \mathrm{d}A.$$

其具有的性质如下：

(1) 惯性矩和惯性积是对一定轴而定义的,而极惯矩是对点定义的;

(2) 惯性矩和极惯矩永远为正,惯性积可能为正、为负、为零;

(3) 任何平面图形对于通过其形心的对称轴和与此对称轴垂直的轴的惯性积为零(图 3.12),且有

$$I_{xy} = \int_A xy \mathrm{d}A = \int_{\frac{A}{2}} xy \mathrm{d}A + \int_{\frac{A}{2}} (-xy) \mathrm{d}A = 0.$$

(4) 对于面积相等的截面,截面相对于坐标轴分布得越远,其惯性矩越大(图 3.13).

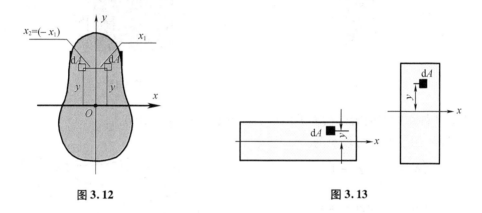

图 3.12   图 3.13

(5) 组合图形对某一点的极惯性矩或对某一轴的惯性矩、惯性积为

$$I_P = \sum_{i=1}^{n} I_{P_i}, \quad I_x = \sum_{i=1}^{n} I_{x_i}, \quad I_y = \sum_{i=1}^{n} I_{y_i}, \quad I_{xy} = \sum_{i=1}^{n} I_{xy_i}.$$

【例 5】 试求图 3.14 中三角形:(1) 对 x 轴静矩;(2) 对 x 轴的惯性矩;(3) 对 x_1 轴的惯性矩.

解:如图 3.15 所示,(1) 对轴静矩为:

$$S_x = Ay_c = \frac{bh}{2}\left(\frac{h}{2} - \frac{h}{3}\right) = \frac{bh^2}{12}.$$

(2) 由 $I'_x = \int_A y^2 \mathrm{d}A = \int_{-\frac{h}{2}}^{\frac{h}{2}} y^2 b \mathrm{d}y = \frac{bh^3}{12}$,则对 x 轴的惯性矩

$$I_x = \frac{1}{2} \frac{bh^3}{12}.$$

(3) 对 x_1 轴的惯性矩为

$$I_{x1} = I_{xc} + \left(\frac{2h}{3}\right)^2 \frac{bh}{2}.$$

由

$$I_x = I_{xc} + \left(\frac{h}{2} - \frac{h}{3}\right)^2 \frac{bh}{2},$$

得

$$I_{xc} = \frac{bh^3}{24} - \left(\frac{h}{6}\right)^2 \frac{bh}{2} = \frac{bh^3}{36},$$

及

$$I_{x1} = \frac{bh^3}{36} + \frac{2bh^3}{9} = \frac{bh^3}{4}.$$

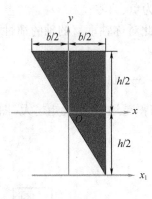

图 3.14

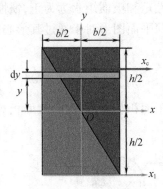

图 3.15

4. 力学条件与纯弯曲梁横截面上的应力(弯曲正应力)的计算.

力学条件(图 3.16)可表示为

$$\begin{cases} N = \int_A \sigma \mathrm{d}A = 0 \\ M_y = \int_A z\sigma \mathrm{d}A = 0 \\ M_z = \int_A y\sigma \mathrm{d}A = M \end{cases},$$

其中

$$\int_A \sigma \mathrm{d}A = \frac{E}{\rho}\int_A y \mathrm{d}A = 0,$$

表明中性轴通过截面形心;由于

$$M_z = \int_A y\sigma \mathrm{d}A = \frac{E}{\rho}\int_A y^2 \mathrm{d}A = M,$$

则有

$$\frac{1}{\rho} = \frac{M}{EI_z}.$$

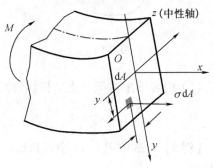

图 3.16

在纯弯曲梁横截面上的应力(弯曲正应力)的计算:

① 距中性层 y 处的应力为 $\sigma = \dfrac{My}{I_z}$;

② 梁的上下边缘处,弯曲正应力取得最大值,分别为

$$\sigma_{L\max} = \frac{My_1}{I_z}, \quad \sigma_{y\max} = \frac{My_2}{I_z},$$

则有

$$|\sigma|_{\max} = \frac{M}{(I_z / y_{\max})} = \frac{M}{W_z}.$$

其中,$W_z = I_z / y_{max}$ 表示抗弯截面模量.

【**例6**】 如图3.17所示,T 形截面简支梁在中点承受集中力 $F = 32$ kN,梁的长度 $L = 2$ m.T 形截面的形心坐标 $y_c = 96.4$ mm,横截面对于 z 轴的惯性矩 $I_z = 1.02 \times 108$ mm.求弯矩最大截面上的最大拉应力和最大压应力.

解:由

$$M_{max} = \frac{FL}{4} = 16 \text{ kN} \cdot \text{m},$$

得(图3.18)

$$y^+_{max} = 200 + 50 - 96.4 = 153.6 \text{ mm}, \quad y^-_{max} = 96.4 \text{ mm},$$

因此

$$\sigma^+_{max} = \frac{My^+_{max}}{I_z} = 24.09 \text{ MPa}, \quad \sigma^-_{max} = \frac{My^-_{max}}{I_z} = 15.12 \text{ MPa}.$$

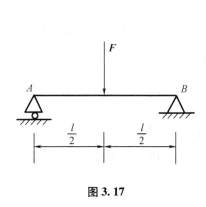

图 3.17   图 3.18

【**例7**】 求图3.19中,矩形截面梁横截面上的切应力分布.

解:如图3.20所示,将

$$y_1 = \frac{h}{2}, \quad \mathrm{d}A = b \cdot \mathrm{d}\xi, \quad I = \frac{bh^3}{12}\mathrm{e}^{\mathrm{i}\theta},$$

代入切应力公式,则

$$\tau = \frac{12F_s}{b^2h^3}\int_y^{h/2} b\xi\mathrm{d}\xi = \frac{6F_s}{bh^3}\left\{\left(\frac{h}{2}\right)^2 - y^2\right\}.$$

切应力 τ 呈图3.21中的抛物线分布,在最边缘处为零,在中性轴上最大,其值为
其中

$$\bar{\tau} = F_s / (bh),$$

为平均切应力.

$$\tau_{max} = \frac{3}{2}\frac{F_s}{bh} = \frac{3}{2}\bar{\tau}.$$

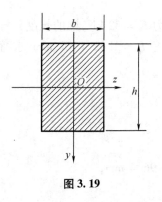

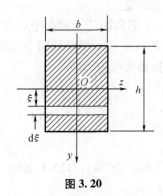

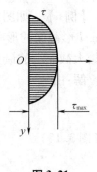

图 3.19   图 3.20   图 3.21

3.9　其他领域中积分学的应用

【例1】（结冰厚度）　池塘结冰的速度由 $\dfrac{dy}{dx} = k\sqrt{t}$ 给出，其中 y 是自结冰起到时刻 t（单位：h）冰的厚度（单位：cm），k 是正常数，求结冰厚度 y 关于时间 t 的函数．

解：由 $\dfrac{dy}{dx} = k\sqrt{t}$，求不定积分得

$$y(t) = \int k\sqrt{t}\,dt = k\left(\frac{2}{3}t^{\frac{3}{2}} + C\right),$$

其中，$t = 0$ 开始结冰，此时冰的厚度为 0，即有 $y(0) = 0$，代入上式，得 $C = 0$，所以

$$y(t) = \frac{2}{3}kt^{\frac{3}{2}}.$$

【例2】（刹车路程）　一辆汽车正以 10 m/s 的速度匀速直线行驶，突然发现一障碍物，于是以 -1 m/s^2 的加速度匀减速停下，求汽车的刹车路程．

解：因为 $v'(t) = a = -1$，两边从 $t = 0$ 到 t 时刻积分为

$$\int_0^1 v'(t)\,dt = \int_0^1 -1\,dt = v(1) - v(0) = -t,$$

即

$$v(t) = v(0) - t = 10 - t.$$

当汽车速度为零，即 $v(t) = 10 - t = 0$ 时，汽车停下，解出所需要的时间为 $t = 10$ s，再由速度与路程之间的关系，得汽车的刹车路程为

$$s = \int_0^{10} v(t)\,dt = \int_0^{10}(10 - t)\,dt = \left(10t - \frac{1}{2}t^2\right)\Big|_0^{10} = 50,$$

即汽车的刹车路程为 50 m．

【例3】（石油消耗量）　近年来，世界范围内每年的石油消耗率呈指数增长，增长指数大约为 0.07．1970 年初，消耗量大约为 161 亿桶．设 $R(t)$ 表示从 1970 年起第 t 年的石油消耗量，已知 $R(t) = 161e^{0.07t}$（亿桶）．试用此式计算从 1970 年到 1990 年间石油消耗量的总量．

解：设 $T(t)$ 表示从 1970 年（$t = 0$）起到第 t 年石油消耗的总量．$T'(t)$ 就是石油消耗量 $R(t)$，即 $T'(t) = R(t)$，于是由变化率求总改变量得

$$T(20) - T(0) = \int_0^{20} T'(t)\mathrm{d}t = \int_0^{20} R(t)\mathrm{d}t = \int_0^{20} 161\mathrm{e}^{0.07t}\mathrm{d}t$$
$$= 2\,300(\mathrm{e}^{1.4} - 1) \approx 7\,027 \text{ 亿桶}.$$

【例4】（放射物的泄漏） 环保局近日受托对一起放射性碘物质泄漏事件进行调查,检测结果显示,出事当日,大气辐射水平是可接受的最大限度的四倍,于是环保局下令当地居民立即撤离这一地区. 已知碘物质放射源的辐射水平是按下式衰减的:$R(t) = R_0\mathrm{e}^{-0.004t}$,其中$R(t)$是$t$时刻的辐射水平(单位:mR/h)(mR:毫伦琴),R_0是初始$t = 0$辐射水平,t按小时计算.

(1)该地降低到可接受的辐射水平需要多长时间?

(2)假设可接受的辐射水平的最大限度为0.6 mR/h,那么降低到这一水平时已经泄漏出去的放射物的总量是多少?

解:(1)设该地降低到可接受辐射水平需要t_1小时,此时辐射水平为$\frac{1}{4}R_0$,于是有

$$R(t_1) = R_0\mathrm{e}^{-0.004t_1} = \frac{1}{4}R_0,$$

解得$t_1 = 500\ln2 \approx 346.6(\mathrm{h})$,即需要约$346.6$ h.

(2)若可接受辐射水平的最大限度为0.6 mR/h,则$R_0 = 2.4$. 放射源从$t = 0$到$t = 500\ln2$这段时间泄漏出去的放射物总量W为

$$W = \int_0^{500\ln2} 2.4\mathrm{e}^{-0.004t}\mathrm{d}t = 450 \text{ mR}.$$

【例5】（电能） 在电力需求的电涌时期,消耗电能的速度r可以近似地表示为$r = t\mathrm{e}^{-t}$(t的单位:h). 求在前两个小时内消耗的总电能E(单位:J).

解:由变化率求该变量得

$$E = \int_0^2 r\mathrm{d}t = \int_0^2 t\mathrm{e}^{-t}\mathrm{d}t = (-t\mathrm{e}^{-t})\Big|_0^2 - \int_0^2 \mathrm{e}^{-t}\mathrm{d}(-t) \approx 0.594 \text{ J}.$$

【例6】（电荷做功） 把一个带电量为$+q$的点电荷放在r轴的原点O处,它产生一个电场,并对周围的电荷产生作用力. 由物理学知道,如果有一个单位正电荷放在这个电场中距离原点O为r的地方,则电场力对它的作用力的大小为$F = \dfrac{q}{r^2}$(k为常数). 当这个单位正电荷在电场中从$r = a$处沿r轴移动到无穷远处时,求电场力F对它所做的功W.

解:在单位正电荷移动过程中,它受到的电场力是不断变化的. 利用定积分概念,我们知道这个单位正电荷在电场中从$r = a$沿r轴移动到$r = b$处电场力所做的功为

$$W = \int_a^b k\frac{q}{r^2}\mathrm{d}r = kq\left(\frac{1}{a} - \frac{1}{b}\right).$$

当单位正电荷从$r = a$移动到无穷远时,这时求的功为

$$W = \int_a^{+\infty} k\frac{q}{r^2}\mathrm{d}r = \lim_{b \to +\infty}\int_a^b k\frac{q}{r^2}\mathrm{d}r = \frac{kq}{a}.$$

【例7】（板上钉钉） 用铁锤把钉子钉入木板,设木板对铁钉的阻力与钉子进入木板的深度成正比,铁锤在第一次锤击时将铁钉击入木板的深度是1 cm,若每次锤击所做的功相等,问第n次锤击时又将铁钉击入多少?

解:设木板对铁钉的阻力为$f(x) = kx$($k > 0$为比例系数). 选取x为积分变量,表示铁钉进入木板的深度,第一次锤击时,$x \in [0,1]$. 在区间$[0,1]$上任取一小区间$[x, x + \mathrm{d}x]$,当

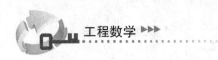

铁钉进入木板的深度从 x 到 $x + dx$ 时,克服阻力所做的功近似为 $f(x)dx$,即功元素为
$$dW = f(x)dx,$$
则第一次锤击时克服阻力所做的功为
$$W_1 = \int_0^1 f(x)dx = \int_0^1 kxdx = \frac{k}{2},$$
设 n 次击入的总深度为 h cm,则克服阻力所做的总功为
$$W_h = \int_0^h f(x)dx = \int_0^h kxdx = \frac{kh^2}{2}.$$

又依题意知道,每次锤击所做的功相等,即 $W_h = nW_1$,则 $\frac{kh^2}{2} = n \cdot \frac{k}{2}$,即得 $h = \sqrt{n}$. 所以第 n 次击入的深度为 $(\sqrt{n} - \sqrt{n-1})$ cm.

【例8】(吸饮料) 一杯子的内壁是由曲线 $y = x^3 (0 \leq x \leq 2, 单位:cm)$ 绕 y 轴旋转而成. 若把满杯的饮料吸入杯口上方 2 cm 的嘴中,问要做多少功?(饮料的密度为 μ,其单位为 kg/cm^3).

解:由于
$$dW = \mu g \pi x^2 dy \cdot (10 - y),$$
所以
$$W = \int_0^8 \mu g \pi (\sqrt[3]{y})^2 \cdot (10 - y)x^2 dy$$
$$= \mu g \pi \times 96 \text{ kg} \cdot \text{cm}$$
$$\approx 301.44 \ \mu g \text{ kg} \cdot \text{cm}.$$

【例9】(细棒引力) 设有一根长度为 l,线密度为 μ 的均匀细棒,在其中垂线上距棒 a 单位处有一质点 M,质量为 m,求细棒对质点的引力.

解:建立坐标系,取 y 为积分变量,$y \in \left[-\frac{l}{2}, \frac{l}{2} \right]$,在其上任取一小区间 $[y, y + dy]$,对应的小段细棒可看作质点,质量近似为 μdy,与 M 距离为 $\sqrt{a^2 + y^2}$,因此这一小段细棒对质点的引力大小可近似为 $\Delta F \approx k\frac{m\mu dy}{a^2 + y^2}$. 又因为随小区间取得位置不同,力的方向也不同,不具有可加性,因此需要把引力向水平、竖直两个方向分解,分别得到其近似值,水平和竖直方向分力元素分别为
$$dF_x = -k\frac{am\mu dy}{(a^2 + y^2)^{\frac{3}{2}}}, \quad dF_y = k\frac{m\mu y dy}{(a^2 + y^2)^{\frac{3}{2}}},$$
于是便分别得到引力在水平和竖直方向上的分力为
$$F_x = -\int_{-l/2}^{l/2} \frac{kam\mu}{(a^2 + y^2)^{\frac{3}{2}}}dy = -\frac{2km\mu l}{a} \cdot \frac{l}{\sqrt{4a^2 + l^2}},$$
$$F_y = \int_{-l/2}^{l/2} \frac{km\mu y}{(a^2 + y^2)^{\frac{3}{2}}}dy = 0,$$
上式中的负号表示 F_y 指向 x 轴的负向.

【例10】(导线电量) 设导线在时刻 t(单位:s)的电流为 $i(t) = 0.006t\sqrt{t^2 + 1}$,求在时间间隔 $[1,4]$ s 内流过导线横截面的电量 $Q(t)$(单位:A).

解:由电流与电量的关系 $\mathrm{d}Q = i\mathrm{d}t$ 得在$[1,4]$ s 内流过导线横截面的电量 Q 为

$$Q = \int_1^4 0.006t \sqrt{t^2 + 1}\,\mathrm{d}t = \left[0.002(t^2 + 1)^{\frac{3}{2}}\right]\Big|_1^4 \approx 0.134\ 5\ \text{A}.$$

【阅读材料4】

四大数学家之一 —— 高斯

卡尔·弗里德里希·高斯(Johann Carl Friedrich Gauss, 1777—1855 年),德国著名数学家、物理学家、天文学家、大地测量学家,近代数学的奠基人之一,被誉为数学王子.

高斯的成就遍及数学各个领域,在数论、非欧氏几何、微分几何、超几何级数、复变函数及椭圆函数论等方面均有开创性贡献.高斯的数论研究总结在《算数研究》中,这本书奠定了近代数论的基础,它不仅是数论方面的划时代之作,也是数学史上不可多得的经典著作之一.

高斯对代数学的重要贡献是,证明了代数基本定理,他的存在性证明开创了数学研究的新途径.高斯在 1816 年左右就认识到非欧氏几何的原理.他还深入研究复变函数,建立了一些基本概念,发现了著名的柯西积分定理,他还发现椭圆函数的双周期性,但这些著作在他生前均未发表.

1828 年,高斯出版了《关于曲面的一般研究》,全面系统地阐述了空间曲面的微分几何,并提出内蕴曲面理论.

高斯十分注重数学的应用,他把数学应用于天文学、大地测量学和磁学研究,提出了最小二乘法原理.

高斯开辟了许多新的数学领域,从最抽象的代数数论到内蕴几何学,都留下了他的足迹.高斯的一生共发表了 155 篇论文,他对待学问十分严谨,只把他自己认为是十分成熟的作品才发表出来.

从研究风格、方法乃至所取得的具体成就方面,高斯都是 18—19 世纪之交的中坚人物.因此,将高斯称为人类的骄傲、数学王子,一点也不为过.

第4章 微分方程

方程对于我们来说是比较熟悉的,在初等数学中就有各种各样的方程.这些方程都是列出包含一个或几个未知数的方程式,然后求解出方程的根.但是在实际工作中,常常出现一些特点和以上方程完全不同的问题.例如,物质在一定条件下的运动变化,要寻求它的运动、变化的规律.解这类问题的基本思想是将所研究问题中的已知函数和未知函数之间的关系找出来,从而列出包含未知函数的方程并求得未知函数的表达式.无论在方程的形式、求解的具体方法、求出解的性质等方面,都和初等数学中的解方程有许多不同的地方,这类方程问题统称为微分方程.微分方程在结构力学中有着重要的应用,而结构力学在土木工程中有着广泛的应用,由此可见微分方程是对土木工程专业的有力支撑.本章首先介绍了微分方程中的基本概念,然后给出了四种常见的一阶微分方程及两种典型的二阶微分方程的形式及解法,并通过对实际问题的分析、建立、求解微分方程,进而解决这些实际问题.

17世纪末,微分方程在运动学、弹性理论、天体力学等方面的研究中有着重要的应用;20世纪以来,随着大量的边缘科学诸如电磁流体力学、化学流体力学、动力气象学、海洋动力学、地下水动力学等的产生和发展,也出现不少新型的微分方程(特别是方程组).

4.1 微分方程概述

在本节中,首先我们介绍微分方程的相关定义.

定义4.1 含有未知函数的导数(或微分)的方程,称为微分方程.未知函数为一元函数的微分方程称为常微分方程.未知函数是多元函数的微分方程称为偏微分方程.

这里我们只介绍常微分方程,简称为微分方程.

定义4.2 微分方程中所出现的未知函数的最高阶导数的阶数,称为微分方程的阶.

我们利用微分方程的阶将微分方程分成了不同的类别.

例如,$y' - 2x^2 = 3x, y' + xy + x^2 = 0$ 是一阶微分方程,$y'' + xy' = e^x, \dfrac{d^2 x}{dt^2} + 2x + 3t = 0$ 是二阶微分方程.n 阶微分方程的一般形式为

$$y^{(n)} = f(y^{(n-1)}, y^{(n-2)}, \cdots, y', y, x),$$

这里 x 是自变量,y 是以 x 为自变量的未知函数,而 $y^{(n)}, y^{(n-1)}, \cdots, y'$ 依次为未知函数的 n 阶,$n-1$ 阶,$\cdots$,一阶导数.

二阶及二阶以上的微分方程统称为高阶微分方程.由微分方程的定义可知此类方程的解为满足方程的函数,并且微分方程的解有很多种形式.

定义4.3 如果微分方程的解中含有任意常数,其个数与微分方程的阶数相同,且任意常数相互独立(即不能合并),这样的解叫做微分方程的通解.

定义4.4 当通解中给任意常数取确定的值得到的解,称为微分方程的特解.

定义4.5 用于确定通解中任意常数的附加条件,称为初始条件(初值条件).

【例1】 已知一条曲线上任意一点处的切线的斜率等于该点的横坐标的平方,且该曲

线通过点(0,0),求该曲线的方程.

解:设所求的曲线方程为 $y = f(x)$,曲线上任意一点的坐标为 (x,y),则由已知条件可知

$$y' = x^2,$$

对此式两边同时求积分得

$$y = \frac{1}{3}x^3 + C,$$

又由曲线通过点 $(0,0)$,即有 $f(0) = 0$,得 $C = 0$,由此得所求曲线的方程为

$$y = \frac{1}{3}x^3.$$

【例2】 质量为 m 的物体仅受重力的作用下落,如果其初始位置和初始速度都为0,试确定该物体运动的位移 s 与时间变量 t 的函数关系.

解:设所求函数关系为 $s = s(t)$,其一阶导数为物体运动的速度,二阶导数为加速度.已知重力加速度为 g,于是未知函数 $s = s(t)$ 应满足方程

$$s'' = g,$$

将其记作 $s|_{t=0} = 0$,且 $t = 0$ 时

$$s = 0, \quad v = 0,$$

$v|_{t=0} = 0$.

对方程 $s'' = g$ 逐次积分两次,分别得到

$$s'(t) = gt + C_1, \quad s(t) = \frac{1}{2}gt^2 + C_1 t + C_2,$$

再代入条件 $v|_{t=0} = 0, s|_{t=0}$,得出 $C_1 = 0, C_2 = 0$,最后得出所求运动方程为

$$s(t) = \frac{1}{2}gt^2.$$

在例1中 $y' = 2x$ 为一阶微分方程,$y = x^2 + C$ 为此方程的通解,$f(0) = 0$ 为初始条件,$y = x^2$ 为此方程的特解;在例2中,$s'' = g$ 为二阶微分方程,$s(t) = \frac{1}{2}gt^2 + C_1 t + C_2$ 为该方程的通解,$v|_{t=0} = 0, s|_{t=0}$ 为初始条件,$s(t) = \frac{1}{2}gt^2$ 为该微分方程的特解.

习 题 4.1

1. 指出下列微分方程的阶数:

(1) $xy'' - 2xy' + x = 0$;

(2) $dy = 2xdy$;

(3) $(y')^2 - y^3 + x = \frac{3y}{x}$.

2. 验证一阶微分方程 $y' = \frac{3y}{x}$ 的通解为 $y = Cx^3$(C 为任意常数),并求满足初始条件 $y(1) = 2$ 的特解.

3. 验证函数 $y = C_1 e^{-x} + C_2 e^{-4x}$($C_1, C_2$ 为两个相互独立的任意常数)是二阶微分方程 $y'' + 5y' + 4y = 0$ 的通解,并求满足初始条件 $y(0) = 2, y'(0) = 1$ 的特解.

4. 设曲线 $y = f(x)$ 在点 $P(x, y)$ 处的切线斜率是该点横坐标的5倍,且曲线通过点$(1, 4)$,求该曲线方程 $y = f(x)$.

4.2　可分离变量的微分方程

本节开始,我们讨论一阶微分方程

$$y' = f(x, y) \tag{4.1}$$

的一些解法.

一阶微分方程有时也写成如下的对称形式:

$$P(x, y)\mathrm{d}x + Q(x, y)\mathrm{d}y = 0. \tag{4.2}$$

在方程(4.2)中,变量 x 与 y 对称,它既可以看作是以 x 为自变量、y 为未知函数的方程

$$\frac{\mathrm{d}y}{\mathrm{d}x} = -\frac{P(x, y)}{Q(x, y)} \quad (Q(x, y) \neq 0),$$

也可看作是以 x 为自变量、y 为未知函数的方程

$$\frac{\mathrm{d}x}{\mathrm{d}y} = -\frac{Q(x, y)}{P(x, y)} \quad (P(x, y) \neq 0).$$

在 4.1 节的例 1 中,我们遇到一阶微分方程

$$y' = x^2,$$

或

$$\mathrm{d}y = x^2\mathrm{d}x,$$

把上式两端积分就得到这个方程的通解:

$$y = \frac{1}{3}x^3 + C.$$

但并不是所有的一阶微分方程都能这样求解. 例如,对于一阶微分方程

$$\frac{\mathrm{d}y}{\mathrm{d}x} = 2xy^2, \tag{4.3}$$

就不能像上面那样直接两端用积分的方法求出它的通解,原因是方程(4.3)的右端含有未知函数 y,积分 $\int 2xy^2\mathrm{d}x$ 求不出来. 为了解决这个困难,在方程(4.3)的两端同时乘以 $\frac{\mathrm{d}x}{y^2}$,使方程(4.3)变为

$$\frac{\mathrm{d}y}{y^2} = 2x\mathrm{d}x,$$

这样,变量 x 与 y 已分离在等式的两端,然后两端积分得

$$-\frac{1}{y} = x^2 + C,$$

或

$$y = -\frac{1}{x^2 + C}, \tag{4.4}$$

其中,C 是任意常数.

可以验证,函数(4.4)确实满足一阶微分方程(4.3),且含有一个任意常数,所以它是

方程(4.3)的通解.

一般地,如果一个一阶微分方程能写成

$$g(y)dy = f(x)dx \tag{4.5}$$

的形式,就是说,能把微分方程写成一端只含 y 的函数和 dy,另一端只含 x 的函数和 dx,那么原方程就称为可分离变量的微分方程.

假定方程(4.5)中的函数 $g(y)$ 和 $f(x)$ 是连续的,设 $y = \varphi(x)$ 是方程的解,将它代入方程(4.5)中得到恒等式

$$g[\varphi(x)]\varphi'(x)dx = f(x)dx,$$

将上式两端积分,并由 $y = \varphi(x)$ 引进变量 y,得

$$\int g(y)dy = \int f(x)dx,$$

设 $G(y)$ 及 $F(x)$ 依次为 $g(y)$ 和 $f(x)$ 的原函数,于是有

$$G(y) = F(x) + C. \tag{4.6}$$

式(4.6)可表示为显函数 $y = \Phi(x)$,也可以是隐函数,并且此函数满足微分方程(4.5),因此(4.6)式即为微分方程(4.5)的解,且解中含有一个任意常数,因此式(4.6)为微分方程(4.5)的通解. 若式(4.6)隐函数形式,我们就称式(4.6)为微分方程(4.5)的隐式通解.

【例1】 求微分方程

$$\frac{dy}{dx} = 2xy \tag{4.7}$$

的通解.

解:方程(4.7)是可分离变量的,分离变量后得

$$\frac{dy}{y} = 2xdx,$$

两端积分

$$\int \frac{dy}{y} = \int 2xdx,$$

得

$$\ln|y| = x^2 + C_1,$$

从而

$$y = \pm e^{x^2+C_1} = \pm e^{C_1}e^{x^2},$$

又因为 $\pm e^{C_1}$ 仍是任意常数,把它记作 C 便得到方程(4.7)的通解

$$y = Ce^{x^2}.$$

【例2】 放射性元素铀由于不断地有原子放射出微粒子而变成其他元素,铀的含量就不断减少,这种现象叫做衰变. 由原子物理学知道,铀的衰变速度与当时未衰变的原子的含量 M 成正比. 已知 $t = 0$ 时铀的含量为 M_0,求在衰变过程中含量 $M(t)$ 随时间变化的规律.

解:铀的衰变速度就是 $M(t)$ 对时间 t 的导数 $\frac{dM}{dt}$. 由于铀的衰变速度与其含量成正比,得到微分方程如下

$$\frac{dM}{dt} = -\lambda M, \tag{4.8}$$

其中,$\lambda(\lambda > 0)$ 是常数,叫做衰变系数. λ 前的负号是指由于当 t 增加时 M 单调减少,即 $\frac{dM}{dt}$

< 0 的缘故.

由题意知,初始条件为

$$M\big|_{t=0} = M_0,$$

方程(4.8)是可以分离变量的,分离后得

$$\frac{\mathrm{d}M}{M} = -\lambda \mathrm{d}t,$$

两端积分

$$\int \frac{\mathrm{d}M}{M} = \int (-\lambda)\mathrm{d}t,$$

以 $\ln C$ 表示任意常数,因为 $M > 0$,得

$$\ln M = -\lambda t + \ln C,$$

即

$$M = Ce^{-\lambda t},$$

是方程(4.8)的通解. 以初始条件代入上式,解得

$$M_0 = Ce^o = C,$$

故得

$$M = M_0 e^{-\lambda t}.$$

由此可见,铀的含量随时间的增加而按指数规律衰减.

习 题 4.2

1. 求微分方程 $y' = xy$ 的通解.

2. 求微分方程 $y' = e^{x+y}$ 的通解.

3. 求微分方程 $x^2\mathrm{d}y + y^2\mathrm{d}x = 0$ 的通解.

4. 求微分方程 $(1 + x^2)y\mathrm{d}y - \arctan x\mathrm{d}x = 0$,满足初始条件 $y(0) = 1$ 的特解.

5. 求微分方程 $\frac{\mathrm{d}y}{\mathrm{d}x} = e^{2x-y}$ 满足初始条件 $y\big|_{x=0} = 1$ 时的特解.

6. 求微分方程 $(y - 1)\mathrm{d}x - (xy - y)\mathrm{d}y = 0$ 的通解.

7. 求微分方程 $\frac{\mathrm{d}y}{\mathrm{d}x} = \frac{y + 3}{x - 2}$ 的通解.

8. 已知曲线在任意一点处的切线斜率等于这个点的纵坐标,且曲线通过点 $(0,1)$,求该曲线的方程.

4.3 齐 次 方 程

上一节中我们给出了一种比较简单的一阶微分方程 —— 可分离变量的微分方程,由于这类微分方程形式的特殊性,并不能解决所有的一阶微分方程. 因此,我们还将介绍几种常见的一阶微分方程形式及对应的解法. 本节中,我们主要以可分离变量的微分方程为基础来研究一下齐次微分方程的形式及解法.

4.3.1 齐次方程的形式

如果一阶微分方程

$$y' = f(x,y)$$

中的函数 $f(x,y)$ 可写成 $\dfrac{y}{x}$ 的形式,即 $f(x,y) = \varphi\left(\dfrac{y}{x}\right)$,则称此方程为齐次方程. 例如,

$$(x + y)\,\mathrm{d}x + (y - x)\,\mathrm{d}y = 0$$

是齐次方程,因为其可化为

$$\frac{\mathrm{d}y}{\mathrm{d}x} = \frac{x + y}{x - y} = \frac{1 + \dfrac{y}{x}}{1 - \dfrac{y}{x}}.$$

4.3.2 齐次方程的解法

在齐次方程

$$f(x,y) = \varphi\left(\frac{y}{x}\right) \tag{4.9}$$

中,作代换 $u = \dfrac{y}{x}$,则 $y = ux$,于是

$$\frac{\mathrm{d}y}{\mathrm{d}x} = x\,\frac{\mathrm{d}u}{\mathrm{d}x} + u,$$

从而

$$x\,\frac{\mathrm{d}u}{\mathrm{d}x} + u = \varphi(u),$$

即得

$$\frac{\mathrm{d}u}{\mathrm{d}x} = \frac{\varphi(u) - u}{x},$$

分离变量得

$$\frac{\mathrm{d}u}{\varphi(u) - u} = \frac{\mathrm{d}x}{x},$$

两端积分得

$$\int \frac{\mathrm{d}u}{\varphi(u) - u} = \int \frac{\mathrm{d}x}{x}.$$

求出积分后,再用 $\dfrac{y}{x}$ 代替 u,便得所给齐次方程的通解. 如上例

$$x\,\frac{\mathrm{d}u}{\mathrm{d}x} + u = \frac{1 + u}{1 - u},$$

分离变量,得

$$\frac{(1 - u)\,\mathrm{d}u}{1 + u^2} = \frac{\mathrm{d}x}{x},$$

积分后,将 $u = \dfrac{y}{x}$ 代回即得所求通解.

【例1】 求微分方程

$$xy' = y(1 + \ln y - \ln x)$$

的通解.

解:原式可化为

$$\frac{\mathrm{d}y}{\mathrm{d}x} = \frac{y}{x}\Big(1 + \ln\frac{y}{x}\Big).$$

令 $u = \dfrac{y}{x}$，则

$$\frac{\mathrm{d}y}{\mathrm{d}x} = x\frac{\mathrm{d}u}{\mathrm{d}x} + u,$$

于是

$$x\frac{\mathrm{d}u}{\mathrm{d}x} + u = u(1 + \ln u),$$

分离变量得

$$\frac{\mathrm{d}u}{u\ln u} = \frac{\mathrm{d}x}{x},$$

两端积分得

$$\ln|\ln u| = \ln x + \ln C,$$

因此

$$\ln u = Cx,$$

即

$$u = \mathrm{e}^{Cx},$$

故所求微分方程通解为

$$y = x\mathrm{e}^{Cx}.$$

【例2】 求解微分方程

$$y^2 + x^2\frac{\mathrm{d}y}{\mathrm{d}x} = xy\frac{\mathrm{d}y}{\mathrm{d}x}$$

的通解.

解：原方程可表示为

$$\frac{\mathrm{d}y}{\mathrm{d}x} = \frac{y^2}{xy - x^2} = \frac{\Big(\dfrac{y}{x}\Big)^2}{\dfrac{y}{x} - 1},$$

可见所求微分方程为齐次方程，因此利用变量代换，令

$$u = \frac{y}{x},$$

则有

$$\frac{\mathrm{d}y}{\mathrm{d}x} = u + x\frac{\mathrm{d}u}{\mathrm{d}x},$$

将原方程化为

$$\Big(1 - \frac{1}{u}\Big)\mathrm{d}u = \frac{\mathrm{d}x}{x}.$$

此方程为可分离变量的微分方程，两端同时积分得

$$u - \ln|u| + C = \ln|x|,$$

将其带入 $u = \dfrac{y}{x}$，得所求微分方程的通解为

$$\ln|y| = \frac{y}{x} + C.$$

习 题 4.3

1. 求微分方程 $x^2 y' + y^2 = xy$ 的通解.

2. 求微分方程 $(-3x^2 + y^2)\mathrm{d}x = 2xy\mathrm{d}y + 0$ 的通解.

3. 求微分方程 $xy' - y - \sqrt{y^2 - x^2} = 0$ 的通解.

4. 求微分方程 $(x^2 + y^2)\mathrm{d}x - xy\mathrm{d}y = 0$ 的通解.

5. 求微分方程 $y' = \frac{x}{y} + \frac{y}{x}$ 在满足初始条件 $y\big|_{x=1} = 2$ 时的特解.

6. 求微分方程 $(x^2 + 2xy - y^2)\mathrm{d}x + (y^2 + 2xy - x^2)\mathrm{d}y = 0$ 在满足初始条件 $y\big|_{x=1} = 1$ 时的特解.

7. 探照灯的聚光镜的镜面是一张旋转曲面,它的形状由 xOy 坐标面上的一条曲线 L 绕 x 轴旋转而成. 按聚光镜性能的要求,在其旋转轴(x 轴)上一点 O 处发出的一切光线,经它反射后都与旋转轴平行. 求曲线 L 的方程.

4.4 一阶线性微分方程

本节中我们将介绍第三种常见的一阶微分方程 —— 一阶线性微分方程. 与前面的介绍类似,这类微分方程的解法是建立在前面所学的可分离变量微分方程基础之上,利用一种特殊的处理问题的方法 —— 常数变易法推得此类微分方程的通解. 这里不仅能提供一阶线性微分方程的求解思路,同时也能归纳出此类微分方程的通解公式.

4.4.1 一阶线性微分方程的一般形式

定义 4.6 我们称方程

$$\frac{\mathrm{d}y}{\mathrm{d}x} + P(x)y = Q(x) \tag{4.10}$$

为一阶线性微分方程.

这类微分方程的特点是:关于未知函数 y 及其导数 y' 是一次的. 若 $Q(x) \equiv 0$,则称方程 (4.10) 为齐次一阶线性微分方程;若 $Q(x) \neq 0$,则称 (4.10) 为非齐次一阶线性微分方程.

例如:$y' + 2xy = 2x\mathrm{e}^{-x^2}$ 和 $y' - \frac{2y}{x+1} = (x+1)^{\frac{5}{2}}$ 都是一阶线性微分方程.

4.4.2 一阶线性微分方程的解法

当 $Q(x) = 0$ 时,方程 (4.10) 为可分离变量的微分方程.

当 $Q(x) \neq 0$ 时,为求其解首先把 $Q(x)$ 换为 0,即

$$\frac{\mathrm{d}y}{\mathrm{d}x} + P(x)y = 0, \tag{4.11}$$

我们将 (4.11) 称为对应于 (4.10) 的齐次微分方程,求得其解

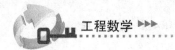

$$y = Ce^{-\int P(x)\,\mathrm{d}x}.$$

为求式(4.10)的解,利用常数变易法,用 $u(x)$ 代替 C,即 $y = u(x)e^{-\int P(x)\,\mathrm{d}x}$,于是

$$\frac{\mathrm{d}y}{\mathrm{d}x} = u'e^{-\int P(x)\,\mathrm{d}x} + ue^{-\int P(x)\,\mathrm{d}x}[-P(x)],$$

代入式(4.10),得

$$u = \int Q(x)e^{\int P(x)\,\mathrm{d}x}\mathrm{d}x + C,$$

因此得出微分方程(4.10)的通解公式为

$$y = e^{-\int P(x)\,\mathrm{d}x}\left(\int Q(x)e^{\int (P(x)\,\mathrm{d}x}\mathrm{d}x + C\right). \tag{4.12}$$

【例1】 求微分方程

$$y' - \frac{2y}{x+1} = (x+1)^{\frac{5}{2}} \tag{4.13}$$

的通解.

解:对此微分方程我们给出两种解法.

解法一:常数变异法. 这是一个非齐次线性方程,先求对应的齐次方程

$$\frac{\mathrm{d}y}{\mathrm{d}x} - \frac{2y}{x+1} = 0$$

的通解. 由于

$$\frac{\mathrm{d}y}{y} = \frac{2\mathrm{d}x}{x+1},$$

得出

$$\ln y = 2\ln(x+1) + \ln C,$$

即齐次方程的通解为

$$y = C(x+1)^2. \tag{4.14}$$

用常数变易法,把 C 换成 $u(x)$,即令

$$y = u(x+1)^2,$$

则有

$$\frac{\mathrm{d}y}{\mathrm{d}x} = u'(x+1)^2 + 2u(x+1),$$

代入式(4.13)中得

$$u' = (x+1)^{\frac{1}{2}},$$

两端积分,得

$$u = \frac{2}{3}(x+1)^{\frac{3}{2}} + C,$$

再代入式(4.14)即得所求方程通解

$$y = (x+1)^2\left[\frac{2}{3}(x+1)^{\frac{3}{2}} + C\right].$$

解法二:公式法. 直接应用式(4.12)

$$y = e^{-\int P(x)\,\mathrm{d}x}\left(\int Q(x)e^{\int P(x)\,\mathrm{d}x}\mathrm{d}x + C\right),$$

得到所求微分方程的通解,其中,

$$P(x) = -\frac{2}{x+1}, \quad Q(x) = (x+1)^{\frac{5}{2}},$$

代入积分同样可得方程通解

$$y = (x+1)^2 \left[\frac{2}{3}(x+1)^{\frac{3}{2}} + C\right].$$

此法较为简便,因此以后在解一阶线性微分方程时,可以直接应用式(4.12)求解.

4.4.3 伯努利方程

在科学史上,父子科学家、兄弟科学家并不鲜见,然而,在一个家族跨世纪的几代人中,众多父子兄弟都是科学家的较为罕见,其中,瑞士的伯努利家族最为突出. 伯努利家族3代人中产生了8位科学家,出类拔萃的至少有3位;而在他们一代又一代的众多子孙中,至少有一半相继成为杰出人物. 伯努利家族的后裔有不少于120位被人们系统地追溯过,他们在数学、科学、技术、工程乃至法律、管理、文学、艺术等方面享有名望,有的甚至声名显赫. 最不可思议的是这个家族中有两代人,他们中的大多数为数学家,并非有意选择数学为职业,然而却忘情地沉溺于数学之中,有人调侃他们就像酒鬼碰到了烈酒.

接下来我们就一起研究一个以这个家族中的雅各布·伯努利命名的微分方程.

定义 4.7 我们称方程

$$\frac{\mathrm{d}y}{\mathrm{d}x} + P(x)y = Q(x)y^n \quad (n \neq 0,1)$$

为伯努利方程.

当 $n = 0,1$ 时,为一阶线性微分方程.

伯努利方程的形式与一阶线性微分方程极为相近,因此我们可将其转换为一阶线性微分方程,再进行求解. 其具体的步骤方法为:两边同除 y^n 得

$$y^{-n}\frac{\mathrm{d}y}{\mathrm{d}x} + P(x)y^{1-n} = Q(x),$$

令 $z = y^{1-n}$,则有

$$\frac{\mathrm{d}z}{\mathrm{d}x} = (1-n)y^{-n}\frac{\mathrm{d}y}{\mathrm{d}x},$$

进一步变形为

$$\frac{1}{1-n}\frac{\mathrm{d}z}{\mathrm{d}x} + P(x)z = Q(x),$$

而

$$\frac{\mathrm{d}z}{\mathrm{d}x} + (1-n)P(x)z = (1-n)Q(x),$$

为一阶线性微分方程,故

$$z = \mathrm{e}^{-\int(1-n)P(x)\mathrm{d}x}\left(\int(1-n)Q(x)\mathrm{e}^{\int(1-n)P(x)\mathrm{d}x}\mathrm{d}x + C\right).$$

最后将 $z = y^n$ 代入即可得所求微分方程的通解.

【例2】 求微分方程 $xy' + y = x^3y^6$ 的通解.

解:两边同除 xy^6,得

$$y^{-6}y' + \frac{1}{x}y^{-5} = x^2,$$

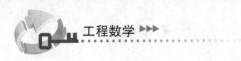

令 $u = y^{-5}$,则有 $\dfrac{\mathrm{d}u}{\mathrm{d}x} = -5y^{-6}y'$,因此得

$$\frac{\mathrm{d}u}{\mathrm{d}x} - \frac{5}{x}u = -5x^2,$$

解得通解为

$$u = \frac{5}{2}x^3 + Cx^5,$$

代回得所求微分方程的通解为

$$y^{-5} = \frac{5}{2}x^3 + Cx^5.$$

4.4.4　利用变量代换解微分方程

在前面所介绍的四种一阶微分方程的解法中,我们可以看到在齐次方程和伯努利方程的求解过程中,都用到了变量代换法,将所给微分方程转化为某种已知形式的微分方程进而求出所给微分方程的解.变量代换法不仅适用于齐次方程和伯努利方程的求解,还可用于许多其他形式微分方程的求解.

【例3】　求微分方程 $xy' + y = y(\ln x + \ln y)$ 的通解.

解:令 $xy = u$,则

$$\frac{\mathrm{d}u}{\mathrm{d}x} = y + x\frac{\mathrm{d}y}{\mathrm{d}x},$$

于是

$$\frac{\mathrm{d}u}{\mathrm{d}x} = y\ln u = \frac{u}{x}\ln u,$$

由可分离变量微分方程的解法,求得

$$u = \mathrm{e}^{Cx},$$

代回 $xy = u$,得所求通解为

$$xy = \mathrm{e}^{Cx}.$$

习　题　4.4

1. 求微分方程 $y' - y\cos x = 0$ 的通解.

2. 求微分方程 $\dfrac{\mathrm{d}y}{\mathrm{d}x} = \dfrac{1}{x+y}$ 的通解.

3. 求微分方程 $\dfrac{\mathrm{d}y}{\mathrm{d}x} + y = \mathrm{e}^{-x}$ 的通解.

4. 求微分方程 $xy' + y = x^2 + 3x + 2$ 的通解.

5. 求微分方程 $\dfrac{\mathrm{d}y}{\mathrm{d}x} + \dfrac{y}{x} = 2y^2\ln x$ 的通解.

6. 求微分方程 $\dfrac{\mathrm{d}y}{\mathrm{d}x} + y = y^2(\cos x - \sin x)$ 的通解.

7. 求微分方程 $y' - \dfrac{2}{x+1}y = (x+1)^3$ 满足 $y(0) = 1$ 的特解.

8. 求微分方程 $\dfrac{\mathrm{d}y}{\mathrm{d}x} = \dfrac{1}{x+y}$ 的通解.

9. 求微分方程 $\dfrac{\mathrm{d}y}{\mathrm{d}x} = \dfrac{1}{xy + x^2 y^3}$ 的通解.

4.5　可降阶的高阶微分方程

前面我们介绍了四种常见的一阶微分方程及其解法,接下来我们将介绍几种比较简单的高阶微分方程的解法. 本节主要以二阶微分方程为主,介绍可以降为一阶的高阶微分方程的基本形式及其解法

4.5.1　$y^{(n)} = f(x)$ 型(不显含 y 及 y')

这类微分方程的解法是利用积分降阶法,求出通解.

【例1】　求微分方程 $y''' = \dfrac{1}{\sqrt{2x+1}}$ 的通解.

解:依次对微分方程 $y''' = \dfrac{1}{\sqrt{2x+1}}$ 求三次积分,得通解为

$$y = \frac{1}{15}(2x+1)^{\frac{5}{2}} + C_1 x^2 + C_2 x + C_3.$$

4.5.2　$y'' = f(x, y')$ 型(不显含 y)

此类微分方程的降阶方法为换元降阶法,将其转换为一阶微分方程,再求出通解. 其具体过程如下:

(1) 令 $y' = p$,则 $y'' = p'$,于是可将其化成一阶微分方程;

(2) 求解一阶微分方程 $p' = f(x, p)$ 的通解 p;

(3) 将 p 的结果代入到 $y' = p$,求出原方程的通解.

【例2】　求微分方程 $xy'' + y' - x^2 = 0$ 的通解.

解:令 $y' = p$,则 $y'' = p'$,将微分方程 $xy'' + y' - x^2 = 0$ 化为

$$p' + \frac{1}{x}p = x.$$

解此一阶线性微分方程的通解为

$$p = \frac{1}{3}x^2 + \frac{C_1}{x}.$$

代回 $y' = p$,得所求微分方程的通解

$$y = \frac{1}{9}x^3 + C_1 \ln x + C_2.$$

4.5.3　$y'' = f(y, y')$ 型(不显含 x)

此类微分方程的降阶方法为换元降阶法,将其转换为一阶微分方程,再求出通解. 但与第二种类型有所区别,具体表现在:

(1) 令 $y' = p$,则 $y'' = \dfrac{\mathrm{d}p}{\mathrm{d}x} = \dfrac{\mathrm{d}p}{\mathrm{d}y}\dfrac{\mathrm{d}y}{\mathrm{d}x} = p\dfrac{\mathrm{d}p}{\mathrm{d}y}$,将其代入原微分方程,化简得一阶微分方程;

（2）求解一阶微分方程 $\dfrac{\mathrm{d}p}{\mathrm{d}y} = f(y,p)$ 的通解 p；

（3）将 p 的结果代入到 $y' = p$，求出原方程的通解.

【例3】 求微分方程 $yy'' - y'^2 + y' = 0$.

解：令 $y' = p$，则 $y'' = \dfrac{\mathrm{d}p}{\mathrm{d}x} = \dfrac{\mathrm{d}p}{\mathrm{d}y}\dfrac{\mathrm{d}y}{\mathrm{d}x} = p\dfrac{\mathrm{d}p}{\mathrm{d}y}$，原方程转化为

$$\frac{\mathrm{d}p}{\mathrm{d}y} - \frac{1}{y}p = -\frac{1}{y}.$$

解出通解为

$$p = -1 + C_1 y.$$

代回 $y' = p$ 得所求微分方程的通解为

$$\frac{1}{C_1}\ln(-1 + C_1 y) = x + C_2.$$

习 题 4.5

1. 求微分方程 $y''' = 6x$ 的通解.

2. 求微分方程 $y'' = x + \sin x$ 的通解.

3. 求微分方程 $xy'' = y'\ln y'$ 的通解.

4. 求微分方程 $y'' - y'^2 = 0$ 在满足初始条件 $y\big|_{x=0} = 0, y'\big|_{x=0} = -1$ 时的特解.

5. 求微分方程 $(1 + x^3)y'' = 3x^2 y'$ 的通解.

6. 求微分方程 $yy'' = y'^2 - y'^3$ 在满足初始条件 $y(1) = 1, y'(1) = -1$ 时的特解.

7. 求微分方程 $y'' + y'^2 = 1$ 在满足初始条件 $y\big|_{x=0} = 0, y'\big|_{x=0} = 0$ 时的特解.

4.6　二阶常系数线性微分方程

上一节中我们介绍了可降阶的二阶微分方程的一般形式及降阶方法，通过讨论我们可以发现，并不是所有的二阶微分方程都可以做降阶处理，那么我们就有必要讨论其他形式的二阶微分方程的解法. 在本节中我们主要介绍另外一类重要的二阶微分方程，即二阶常系数线性微分方程.

首先，我们了解一下这类微分方程的一般形式.

定义 4.8　我们将形如

$$y'' + py' + qy = f(x) \tag{4.15}$$

的二阶微分方程称为二阶常系数线性微分方程. 其中，p, q 为实数，$f(x)$ 为自由项，当 $f(x) = 0$ 时，即方程

$$y'' + py' + qy = 0 \tag{4.16}$$

也称为二阶常系数线性齐次微分方程；当 $f(x) \neq 0$ 时，称为二阶常系数线性非齐次微分方程.

4.6.1　二阶常系数线性齐次微分方程解的结构

定理 4.1　在微分方程 (4.16) 中，如果 $y = y_1(x)$ 与 $y = y_2(x)$ 是方程的两个解，则对

于任意常数 C_1 与 C_2，函数

$$y = C_1 y_1(x) + C_2 y_2(x)$$

还是微分方程(4.16)的解.

推论 当定理4.1中的两个解函数 $y = y_1(x)$ 与 $y = y_2(x)$ 线性无关，即

$$\forall c \in R,\ y_1(x) \neq C y_2(x)$$

时，函数

$$y = C_1 y_1(x) + C_2 y_2(x)$$

是微分方程(4.16)的通解.

因此为了求出二阶常系数线性齐次微分方程(4.16)的通解，我们只需要找到两个相互独立的特解 $y = y_1(x)$ 与 $y = y_2(x)$.

由方程(4.16)的形式不难猜测出，函数 $y = e^{rx}$ 是方程的解，其中 r 为待定的系数. 将其代入方程(4.16)得出

$$r^2 + pr + q = 0. \tag{4.17}$$

我们将方程(4.17)称为微分方程(4.16)的特征方程，此方程的解有三种情况.

(1)当方程(4.17)有两个不同的实数解 r_1 和 r_2 时，$y = e^{r_1 x}$ 与 $y = e^{r_2 x}$ 是微分方程(4.16)的两个线性无关的特解，由此得出通解为

$$y = C_1 e^{r_1 x} + C_2 e^{r_2 x}.$$

(2)当方程(4.17)有两个相等实数解 $r_1 = r_2$ 时，只得一个特解 $y = e^{r_1 x}$，又可得函数 $y = x e^{r_1 x}$ 也为微分方程(4.16)的一个特解，因此微分方程(4.16)的通解为

$$y = (C_1 + C_2 x) e^{r_1 x}.$$

(3)当方程(4.17)有一对共轭复根 $r = \alpha \pm i\beta$ 时，得出微分方程(4.16)的通解为

$$y = e^{\alpha x}(C_1 \cos\beta x + C_2 \sin\beta x).$$

因此，由上面的分析可得出二阶常系数线性齐次微分方程求通解过程为：

➢写出微分方程所对应的特征方程；

➢求出特征方程的两个根；

➢由特征方程的根的情况写出对应的微分方程的通解.

【例1】 求微分方程 $y'' - 3y' - 4y = 0$ 的通解.

解：该微分方程对应的特征方程为

$$r^2 - 3r - 4 = 0,$$

此方程有两个互不相等的实数解

$$r_1 = 4,\ r_2 = -1,$$

由此得微分方程的通解为

$$y = C_1 e^{4x} + C_2 e^{-x}.$$

【例2】 求微分方程 $y'' - 2y' + y = 0$ 的通解.

解：该微分方程对应的特征方程为

$$r^2 - 2r + 1 = 0,$$

此方程有两个相等的实数解

$$r_1 = r_2 = 1,$$

由此得微分方程的通解为

$$y = (C_1 + C_2 x) e^x.$$

【例 3】 求微分方程 $y'' - 2y' + 2y = 0$ 的通解.

解:该微分方程对应的特征方程为

$$r^2 - 2r + 2 = 0,$$

此方程有一对共轭复数解

$$r = 1 \pm i,$$

由此得微分方程的通解为

$$y = e^x(C_1\cos x + C_2\sin x).$$

4.6.2　二阶常系数线性非齐次微分方程解的结构

定理 4.2　如果 y^* 是线性非齐次方程(4.15)的一个特解,Y 是该方程所对应的线性齐次方程(4.16)的通解,则

$$y = Y + y^*$$

是线性非齐次方程(4.15)的通解.

定理 4.3　设函数 y_1^* 与 y_2^* 分别是方程

$$y'' + py' + qy = f_1(x) \tag{4.18}$$

和

$$y'' + py' + qy = f_2(x) \tag{4.19}$$

的特解,则 $y_1^* + y_2^*$ 是方程

$$y'' + py' + qy = f_1(x) + f_2(x) \tag{4.20}$$

的特解.

由此可以看出,为了求出微分方程(4.15)的通解,关键是求出该方程的特解,这里我们主要讨论两种常见形式的自由项 $f(x)$ 所对应的特解的形式.

(1) 当 $f(x) = e^{\lambda x}P_m(x)$ 时,其中 $P_m(x)$ 为 m 次多项式,λ 为常数,其特解可设为

$$y^* = x^k e^{\lambda x}Q_m(x).$$

其中,k 的取值原则为:λ 不是特征方程的根时,$k = 0$;λ 是特征方程的单根时,$k = 1$;λ 是特征方程的重根时,$k = 2$. $Q_m(x)$ 为 m 次多项式.

(2) 当 $f(x) = e^{\lambda x}(A\cos\omega x + B\sin\omega x)$ 时,其特解可设为

$$y^* = x^k e^{\lambda x}(C\cos\omega x + D\sin\omega x),$$

其中,k 的取值原则为:$\lambda + \omega i$ 不是特征方程的根时,$k = 0$;$\lambda + \omega i$ 是特征方程的根时,$k = 1$.

习　题　4.6

1. 求微分方程 $y'' - 3y' + 2y = 0$ 的通解.
2. 求微分方程 $y'' - 4y' - 5y = 0$ 的通解.
3. 求微分方程 $y'' + y' - 6y = 0$ 的通解.
4. 求微分方程 $y'' - 4y' + 4y = 0$ 的通解.
5. 求微分方程 $y'' - 6y' + 9y = 0$ 的通解.
6. 求微分方程 $y'' + 2y' + y = 0$ 的通解.
7. 求微分方程 $y'' - y' + y = 0$ 的通解.
8. 求微分方程 $y'' - 4y' + 5y = 0$ 的通解.

4.7　土建专业中微分方程的应用

1. 应力平衡微分方程

物体内部不同点的应力状态一般是不同的,那么如何描述相邻点间的应力变化关系呢?

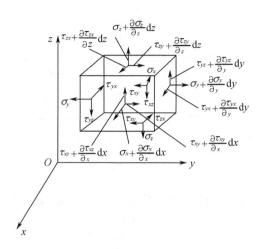

图 4.1

以物体内某一点 $P(x,y,z)$ 为顶点截取边长分别为 dx,dy,dz 的直角平行六面体微元,另一个顶点的坐标则为 $P(x+dx,y+dy,z+dz)$(如图4.1). 根据静力平衡方程,并处理掉高阶小量,得到应力平衡微分方程:

$$\begin{cases} \dfrac{\partial \sigma_x}{\partial x} + \dfrac{\partial \tau_{yx}}{\partial y} + \dfrac{\partial \tau_{zx}}{\partial z} = 0 \\[2mm] \dfrac{\partial \tau_{xy}}{\partial x} + \dfrac{\partial \sigma_y}{\partial y} + \dfrac{\partial \tau_{zy}}{\partial z} = 0. \\[2mm] \dfrac{\partial \tau_{xz}}{\partial x} + \dfrac{\partial \tau_{yz}}{\partial y} + \dfrac{\partial \sigma_z}{\partial z} = 0 \end{cases}$$

2. 挠曲线的近似微分方程.

纯弯曲时曲率与弯矩的关系为

$$\frac{1}{\rho} = \frac{M}{EI}$$

横力弯曲时,M 和 ρ 都是 x 的函数. 略去剪力对梁的位移的影响,则

$$\frac{1}{\rho(x)} = \frac{M(x)}{EI}.$$

由几何关系知,可得平面曲线的曲率为

$$\frac{1}{\rho(x)} = \pm \frac{w''}{(1+w'^2)^{\frac{3}{2}}} = \frac{M(x)}{EI} \pm \frac{w''}{(1+w'^2)^{\frac{3}{2}}} = \frac{M(x)}{EI}.$$

曲线向上凸时

$$w'' < 0, \quad M < 0,$$

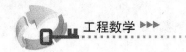

曲线向下凸时

$$w'' > 0, \quad M > 0.$$

因此, M 与 w'' 的正负号相同, 即

$$\frac{w''}{(1 + w'^2)^{\frac{3}{2}}} = \frac{M(x)}{EI}.$$

如图 4.2 所示.

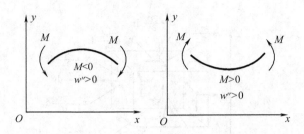

图 4.2

由于挠曲线是一条非常平坦的曲线, w'^2 远比 1 小, 可以略去不计, 于是上式可写成

$$w'' = \frac{M(x)}{EI},$$

此式称为梁的挠曲线近似微分方程(Approximately differential equation of the deflection curve), 称为近似的原因是:略去了剪力的影响;略去了 w'^2 项.

【例1】 如图 4.3 所示,一抗弯刚度为 EI 的悬臂梁, 在自由端受一集中力 F 作用. 试求梁的挠曲线方程和转角方程, 并确定其最大挠度 $w_{\max}$ 和最大转角 $\theta_{\max}$.

解:以梁左端 A 为原点, 取直角坐标系, 令 x 轴向右, y 轴向上为正.

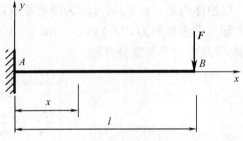

图 4.3

(1) 列弯矩方程为

$$M(x) = -F(l - x) = -Fl + Fx.$$

(2) 列挠曲线近似微分方程并积分得

$$EIw'' = M(x) = -Fl + Fx.$$

同时得,

$$EIw' = -Flx + \frac{Fx^2}{2} + C_1, \quad EIw = -\frac{Flx^2}{2} + \frac{Fx^3}{6} + C_1 x + C_2. \tag{4.21}$$

(3) 确定积分常数.

在 $x = 0$ 处, $w = 0$;在 $x = 0$ 处, $\theta = 0$. 代入式(4.21), 得

$$C_1 = 0, \quad C_2 = 0.$$

(4) 建立转角方程和挠度方程

将求得的积分常数 C_1, C_2 代入式(4.21),得梁的转角方程和挠度方程分别为

$$\theta = w' = -\frac{Flx}{EI} + \frac{Fx^2}{2EI}, \quad w = -\frac{Flx^2}{2EI} + \frac{Fx^3}{6EI}.$$

（5）求最大转角和最大挠度

自由端 B 处的转角和挠度绝对值最大（如图 4.4），即

$$\theta_{\max} = \theta\big|_{x=l} = -\frac{Fl^2}{2EI}, \quad w_{\max} = w\big|_{x=l} = -\frac{Fl^3}{3EI},$$

所得的挠度为负值，说明 B 点向下移动；转角为负值，说明横截面 B 沿顺时针转向转动.

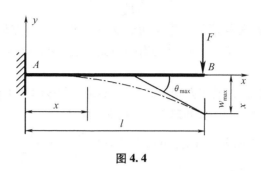

图 4.4

4.8 其他领域中微分方程的应用

【例 1】（**逻辑斯谛（Logistic）人口模型**） 马尔萨斯模型与 19 世纪以前欧洲一些地区的人口统计数据吻合得较好，但是 19 世纪以后许多国家的人口统计资料显示马尔萨斯模型与实际情况比较，差别很大. 原因是随着人口的增长，自然资源、环境条件等因素对人口继续增长有阻滞作用，当人口增长到一定数量后，增长率会随着人口的继续增加反而逐渐减少. 应对马尔萨斯模型中关于净增长率为常数的假设进行修改.

1838 年，荷兰生物数学家韦尔侯斯特（Verhulst）引入常数 N_m，用来表示自然环境条件所能容许的最大人口数（一般说来，一个国家工业化程度越高，它的生活空间就越大，食物就越多，从而 N_m 就越大），并假设增长率等于 $r\left(1 - \dfrac{N(t)}{N_m}\right)$，即净增长率随着 $N(t)$ 的增加而减小（这里设 $N(t) \neq 0$），当 $N(t) \to N_m$ 时，净增长率趋于 0，按此假定建立人口预测模型（这里设 $N(t_0) = N_0$）.

解：由韦尔侯斯特假设，马尔萨斯模型应改为

$$\begin{cases} \dfrac{\mathrm{d}N}{\mathrm{d}t} = r\left(1 - \dfrac{N}{N_m}\right)N. \\ N(t_0) = N_0 \end{cases}$$

上式就是著名的逻辑斯蒂人口模型，该方程是一个可分离变量的微分方程. 将变量分离得

$$\frac{N_m}{(N_m - N)N}\mathrm{d}N = r\mathrm{d}t,$$

两边积分得

$$N = \frac{N_m}{1 + Ce^{-n}} \quad (C \text{ 是任意常数}),$$

即为方程的通解.

为确定所求的特解，以 $N(t_0) = N_0$ 代入通解中确定常数 C，得到

$$C = \left(\frac{N_m}{N_0} - 1 \right) \mathrm{e}^{n_0},$$

因而,所求的特解为

$$N(t) = \frac{N_m}{1 + \left(\frac{N_m}{N_0} - 1 \right) \mathrm{e}^{-r(t - t_0)}}.$$

【例2】（猎狗互相追逐问题） 位于边长为 $2a$ 的一个正方形的四个顶点 $A_1(a, a)$,
$A_2(-a, a)$, $A_3(-a, -a)$, $A_4(a, -a)$ 处各有一只猎狗,按逆时针方向互相追逐,求各自运动
的轨迹方程.

解:设第一只猎狗走出的轨迹方程为 $L_1 : y = y(x)$,在该曲线上任取一点 $P_1(x, y)$,根据
四条曲线具有旋转对称性的特点,可知在同一时刻,有 $P_2(-y, x)$. 由于直线 $P_1 P_2$ 的方向就
是曲线 L_1 在 P_1 点处的切线方向,因此可得微分方程 $\dfrac{\mathrm{d}y}{\mathrm{d}x} = \dfrac{x - y}{-y - x}$.

令 $u = \dfrac{y}{x}$,则 $\dfrac{\mathrm{d}y}{\mathrm{d}x} = x \dfrac{\mathrm{d}u}{\mathrm{d}x} + u$,由此得

$$x \frac{\mathrm{d}u}{\mathrm{d}x} + u = \frac{1 - u}{-u - 1},$$

分离变量得

$$\frac{(u + 1)\mathrm{d}u}{u^2 + 1} = -\frac{\mathrm{d}x}{x},$$

两端积分并整理可得

$$x \sqrt{u^2 + 1}\, \mathrm{e}^{\arctan u} = C_1,$$

代回 $u = \dfrac{y}{x}$,整理得 $\sqrt{x^2 + y^2}\, \mathrm{e}^{\arctan u} = C.$

根据初始条件 $y(a) = a$,可得 $C = \sqrt{2}\, a \mathrm{e}^{\frac{\pi}{4}}$,因此第一只猎狗的运动轨迹为方程为

$$\sqrt{x^2 + y^2}\, \mathrm{e}^{\arctan \frac{y}{x}} = \sqrt{2}\, a \mathrm{e}^{\frac{\pi}{4}}.$$

同理,可得出另三只猎狗的运动轨迹方程分别为

$$L_2 : \sqrt{x^2 + y^2}\, \mathrm{e}^{\arctan \frac{y}{x}} = \sqrt{2}\, a \mathrm{e}^{\frac{3\pi}{4}},$$

$$L_3 : \sqrt{x^2 + y^2}\, \mathrm{e}^{\arctan \frac{y}{x}} = \sqrt{2}\, a \mathrm{e}^{\frac{5\pi}{4}},$$

$$L_4 : \sqrt{x^2 + y^2}\, \mathrm{e}^{\arctan \frac{y}{x}} = \sqrt{2}\, a \mathrm{e}^{\frac{7\pi}{4}}.$$

【例3】（浓度问题） 一容器内盛有 100 L 清水,现以 3 L/min 的速度注入浓度为 2 g/L
的盐水,同时以 2 L/min 的速度抽出混合均匀的盐水. 试求 20 min 后,容器内的含盐量是
多少?

解:设 t 时刻容器内含盐量为 $x(t)$ 克,在 t 到 $t + \Delta t$ 时间段内:盐的增量 = 注入的盐量
– 流出的盐量. 当 Δt 很小时,溶液的浓度可看成不变,就是 t 时刻的浓度,故

$$\Delta x \approx 3 \times 2 \times \Delta t - \frac{x}{100 + (3 - 2)t} \times 2 \times \Delta t,$$

即

$$\frac{\Delta x}{\Delta t} \approx 6 - \frac{2x}{100 + t}.$$

令 $\Delta t \to 0$, 得

$$\frac{\mathrm{d}x}{\mathrm{d}t} = 6 - \frac{2x}{100+t},$$

建立微分方程的初值问题

$$\begin{cases} \dfrac{\mathrm{d}x}{\mathrm{d}t} + \dfrac{2x}{100+t} = 6 \\ x(0) = 0 \end{cases}.$$

令 $P(t) = \dfrac{2}{100+t}$, $Q(t) = 6$, 由一阶非其次线性微分方程的通解公式得

$$x(t) = \mathrm{e}^{-\int \frac{2}{100+t}\mathrm{d}t}\left(\int 6\mathrm{e}^{\int \frac{2}{100+t}\mathrm{d}t}\mathrm{d}t + C\right) = 2(100+t) + \frac{C}{(100+t)^2}$$

由初始条件 $x(0) = 0$, 得 $C = -2 \times 10^6$, 于是 t 时刻溶液内的含盐量为

$$x(t) = 2(100+t) - \frac{2 \times 10^6}{(100+t)^2},$$

从而有

$$x(20) = 2(100+20) - \frac{2 \times 10^6}{(100+20)^2} \approx 101.11.$$

所以 20 min 后, 溶液内的含盐量约为 101.11 g.

【例 4】(链条滑动) 长为 81 cm 的匀质链条, 从水平桌面上滑下, 其初速度为零. 设其中有 49 cm 呈垂直于桌子边缘的状态, 另有 32 cm 垂于桌面下方. 设桌面与链条之间的摩擦系数为 $\mu = \dfrac{16}{65}$, 求该链条全部从桌面滑下所需要的时间.

解: 以桌面边缘为原点, 铅直向下为 x 轴正向, 设链条的总质量为 m, 则其线密度为 $\rho = \dfrac{m}{81}$, 又设在时刻 t, 链条垂下部分的端点 P 的坐标为 x, 此时链条所受的力 F 为链条垂下部分的重力与桌面上部分链条所受桌面摩擦力之间的差, 即

$$F = (\rho x)g - \mu[\rho(81-x)g] = [(1+\mu)x - 81\mu]\rho g.$$

根据牛顿第二定律, 可得微分方程

$$m\frac{\mathrm{d}^2 x}{\mathrm{d}t^2} = [(1+\mu)x - 81\mu]\rho g.$$

以 $\rho = \dfrac{m}{81}$ 及 $\mu = \dfrac{16}{65}$ 代入, 并对原方程进行化简变形, 可得

$$\frac{\mathrm{d}^2 x}{\mathrm{d}t^2} - \frac{g}{65}x = -\frac{16}{65}g,$$

这是一个二阶常系数线性非齐次微分方程, 其通解为

$$x = C_1 \mathrm{e}^{\sqrt{\frac{g}{65}}t} + C_2 \mathrm{e}^{-\sqrt{\frac{g}{65}}t} + 16.$$

由初始条件 $x'(0) = 0$, $x(0) = 32$, 可得 $C_1 = C_2 = 8$, 所以原方程的特解为

$$x = 8\left(\mathrm{e}^{\sqrt{\frac{g}{65}}t} + \mathrm{e}^{-\sqrt{\frac{g}{65}}t}\right) + 16,$$

上式中, 令 $x = 81$, 可解得

$$t = \sqrt{\frac{65}{g}}\ln 8 \approx 0.535 \ (\mathrm{s}).$$

这就是绳索全部滑下桌面所需要的时间.

【例 5】（第二宇宙速度）　设质量为 m 的火箭,由地面以初速度 v_0 垂直向上发射,如果不计空气阻力,试求火箭的速度与高度的关系.并问 v_0 至少取何值时,才能使火箭所载物体飞离地球成为人造卫星?

解:取连接地球中心与物体的重心的直线为 y 轴,铅直向上为正,地球中心为原点 O.设在时刻 t 物体的高度为 $y = y(t)$,物体在运动过程中受到的万有引力为 $F = k\dfrac{mM}{y^2}$,其中 M 为地球的质量,k 为万有引力常数.由牛顿第二定律得

$$m\frac{\mathrm{d}^2 y}{\mathrm{d}t^2} = -k\frac{mM}{y^2},$$

即 $\dfrac{\mathrm{d}^2 y}{\mathrm{d}t^2} = -k\dfrac{M}{y^2}$,若设地球半径为 R,则初始条件为 $y(0) = R, y'(0) = v_0$.

这是一个不显含自变量 t 的二阶微分方程.令 $\dfrac{\mathrm{d}y}{\mathrm{d}t} = v$,则 $\dfrac{\mathrm{d}^2 y}{\mathrm{d}t^2} = v\dfrac{\mathrm{d}v}{\mathrm{d}y}$,原方程为

$$v\frac{\mathrm{d}v}{\mathrm{d}y} = -k\frac{M}{y^2},$$

求解此方程得

$$\frac{1}{2}v^2 = k\frac{M}{y} + C.$$

由 $y(0) = R, v(0) = y'(0) = v_0$,得 $C = \dfrac{1}{2}v_0^2 - \dfrac{kM}{R}$,于是

$$\frac{1}{2}v^2 = \frac{kM}{y} + \frac{1}{2}v_0^2 - \frac{kM}{R}.$$

由于在地面上重力加速度为 g,故当 $y = R$ 时,由 $F = k\dfrac{mM}{y^2}$ 有 $g = \dfrac{kM}{R^2}$,即 $k = g\dfrac{R^2}{M}$,由此得

$$v^2 = \frac{2gR^2}{y} + (v_0^2 - 2gR).$$

由此可得,当 $v_0 \geq \sqrt{2gR}$ 时,物体的运动速度始终是正的,从而物体可以摆脱地球的引力飞离地球.我们把其最小初速度 $v_0 = \sqrt{2gR}$ 称为第二宇宙速度.

【阅读材料 5】

伟大的伯努利家族

1654 年 12 月 27 日,雅各布·伯努利出生于巴塞尔,17 岁时获艺术硕士学位.这里的艺术指"自由艺术",包括算术、几何学、天文学、数理音乐和文法、修辞、雄辩术共 7 大门类.遵照父亲的愿望,他于 1676 年 22 岁时又取得了神学硕士学位,然而,他也违背父亲的意愿,自学了数学和天文学.1676 年,他到日内瓦做家庭教师,从 1677 年起,他开始在那里写内容丰富的《沉思录》.

1678 年和 1681 年,雅各布·伯努利两次外出旅行学习,到过法国、荷兰、英国和德国,接触和交往了许德、玻意耳、胡克、惠更斯等科学家,写有关于彗星理论（1682 年）、重力理论（1683 年）方面的科技文章.1687 年,雅各布在《教师学报》上发表数学论文《用两相互垂直

的直线将三角形的面积四等分的方法》,同年成为巴塞尔大学的数学教授,直至 1705 年 8 月 16 日逝世.

1699 年,雅各布当选为巴黎科学院外籍院士,1701 年被柏林科学协会(后为柏林科学院)接纳为会员.

许多数学成果与雅各布的名字相联系,例如悬链线问题(1690 年)、曲率半径公式(1694 年)、"伯努利双纽线"(1694 年)、"伯努利微分方程"(1695 年)、"等周问题"(1700 年) 等.

雅各布对数学最重大的贡献是在概率论研究方面.他从 1685 年起发表关于赌博游戏中输赢次数问题的论文,后来写成巨著《猜度术》,这本书在他死后 8 年,即 1713 年才得以出版.

最为人们津津乐道的轶事之一是雅各布醉心于研究对数螺线,这项研究始于 1691 年.他发现,对数螺线经过各种变换后仍然是对数螺线,如它的渐屈线和渐伸线是对数螺线,自极点至切线的垂足的轨迹,以极点为发光点经对数螺线反射后得到的反射线,以及与所有这些反射线相切的曲线(回光线) 都是对数螺线.他惊叹这种曲线的神奇,竟在遗嘱里要求后人将对数螺线刻在自己的墓碑上,并附以颂词"纵然变化,依然故我",用以象征死后永生不朽.

雅各布·伯努利的弟弟约翰·伯努利比哥哥小 13 岁,1667 年 8 月 6 日生于巴塞尔,1748 年 1 月 1 日卒于巴塞尔,享年 81 岁.

约翰于 1685 年 18 岁时获巴塞尔大学艺术硕士学位,这点同他的哥哥雅各布一样.他们的父亲老尼古拉要求大儿子雅各布学法律,要求小儿子约翰从事家庭管理事务.但约翰在雅各布的带领下进行反抗,学习了医学和古典文学.约翰于 1690 年获医学硕士学位,1694 年又获得博士学位.但约翰发现他骨子里的兴趣是数学,他一直向雅各布学习数学,并颇有造诣.1695 年,28 岁的约翰取得了他的第一个学术职位 —— 荷兰格罗宁根大学数学教授.10 年后的 1705 年,约翰接替去世的雅各布任巴塞尔大学数学教授.同他的哥哥一样,他也当选为巴黎科学院外籍院士和柏林科学协会会员.1712 年、1724 年和 1725 年,他还分别当选为英国皇家学会、意大利波伦亚科学院和彼得堡科学院的外籍院士.

约翰的数学成果比雅各布还要多.例如解决悬链线问题(1691 年),提出洛必达法则(1694 年)、最速降线(1696 年)和测地线问题(1697 年),给出求积分的变量替换法(1699 年),研究弦振动问题(1727 年),出版《积分学教程》(1742 年) 等.

约翰与他同时代的 110 位学者有通信联系,进行学术讨论的信件约有 2 500 封,其中许多已成为珍贵的科学史文献,例如同他的哥哥雅各布以及莱布尼茨、惠更斯等人关于悬链线、最速降线(即旋轮线)和等周问题的通信讨论,虽然相互争论不断,特别是约翰和雅各布互相指责过于尖刻,使兄弟之间时常造成不快,但争论无疑会促进科学的发展,最速降线问题就导致了变分法的诞生.

约翰的另一大功绩是培养了一大批出色的数学家,其中包括 18 世纪最著名的数学家欧拉、瑞士数学家克莱姆、法国数学家洛必达,以及他自己的儿子丹尼尔和侄子尼古拉二世等.

丹尼尔·伯努利 (Daniel Bernoulli,1700—1782),瑞士物理学家、数学家、医学家.1700 年 2 月 8 日生于荷兰格罗宁根,是著名的伯努利家族中最杰出的一位.他是数学家 J.伯努利的次子,和他的父辈一样,违背家长要他经商的愿望,坚持学医,他曾在海得尔贝格、斯脱思堡和巴塞尔等大学学习哲学、伦理学、医学.

1716 年 16 岁的丹尼尔获艺术硕士学位,1721 年又获医学博士学位.他曾申请解剖学和植物学教授职位,但未成功.

丹尼尔受父兄影响,一直很喜欢数学.1724 年,他在威尼斯旅途中发表《数学练习》,引起学术界关注,并被邀请到圣彼得堡科学院工作.同年,他还用变量分离法解决了微分方程中的里卡提方程.1725 年,25 岁的丹尼尔受聘为圣彼得堡的数学教授.1727 年,20 岁的欧拉(后人将欧拉与阿基米德、艾萨克·牛顿、高斯并列为数学史上的"四杰")到圣彼得堡成为丹尼尔的助手.

然而,丹尼尔认为圣彼得堡的生活比较压抑,以至于 8 年以后的 1733 年,他找机会返回巴塞尔,在那儿成为解剖学和植物学教授,最后又成为物理学教授.

1734 年,丹尼尔荣获巴黎科学院奖金,以后又 10 次获得该奖金.能与丹尼尔媲美的只有大数学家欧拉.丹尼尔和欧拉保持了近 40 年的学术通信,在科学史上留下一段佳话.

在伯努利家族中,丹尼尔是涉及科学领域较多的人.他出版了经典著作《流体动力学》(1738 年);研究弹性弦的横向振动问题(1741—1743 年),提出声音在空气中的传播规律(1762 年).他的论著还涉及天文学(1734 年)、地球引力(1728 年)、潮汐(1740 年)、磁学(1743 年、1746 年)、振动理论(1747 年)、船体航行的稳定(1753 年、1757 年)和生理学(1721年、1728 年) 等.

丹尼尔于 1747 年当选为柏林科学院院士,1748 年当选巴黎科学院院士,1750 年当选英国皇家学会会员.他一生获得过多项荣誉称号.

第 5 章　线　性　代　数

线性代数是代数学的一个分支,历史上线性代数的第一个问题是关于解线性方程组的问题,线性方程组理论的发展又促成了作为工具的矩阵论和行列式理论的创立与发展,这些内容已成为我们线性代数的主要部分. 最初的线性方程组问题大都是来源于生活实践,正是实际问题刺激了线性代数这一学科的诞生与发展. 同时,线性代数在数学的其他分支、力学、物理学和技术学科中都有各种重要应用.

在岩土工程中,线性代数也有着重要的应用. 岩土工程方面的方程皆为半经验形式的,这些半经验公式是在试验的基础上得出的,而在试验中,我们所用的试样一般是假定为土体中的一个应力单元而得出来的,那么在实际工程中所涉及的土体我们就考虑用有限单元法的形式将其离散为多个,每个单元满足控制方程,然后组成一个庞大整体的方程组,将这些有序的、携带位置等信息的参数用矩阵的形式表示,然后用解线性代数方程组的方法(比如:高斯消去法、列主元消去法、三角分解法、追赶法、雅克比迭代法等) 解出我们所需要的参数.

5.1　行　列　式

行列式出现于线性方程组的求解,它最早是一种速记的表达式,现在已经是数学中一种非常有用的工具. 行列式是由莱布尼茨和日本数学家关孝和发明的. 1693 年 4 月,莱布尼茨在写给洛必达的一封信中使用并给出了行列式,并给出方程组的系数行列式为零的条件. 同时代的日本数学家关孝和在其著作《解伏题元法》中也提出了行列式的概念与算法.

本节主要介绍行列式的概念、性质和计算,并利用行列式的克莱姆法则解线性方程组.

5.1.1　行列式的定义

1. 二阶行列式

我们从二元一次方程组(或称二元线性方程组) 的解的公式,引入二阶行列式的定义.

二元线性方程组的一般形式为

$$\begin{cases} a_{11}x_1 + a_{12}x_2 = b_1 \\ a_{21}x_1 + a_{22}x_2 = b_2 \end{cases}, \tag{5.1}$$

利用加减消元法,得其解

$$\begin{cases} x_1 = \dfrac{b_1 a_{22} - b_2 a_{12}}{a_{11} a_{22} - a_{21} a_{12}} \\ x_2 = \dfrac{b_2 a_{11} - b_1 a_{21}}{a_{11} a_{22} - a_{21} a_{12}} \end{cases} (a_{11} a_{22} - a_{21} a_{12} \neq 0). \tag{5.2}$$

为方便记忆这个解的公式,引入二阶行列式的概念.

定义 5.1 称记号

$$\begin{vmatrix} a_{11} & a_{12} \\ a_{21} & a_{22} \end{vmatrix} = a_{11}a_{22} - a_{21}a_{12} \qquad (5.3)$$

为二阶行列式.

由此定义可以看出,二阶行列式可以看作是由 2!项所组成的代数和,每项是位于不同行不同列的两个元素的积,其中我们将 $a_{11}a_{22}$ 称为主对角线上两项之积,$a_{21}a_{12}$ 称为副对角线上两项之积,我们称这种运算符合对角线法则. 即

$$D = \begin{vmatrix} a_{11} & a_{12} \\ a_{21} & a_{22} \end{vmatrix} = a_{11}a_{22} - a_{12}a_{21}$$

【例1】 计算下列行列式的值:(1) $\begin{vmatrix} -2 & -3 \\ 4 & 5 \end{vmatrix}$;(2) $\begin{vmatrix} \sin\alpha & \cos\alpha \\ -\cos\alpha & \sin\alpha \end{vmatrix}$.

解:(1) $\begin{vmatrix} -2 & -3 \\ 4 & 5 \end{vmatrix} = -2 \times 5 - (-3) \times 4 = 2$;

(2) $\begin{vmatrix} \sin\alpha & \cos\alpha \\ -\cos\alpha & \sin\alpha \end{vmatrix} = \sin\alpha \times \sin\alpha - (-\cos\alpha) \times \cos\alpha = 1.$

由二阶行列式的定义,我们将方程组(5.1)中的未知量的系数组成二阶行列式

$$D = \begin{vmatrix} a_{11} & a_{12} \\ a_{21} & a_{22} \end{vmatrix}$$

称其为系数行列式,并记

$$D_1 = \begin{vmatrix} b_1 & a_{12} \\ b_2 & a_{22} \end{vmatrix}, \quad D_2 = \begin{vmatrix} a_{11} & b_1 \\ a_{21} & b_2 \end{vmatrix},$$

则方程组(5.1)的解可记为

$$x_1 = \frac{D_1}{D}, \quad x_2 = \frac{D_2}{D}.$$

【例2】 求解二元线性方程组 $\begin{cases} 2x_1 + x_2 = 1 \\ x_1 + 3x_2 = 2 \end{cases}$.

解:分别记 $D = \begin{vmatrix} 2 & 1 \\ 1 & 3 \end{vmatrix} = 2 \times 3 - 1 \times 1 = 5,$

$$D_1 = \begin{vmatrix} 1 & 1 \\ 2 & 3 \end{vmatrix} = 1 \times 3 - 2 \times 1 = 1,$$

$$D_2 = \begin{vmatrix} 2 & 1 \\ 1 & 2 \end{vmatrix} = 2 \times 1 - 2 \times 1 = 3,$$

由此得,此方程组的解为

$$x_1 = \frac{D_1}{D} = \frac{1}{5}, \quad x_2 = \frac{D_2}{D} = \frac{3}{5}.$$

2. 三阶行列式

三元线性方程组的一般形式为

$$\begin{cases} a_{11}x_1 + a_{12}x_2 + a_{13}x_3 = b_1 \\ a_{21}x_1 + a_{22}x_2 + a_{23}x_3 = b_2 \quad, \\ a_{31}x_1 + a_{32}x_2 + a_{33}x_3 = b_3 \end{cases} \qquad (5.4)$$

同样用加减消元法求得方程组(5.4)的解：

$$\begin{cases} x_1 = \dfrac{b_1a_{22}a_{33} + a_{12}a_{23}b_3 + a_{13}b_2a_{32} - b_1a_{23}a_{32} - a_{12}b_2a_{33} - a_{13}a_{22}b_3}{a_{11}a_{22}a_{33} + a_{12}a_{23}a_{31} + a_{13}a_{21}a_{32} - a_{11}a_{23}a_{32} - a_{12}a_{21}a_{33} - a_{13}a_{22}a_{31}} \\[2mm] x_2 = \dfrac{a_{11}b_2a_{33} + b_1a_{23}a_{31} + a_{13}a_{21}b_3 - b_1a_{21}a_{33} - a_{11}a_{23}b_3 - a_{13}a_{31}b_2}{a_{11}a_{22}a_{33} + a_{12}a_{23}a_{31} + a_{13}a_{21}a_{32} - a_{11}a_{23}a_{32} - a_{12}a_{21}a_{33} - a_{13}a_{22}a_{31}} \quad, \\[2mm] x_3 = \dfrac{a_{11}a_{22}b_3 + a_{12}b_2a_{31} + b_1a_{21}a_{32} - a_{11}b_2a_{32} - a_{12}a_{21}b_3 - a_{22}a_{31}b_1}{a_{11}a_{22}a_{33} + a_{12}a_{23}a_{31} + a_{13}a_{21}a_{32} - a_{11}a_{23}a_{32} - a_{12}a_{21}a_{33} - a_{13}a_{22}a_{31}} \end{cases} \qquad (5.5)$$

其中分母不为零. 与式(5.3)类似,引入三阶行列式的定义.

定义 5.2   我们称

$$D = \begin{vmatrix} a_{11} & a_{12} & a_{13} \\ a_{21} & a_{22} & a_{23} \\ a_{31} & a_{32} & a_{33} \end{vmatrix}$$

$$= a_{11}a_{22}a_{33} + a_{12}a_{23}a_{31} + a_{13}a_{21}a_{32} - a_{11}a_{23}a_{32} - a_{12}a_{21}a_{33} - a_{13}a_{22}a_{31} \qquad (5.6)$$

为三阶行列式.

由定义可以看出,三阶行列式 D 是由 3!项组成的代数和,其中每一项都是由不同行不同列的三个元素组成的乘积,而对于三阶行列式的运算同样可以遵循如二阶行列式一样的对角线法则：

$$D = \begin{vmatrix} a_{11} & a_{12} & a_{13} \\ a_{21} & a_{22} & a_{23} \\ a_{31} & a_{32} & a_{33} \end{vmatrix} \begin{matrix} a_{11} & a_{12} \\ a_{21} & a_{22} \\ a_{31} & a_{32} \end{matrix}$$

$$\quad - \quad - \quad - \quad + \quad + \quad +$$

【例3】   计算下列行列式的值：(1) $\begin{vmatrix} 1 & 2 & 3 \\ 4 & 5 & 0 \\ -1 & 2 & 5 \end{vmatrix}$;(2) $\begin{vmatrix} a & b & c \\ 0 & x & a \\ 0 & 0 & y \end{vmatrix}$.

解:(1) $\begin{vmatrix} 1 & 2 & 3 \\ 4 & 5 & 0 \\ -1 & 2 & 5 \end{vmatrix} = 1 \times 5 \times 5 + 2 \times 0 \times (-1) + 4 \times 2 \times 3 - 3 \times 5 \times (-1) - 2 \times$

$4 \times 5 - 0 \times 2 \times 1 = 24.$

(2) $\begin{vmatrix} a & b & c \\ 0 & x & a \\ 0 & 0 & y \end{vmatrix} = axy + 0 + 0 - 0 - 0 - 0 = axy.$

由三阶行列式的定义,我们将方程组(5.4)中的未知量的系数组成三阶行列式

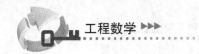

$$D = \begin{vmatrix} a_{11} & a_{12} & a_{13} \\ a_{21} & a_{22} & a_{23} \\ a_{31} & a_{32} & a_{33} \end{vmatrix},$$

并称其为系数行列式;同时记

$$D_1 = \begin{vmatrix} b_1 & a_{12} & a_{13} \\ b_2 & a_{22} & a_{23} \\ b_3 & a_{32} & a_{33} \end{vmatrix}, \quad D_2 = \begin{vmatrix} a_{11} & b_1 & a_{13} \\ a_{21} & b_2 & a_{23} \\ a_{31} & b_3 & a_{33} \end{vmatrix}, \quad D_3 = \begin{vmatrix} a_{11} & a_{12} & b_1 \\ a_{21} & a_{22} & b_2 \\ a_{31} & a_{32} & b_3 \end{vmatrix},$$

则方程组(5.4)的解可表示为

$$x_1 = \frac{D_1}{D}, \quad x_2 = \frac{D_2}{D}, \quad x_3 = \frac{D_3}{D}.$$

【例4】 求解三元线性方程组 $\begin{cases} 2x_1 - 3x_2 - 3x_3 = 0 \\ x_1 + 4x_2 + 6x_3 = -1. \\ 3x_1 - x_2 + x_3 = 2 \end{cases}$

解:系数行列式为 $D = \begin{vmatrix} 2 & -3 & -3 \\ 1 & 4 & 6 \\ 3 & -1 & 1 \end{vmatrix} = 8$,同理可得

$$D_1 = \begin{vmatrix} 0 & -3 & -3 \\ -1 & 4 & 6 \\ 2 & -1 & 1 \end{vmatrix} = -18, \quad D_2 = \begin{vmatrix} 2 & 0 & -3 \\ 1 & -1 & 6 \\ 3 & 2 & 1 \end{vmatrix} = -41, \quad D_3 = \begin{vmatrix} 2 & -3 & 0 \\ 1 & 4 & -1 \\ 3 & -1 & 2 \end{vmatrix} = 29,$$

于是方程组的解为

$$x_1 = \frac{D_1}{D} = -\frac{9}{4}, \quad x_2 = \frac{D_2}{D} = -\frac{41}{8}, \quad x_3 = \frac{D_3}{D} = \frac{29}{8}.$$

3. n 阶行列式的定义

定义 5.3 将 $n \times n$ 个数(也称为元素)$a_{ij}(i, j = 1, 2, \cdots, n)$ 排成 n 行 n 列,并在左右两侧各加一条竖线得到的记号

$$D_n = \begin{vmatrix} a_{11} & a_{12} & \cdots & a_{1n} \\ a_{21} & a_{22} & \cdots & a_{2n} \\ \vdots & \vdots & & \vdots \\ a_{n1} & a_{n2} & \cdots & a_{nn} \end{vmatrix} \tag{5.7}$$

称为 n 阶行列式,它表示 $n \times n$ 个元素按一定的规则构成的乘积之和.

由二阶及三阶行列式的定义,我们可以看出它们的结果都是按某种规律计算所得. 现将这一规律递推到 n 阶行列式,可得出 n 阶行列式的结果是由 $n!$ 项所组成的代数和,每项是位于不同行不同列的 n 个元素的积.那么要想计算出 n 阶行列式的值,关键就是如何写出这里的每一项. 我们再以三阶行列式为例,去研究每项的一般规律.

由三阶行列式的定义,可得

$$\begin{vmatrix} a_{11} & a_{12} & a_{13} \\ a_{21} & a_{22} & a_{23} \\ a_{31} & a_{32} & a_{33} \end{vmatrix} = a_{11}(a_{22}a_{33} - a_{23}a_{32}) - a_{12}(a_{21}a_{33} - a_{23}a_{31}) + a_{13}(a_{21}a_{32} - a_{22}a_{31})$$

$$= a_{11} \times (-1)^{1+1} \begin{vmatrix} a_{22} & a_{23} \\ a_{32} & a_{33} \end{vmatrix} + a_{12} \times (-1)^{1+2} \begin{vmatrix} a_{21} & a_{23} \\ a_{31} & a_{33} \end{vmatrix} +$$

$$a_{13} \times (-1)^{1+3} \begin{vmatrix} a_{21} & a_{22} \\ a_{31} & a_{32} \end{vmatrix}$$

$$= a_{11}A_{11} + a_{12}A_{12} + a_{13}A_{13}.$$

可见,三阶行列式的结果是由第一行的每一项分别乘了一种特殊形式的行列式所得的代数和. 在这里我们将这种特殊形式的行列式给出定义.

定义5.4 称三阶行列式中划去元素 a_{ij} 所在的第 i 行、第 j 列后剩下的元素按原来顺序构成的行列式为元素 a_{ij} 的余子式,记为 M_{ij}. 又称

$$A_{ij} = (-1)^{i+j}M_{ij}$$

为元素 a_{ij} 的代数余子式.

由代数余子式的定义,三阶行列式的值为第一行的所有元素乘其对应的代数余子式的代数和. 我们也可以得到三阶行列式的值等于它的第2(3)行各元素与其对应的代数余子式的乘积之和.

代数余子式的概念可推广到 n 阶行列式中.

同时将三阶行列式的计算结果推广到一般情况可得下述 n 阶行列式的计算方法.

定理5.1 n 阶行列式 $D_n = \begin{vmatrix} a_{11} & a_{12} & \cdots & a_{1n} \\ a_{21} & a_{22} & \cdots & a_{2n} \\ \vdots & \vdots & & \vdots \\ a_{n1} & a_{n2} & \cdots & a_{nn} \end{vmatrix}$ 的值等于它的任意一行(列)各元素与

其对应的代数余子式的乘积和,即

$$D_n = a_{i1}A_{i1} + a_{i2}A_{i2} + \cdots + a_{in}A_{in} = a_{1j}A_{1j} + a_{2j}A_{2j} + \cdots + a_{nj}A_{nj}(i,j = 1,2,\cdots,n).$$

【例5】 把行列式 $D = \begin{vmatrix} 1 & 0 & 1 & 2 \\ 2 & 1 & 0 & 3 \\ 1 & 1 & 0 & 1 \\ -1 & 0 & 2 & 1 \end{vmatrix}$ 按第2行展开,并计算它的值.

解: $D = 2 \times (-1)^{2+1} \begin{vmatrix} 0 & 1 & 2 \\ 1 & 0 & 1 \\ 0 & 2 & 1 \end{vmatrix} + 1 \times (-1)^{2+2} \begin{vmatrix} 1 & 1 & 2 \\ 1 & 0 & 1 \\ -1 & 2 & 1 \end{vmatrix} +$

$0 \times (-1)^{2+3} \begin{vmatrix} 1 & 0 & 2 \\ 1 & 1 & 1 \\ -1 & 0 & 1 \end{vmatrix} + 3 \times (-1)^{2+4} \begin{vmatrix} 1 & 0 & 1 \\ 1 & 1 & 0 \\ -1 & 0 & 2 \end{vmatrix}$

$= -2 \times 3 + 1 \times 0 + 0 \times 3 + 3 \times 3$

$= 3.$

此外,对某行(列)各元素与不同行对应元素的代数余子式的乘积和有如下推论.

推论: n 阶行列式 $D_n = \begin{vmatrix} a_{11} & a_{12} & \cdots & a_{1n} \\ a_{21} & a_{22} & \cdots & a_{2n} \\ \vdots & \vdots & & \vdots \\ a_{n1} & a_{n2} & \cdots & a_{nn} \end{vmatrix}$ 的某行(列)各元素与另一行(列)对应元素

的代数余子式的乘积和等于零,即

$$a_{i1}A_{j1} + a_{i2}A_{j2} + \cdots + a_{in}A_{jn} = a_{1i}A_{1j} + a_{2i}A_{2j} + \cdots + a_{ni}A_{nj} = 0(i,j = 1,2,\cdots,n;i \neq j).$$

例如三阶行列式第 1 行元素与第 2 行元素代数余子式的乘积和

$$a_{11}A_{21} + a_{12}A_{22} + A_{13}A_{23} = -a_{11}(a_{12}a_{33} - a_{13}a_{32}) + a_{12}(a_{11}a_{33} - a_{13}a_{31}) -$$
$$a_{13}(a_{11}a_{32} - a_{12}a_{31})$$
$$= 0.$$

4. 几种特殊的行列式

（1）对角行列式

在式(5.7)中,若有 $a_{ij} = 0, i \neq j(i,j = 1,2,\cdots,n)$ 则称此行列式为对角行列式,即

$$\begin{vmatrix} a_{11} & 0 & \cdots & 0 \\ 0 & a_{22} & \cdots & 0 \\ \vdots & \vdots & & \vdots \\ 0 & 0 & \cdots & a_{nn} \end{vmatrix}.$$

该行列式的主要特征是:除对角线外的元素全为零.

（2）上三角行列式

在式(5.7)中,若有 $a_{ij} = 0, i > j(i,j = 1,2,\cdots,n)$,则称此行列式为上三角行列式,即

$$\begin{vmatrix} a_{11} & a_{12} & \cdots & a_{1n} \\ 0 & a_{22} & \cdots & a_{2n} \\ \vdots & \vdots & & \vdots \\ 0 & 0 & \cdots & a_{nn} \end{vmatrix}.$$

该行列式的主要特征是:主对角线下方的元素全为零.

（3）下三角行列式

在式(5.7)中,若有 $a_{ij} = 0, i < j(i,j = 1,2,\cdots,n)$,则称此行列式为下三角行列式,即

$$\begin{vmatrix} a_{11} & 0 & \cdots & 0 \\ a_{21} & a_{22} & \cdots & 0 \\ \vdots & \vdots & & \vdots \\ a_{n1} & a_{n2} & \cdots & a_{nn} \end{vmatrix}.$$

该行列式的主要特征是:主对角线上方的元素全为零.

由定理 5.1 可知,以上三种行列式的值都等于它们主对角线上的元素的乘积,即

$$D_n = a_{11}a_{22}\cdots a_{nn}.$$

5.1.2　行列式的性质

对于二阶,三阶行列式的计算我们可以应用对角线法则进行,对于一般的 n 阶行列式的计算我们只能应用代数余子式进行计算,除了一些特殊的行列式,我们在计算上会感到非常的烦琐,因此我们有必要研究一下行列式的一些性质,这些性质的研究对于我们计算行列式是非常有帮助的. 在这里,我们对于行列式的性质的介绍都不加以证明,主要的目的是应用这些性质对行列式进行计算.

首先,我们先介绍一个定义.

定义 5.5　将行列式 D 的行与对应的列互换后(第 i 行(列)对应地换为第 i 列(行)($i =$

$1,2,\cdots,n$)) 得到的新行列式,称为原行列式 D 的转置行列式,记作 D^{T}. 即若

$$D = \begin{vmatrix} a_{11} & a_{12} & \cdots & a_{1n} \\ a_{21} & a_{22} & \cdots & a_{2n} \\ \vdots & \vdots & & \vdots \\ a_{n1} & a_{n2} & \cdots & a_{nn} \end{vmatrix},$$

则

$$D^{\mathrm{T}} = \begin{vmatrix} a_{11} & a_{21} & \cdots & a_{n1} \\ a_{12} & a_{22} & \cdots & a_{n2} \\ \vdots & \vdots & & \vdots \\ a_{n1} & a_{n2} & \cdots & a_{nn} \end{vmatrix}.$$

性质 1   行列式与它的转置行列式的值相等,即 $D = D^{\mathrm{T}}$.

此性质说明在行列式中行与列的地位是等同的. 因而,凡是对应行成立的性质,对列也成立,反之如此.

性质 2   对换行列式的任意两行(列)的元素,行列式的值改变符号. 即

$$\begin{vmatrix} a_{11} & a_{12} & \cdots & a_{1n} \\ a_{21} & a_{22} & \cdots & a_{2n} \\ \cdots & \cdots & \cdots & \cdots \\ a_{k1} & a_{k2} & \cdots & a_{kn} \\ \cdots & \cdots & \cdots & \cdots \\ a_{i1} & a_{i2} & \cdots & a_{in} \\ \cdots & \cdots & \cdots & \cdots \\ a_{n1} & a_{n2} & \cdots & a_{nn} \end{vmatrix} = - \begin{vmatrix} a_{11} & a_{12} & \cdots & a_{1n} \\ a_{21} & a_{22} & \cdots & a_{2n} \\ \cdots & \cdots & \cdots & \cdots \\ a_{i1} & a_{i2} & \cdots & a_{in} \\ \cdots & \cdots & \cdots & \cdots \\ a_{k1} & a_{k2} & \cdots & a_{kn} \\ \cdots & \cdots & \cdots & \cdots \\ a_{n1} & a_{n2} & \cdots & a_{nn} \end{vmatrix}.$$

推论 1   如果行列式有两行(列)的对应元素相同,那么该行列式的值为零.

例如,

$$\begin{vmatrix} 1 & 2 & 3 \\ 0 & 4 & 9 \\ 1 & 2 & 3 \end{vmatrix} = 0.$$

性质 3   用数乘行列式中某一行(列)的各元素,等于用数乘此行列式.

例如,

$$k\begin{vmatrix} 1 & 2 & 3 \\ 0 & 4 & 9 \\ 1 & 2 & 5 \end{vmatrix} = \begin{vmatrix} k & 2k & 3k \\ 0 & 4 & 9 \\ 1 & 2 & 5 \end{vmatrix} = \begin{vmatrix} 1 & 2k & 3 \\ 0 & 4k & 9 \\ 1 & 2k & 5 \end{vmatrix}.$$

推论 2   行列式的某一行(列)中所有元素的公因子可以提到行列式符号的外面.

例如,

$$\begin{vmatrix} 3 & 6 \\ 1 & 4 \end{vmatrix} = 3\begin{vmatrix} 1 & 2 \\ 1 & 4 \end{vmatrix}.$$

推论 3   行列式中若有两行(列)对应元素成比例,则此行列式的值为零.

例如,

$$\begin{vmatrix} 1 & 2 & 3 \\ 0 & 4 & 9 \\ 2 & 4 & 6 \end{vmatrix} = 0.$$

性质 4 若行列式中有某行(列)的各元素都是两数之和,则此行列式可以写成两个行列式的和,即

$$\begin{vmatrix} a_{11} & a_{12}+b_{12} & a_{13} \\ a_{21} & a_{22}+b_{22} & a_{23} \\ a_{31} & a_{32}+b_{32} & a_{33} \end{vmatrix} = \begin{vmatrix} a_{11} & a_{12} & a_{13} \\ a_{21} & a_{22} & a_{23} \\ a_{31} & a_{32} & a_{33} \end{vmatrix} + \begin{vmatrix} a_{11} & b_{12} & a_{13} \\ a_{21} & b_{22} & a_{23} \\ a_{31} & b_{32} & a_{33} \end{vmatrix}.$$

例如,

$$\begin{vmatrix} 3 & 1 \\ 2 & -2 \end{vmatrix} = \begin{vmatrix} 2 & 1 \\ 1 & -2 \end{vmatrix} + \begin{vmatrix} 1 & 1 \\ 1 & -2 \end{vmatrix}.$$

性质 5 把行列式的某一行(列)的所有元素都乘以数后加到另一行(列)对应的元素上,行列式的值不变.

例如,用数乘第一列加到第二列上,则有

$$\begin{vmatrix} a_{11} & a_{12} & a_{13} \\ a_{21} & a_{22} & a_{23} \\ a_{31} & a_{32} & a_{33} \end{vmatrix} \xlongequal{kc_1+c_2} \begin{vmatrix} a_{11} & a_{12}+ka_{11} & a_{13} \\ a_{21} & a_{22}+ka_{21} & a_{23} \\ a_{31} & a_{32}+ka_{31} & a_{33} \end{vmatrix}.$$

又如,用数字 -2 乘第一行加到第二行上,则有

$$\begin{vmatrix} 1 & 2 & 3 \\ 2 & 3 & 7 \\ -1 & 5 & 2 \end{vmatrix} \xlongequal{r_1 \times (-2)+r_2} \begin{vmatrix} 1 & 2 & 3 \\ 0 & -1 & 1 \\ -1 & 5 & 2 \end{vmatrix}.$$

运用该性质时应注意到:被乘的行(列)元素不变,而被加的一行(列)元素随之改变.

在计算 n 阶行列式时,可以灵活应用这些性质. 通常是利用各种性质将其化为三角形行列式或使某行(列)含零较多,再降阶展开求值.

【例 6】 把行列式

$$D = \begin{vmatrix} 2 & -1 & 3 \\ -2 & 3 & 1 \\ 5 & 4 & 2 \end{vmatrix}$$

化成三角形行列式,并求值.

$$\textbf{解}:D \xlongequal{c_1 \leftrightarrow c_2} -\begin{vmatrix} -1 & 2 & 3 \\ 3 & -2 & 1 \\ 4 & 5 & 2 \end{vmatrix} \xlongequal[r_1 \times 4+r_3]{r_1 \times 3+r_2} -\begin{vmatrix} -1 & 2 & 3 \\ 0 & 4 & 10 \\ 0 & 13 & 14 \end{vmatrix}$$

$$\xlongequal{r_2 \times \left(-\frac{13}{4}\right)+r_3} -\begin{vmatrix} -1 & 2 & 3 \\ 0 & 4 & 10 \\ 0 & 0 & -\frac{37}{2} \end{vmatrix} = -74.$$

【例 7】 利用行列式性质计算:

$$(1)\begin{vmatrix} 1 & 2 & 0 \\ 2 & 1 & 3 \\ 4 & 5 & 3 \end{vmatrix}; \qquad (2)\begin{vmatrix} 10 & -2 & 7 \\ -15 & 3 & 2 \\ -5 & 4 & 9 \end{vmatrix}.$$

解：(1) $\begin{vmatrix} 1 & 2 & 0 \\ 2 & 1 & 3 \\ 4 & 5 & 3 \end{vmatrix} \xlongequal{r_1 \times (-2) + r_3} \begin{vmatrix} 1 & 2 & 0 \\ 2 & 1 & 3 \\ 2 & 1 & 3 \end{vmatrix} = 0;$

(2) $\begin{vmatrix} 10 & -2 & 7 \\ -15 & 3 & 2 \\ -5 & 4 & 9 \end{vmatrix} = 5 \begin{vmatrix} 2 & -2 & 7 \\ -3 & 3 & 2 \\ -1 & 4 & 9 \end{vmatrix} \xlongequal{c_1 + c_2} 5 \begin{vmatrix} 2 & 0 & 7 \\ -3 & 0 & 2 \\ -1 & 3 & 9 \end{vmatrix}$

$\xlongequal{\text{按第二列展开}} 5 \times 3 \times (-1)^{3+2} \begin{vmatrix} 2 & 7 \\ -3 & 2 \end{vmatrix} = -375.$

由例 7 可以得出，在计算行列式的时候，不一定要将其化为三角形行列式；也可以利用性质化成含零较多的行或列，这样可以应用按行或列展开的方式计算行列式.

【例 8】 计算行列式

$$\begin{vmatrix} 1 & 0 & 2 & 1 \\ 0 & 1 & 3 & 1 \\ 1 & -1 & 2 & 3 \\ 2 & 1 & 4 & -2 \end{vmatrix}.$$

解：

$$\begin{vmatrix} 1 & 0 & 2 & 1 \\ 0 & 1 & 3 & 1 \\ 1 & -1 & 2 & 3 \\ 2 & 1 & 4 & -2 \end{vmatrix} \xlongequal[r_1 \times (-2) + r_4]{r_1 \times (-1) + r_3} \begin{vmatrix} 1 & 0 & 2 & 1 \\ 0 & 1 & 3 & 1 \\ 0 & -1 & 0 & 2 \\ 0 & 1 & 0 & -4 \end{vmatrix}$$

$$\xlongequal[r_2 \times (-1) + r_4]{r_2 + r_3} \begin{vmatrix} 1 & 0 & 2 & 1 \\ 0 & 1 & 3 & 1 \\ 0 & 0 & 3 & 3 \\ 0 & 0 & -3 & -5 \end{vmatrix} \xlongequal{r_3 + r_4} \begin{vmatrix} 1 & 0 & 2 & 1 \\ 0 & 1 & 3 & 1 \\ 0 & 0 & 3 & 3 \\ 0 & 0 & 0 & -2 \end{vmatrix} = -6.$$

【例 9】 解方程

$$\begin{vmatrix} x+1 & -2 & 1 \\ 1 & x+2 & 3 \\ 2 & 8 & x+4 \end{vmatrix} = 0.$$

解：由于

$$\begin{vmatrix} x+1 & -2 & 1 \\ 1 & x+2 & 3 \\ 2 & 8 & x+4 \end{vmatrix} \xlongequal{r_2 \times (-2) + r_3} \begin{vmatrix} x+1 & -2 & 1 \\ 1 & x+2 & 3 \\ 0 & -2x+4 & x-2 \end{vmatrix}$$

$$= (x-2) \begin{vmatrix} x+1 & -2 & 1 \\ 1 & x+2 & 3 \\ 0 & -2 & 1 \end{vmatrix} \xlongequal{c_3 \times 2 + c_2} (x-2) \begin{vmatrix} x+1 & 0 & 1 \\ 1 & x+8 & 3 \\ 0 & 0 & 1 \end{vmatrix}$$

$$= (x-2)(x+1)(x+8),$$

所以原方程化为

$$(x-2)(x+1)(x+8) = 0,$$

于是，所求方程的解为

$$x_1 = -8, \quad x_2 = -1, \quad x_3 = 2.$$

5.1.3　克拉默法则

在前面的介绍中,我们可以看到,之所以引入了行列式的概念,是想在解二元、三元线性方程组的时候给出解的一般形式. 由此,我们不难推断,由 n 个方程组成的 n 元线性方程组的解也可由对应的 n 阶行列式给出其一般形式,而这一结果就是由克拉默法则给出的.

定理 5.2　如果线性方程组

$$\begin{cases} a_{11}x_1 + a_{12}x_2 + \cdots + a_{1n}x_n = b_1 \\ a_{21}x_1 + a_{22}x_2 + \cdots + a_{2n}x_n = b_2 \\ \vdots \\ a_{n1}x_1 + a_{n2}x_2 + \cdots + a_{nn}x_n = b_n \end{cases} \tag{5.8}$$

的未知数前的 n^2 个系数 $a_{ij}(i,j = 1,2,\cdots,n)$ 构成的行列式(简称为系数行列式)

$$D = \begin{vmatrix} a_{11} & a_{12} & \cdots & a_{1n} \\ a_{21} & a_{22} & \cdots & a_{2n} \\ \vdots & \vdots & & \vdots \\ a_{n1} & a_{n2} & \cdots & a_{nn} \end{vmatrix} \neq 0, \tag{5.9}$$

那么线性方程组(5.8)有解,并且其解可以唯一的表示为

$$x_1 = \frac{D_1}{D}, \quad x_2 = \frac{D_2}{D}, \quad \cdots, \quad x_n = \frac{D_n}{n}. \tag{5.10}$$

其中, D_j 是把行列式 D 中的第 j 列换成常数项 $b_1,b_2,\cdots,b_n$ 所得到的行列式,即

$$D_j = \begin{vmatrix} a_{11} & \cdots & a_{1,j-1} & b_1 & a_{1,j+1} & \cdots & a_{1n} \\ a_{21} & \cdots & a_{2,j-1} & b_2 & a_{2,j+1} & \cdots & a_{1n} \\ \vdots & & \vdots & \vdots & \vdots & & \vdots \\ a_{n1} & \cdots & a_{n,j-1} & b_n & a_{n,j+1} & \cdots & a_{nn} \end{vmatrix}, j = 1,2,\cdots,n.$$

此定理即称为**克拉默法则**.

【**例 10**】　求解四元线性方程组 $\begin{cases} x_1 + x_2 + x_3 + x_4 = 10 \\ x_1 - x_2 + 2x_3 - 3x_4 = -7 \\ 2x_1 + x_2 - x_3 + 2x_4 = 9 \\ -x_1 - 2x_2 + 3x_3 + 4x_4 = 20 \end{cases}$.

解:设线性方程组的系数行列式为

$$D = \begin{vmatrix} 1 & 1 & 1 & 1 \\ 1 & -1 & 2 & -3 \\ 2 & 1 & -1 & 2 \\ -1 & -2 & 3 & 4 \end{vmatrix} = 63 \neq 0,$$

由克拉默法则知,该方程组有唯一解. 又

$$D_1 = \begin{vmatrix} 10 & 1 & 1 & 1 \\ -7 & -1 & 2 & -3 \\ 9 & 1 & -1 & 2 \\ 20 & -2 & 3 & 4 \end{vmatrix} = 63, \quad D_2 = \begin{vmatrix} 1 & 10 & 1 & 1 \\ 1 & -7 & 2 & -3 \\ 2 & 9 & -1 & 2 \\ -1 & 20 & 3 & 4 \end{vmatrix} = 126,$$

$$D_3 = \begin{vmatrix} 1 & 1 & 10 & 1 \\ 1 & -1 & -7 & -3 \\ 2 & 1 & 9 & 2 \\ -1 & -2 & 20 & 4 \end{vmatrix} = 189, \quad D_4 = \begin{vmatrix} 1 & 1 & 1 & 10 \\ 1 & -1 & 2 & -7 \\ 2 & 1 & -1 & 9 \\ -1 & -2 & 3 & 20 \end{vmatrix} = 252,$$

于是,方程组的解为 $x_i = \dfrac{D_i}{D}, i = 1,2,3,4$,即

$$x_1 = 1, \quad x_2 = 2, \quad x_3 = 3, \quad x_4 = 4.$$

【例11】 在一次投料生产中能获得四种产品,每次测试的总成本如表5.1所示,试求每种产品的单位成本.

表5.1

批次	产品(个数)				总成本(元)
	A	B	C	D	
第一批生产	200	100	100	50	2 900
第二批生产	500	250	200	100	7 050
第三批生产	100	40	40	20	1 360
第四批生产	400	180	160	60	5 500

解:设 A,B,C,D 四种产品的单位成本分别为 x_1, x_2, x_3, x_4,根据测试资料可得线性方程组为

$$\begin{cases} 200x_1 + 100x_2 + 100x_3 + 50x_4 = 2\,900 \\ 500x_1 + 250x_2 + 200x_3 + 100x_4 = 7\,050 \\ 100x_1 + 40x_2 + 40x_3 + 20x_4 = 1\,360 \\ 400x_1 + 180x_2 + 160x_3 + 60x_4 = 5\,500 \end{cases},$$

可化简为

$$\begin{cases} 4x_1 + 2x_2 + 2x_3 + x_4 = 58 \\ 10x_1 + 5x_2 + 4x_3 + 2x_4 = 141 \\ 5x_1 + 2x_2 + 2x_3 + x_4 = 68 \\ 20x_1 + 9x_2 + 8x_3 + 3x_4 = 275 \end{cases},$$

因为

$$D = \begin{vmatrix} 4 & 2 & 2 & 1 \\ 10 & 5 & 4 & 2 \\ 5 & 2 & 2 & 1 \\ 20 & 9 & 8 & 3 \end{vmatrix} = 2 \neq 0, \quad D_1 = \begin{vmatrix} 58 & 2 & 2 & 1 \\ 141 & 5 & 4 & 2 \\ 68 & 2 & 2 & 1 \\ 275 & 9 & 8 & 3 \end{vmatrix} = 20,$$

$$D_2 = \begin{vmatrix} 4 & 58 & 2 & 1 \\ 10 & 141 & 4 & 2 \\ 5 & 68 & 2 & 1 \\ 20 & 275 & 8 & 3 \end{vmatrix} = 10, \quad D_3 = \begin{vmatrix} 4 & 2 & 58 & 1 \\ 10 & 5 & 141 & 2 \\ 5 & 2 & 68 & 1 \\ 20 & 9 & 275 & 3 \end{vmatrix} = 6, \quad D_4 = \begin{vmatrix} 4 & 2 & 2 & 58 \\ 10 & 5 & 4 & 141 \\ 5 & 2 & 2 & 68 \\ 20 & 9 & 8 & 275 \end{vmatrix} = 4,$$

所以,由克拉默法则得此方程组的解为
$$x_1 = 10,\ x_2 = 5,\ x_3 = 3,\ x_4 = 2,$$
即这四种产品的单位成本分别为 10 元,5 元,3 元,2 元.

值得注意的是,克拉默法则只能应用于系数行列式不为零的线性方程组,方程组的系数行列式为零的情形,在后面的章节中将给出具体的求解方法.

一般来说,用克拉默法则求线性方程组的解时,计算量是比较大的. 当未知数较多时,往往可用计算机来求解,用 Matlab 求解线性方程组是比较容易操作的.

习　题　5.1

1. 计算下列行列式:

(1) $\begin{vmatrix} 1 & 2 \\ -2 & 1 \end{vmatrix}$;

(2) $\begin{vmatrix} x & y \\ y & x \end{vmatrix}$;

(3) $\begin{vmatrix} 1 & \log_a b \\ \log_b a & 1 \end{vmatrix}$;

(4) $\begin{vmatrix} 1 & 0 & 1 \\ -1 & 2 & 4 \\ 2 & 6 & 10 \end{vmatrix}$;

(5) $\begin{vmatrix} 1 & 1 & 1 \\ -5 & 2 & 0 \\ 3 & -1 & 1 \end{vmatrix}$;

(6) $\begin{vmatrix} a & 1 & 1 \\ 0 & b & 0 \\ 0 & 0 & c \end{vmatrix}$.

2. 利用行列式的性质给出证明:

(1) $\begin{vmatrix} a^2 & ab & b^2 \\ 2a & a+b & 2b \\ 1 & 1 & 1 \end{vmatrix} = (a-b)^3$;

(2) $\begin{vmatrix} a^2 & (a+1)^2 & (a+2)^2 \\ b^2 & (b+1)^2 & (b+2)^2 \\ c^2 & (c+1)^2 & (c+2)^2 \end{vmatrix} = 4(b-a)(c-a)(b-c)$;

(3) $\begin{vmatrix} a-b & b-c & c-a \\ b-c & c-a & a-b \\ c-a & a-b & b-c \end{vmatrix} = 0$;

(4) $\begin{vmatrix} 1+\cos\alpha & 1+\sin\alpha & 1 \\ 1-\sin\alpha & 1+\cos\alpha & 1 \\ 1 & 1 & 1 \end{vmatrix} = 1$.

3. 解方程:
$$\begin{vmatrix} 1 & 1 & 2 & 3 \\ 1 & 2-x^2 & 2 & 3 \\ 2 & 3 & 1 & 5 \\ 2 & 3 & 1 & 9-x^2 \end{vmatrix} = 0.$$

4. 计算下列行列式的值:

$$(1) \begin{vmatrix} 1 & 0 & -2 & 0 \\ 2 & -1 & -1 & 0 \\ 0 & 2 & 1 & -1 \\ -1 & 1 & 0 & 2 \end{vmatrix}; \qquad (2) \begin{vmatrix} -1 & 2 & -2 & 1 \\ 2 & 3 & 1 & -1 \\ 2 & 0 & 0 & 3 \\ 4 & 1 & 0 & 1 \end{vmatrix}.$$

5. 用克拉默法则解下列线性方程组:

$$(1) \begin{cases} 2x_1 - x_2 - x_3 = 4 \\ 3x_1 + 4x_2 - 2x_3 = 11 \\ 3x_1 - 2x_2 + 4x_3 = 11 \end{cases};$$

$$(2) \begin{cases} 2x_1 + 3x_2 + 11x_3 + 5x_4 = 6 \\ x_1 + x_2 + 5x_3 + 2x_4 = 2 \\ 2x_1 + x_2 + 3x_3 + 4x_4 = 2 \\ x_1 + x_2 + 3x_3 + 4x_4 = 2 \end{cases}.$$

6. 某地区有 4 个主要的经济部门:商业、电力、轻工和交通. 设在一个季度内,每个部门每收入 1 元人民币,要支付给其他部门的费用及本部门净收入如表 5.2 所示,求在一个季度内,每个部门的总收入分别是多少?

表 5.2

	商业	电力	轻工	交通	各部门净收入
商业	0	0.1	0.3	0.2	7(百万元)
电力	0.2	0	0.2	0.2	8(百万元)
轻工	0.1	0.3	0	0.4	18(百万元)
交通	0.1	0.1	0.1	0	3(百万元)

【阅读材料6】

行列式发展史

1750 年,瑞士数学家克拉默(G. Cramer,1704—1752)在其著作《线性代数分析导引》中,对行列式的定义和展开法则给出了比较完整、明确的阐述,并给出了现在我们所称的解线性方程组的克拉默法则. 稍后,数学家贝祖(E. Bezout,1730—1783)将确定行列式每一项符号的方法进行了系统化,利用系数行列式概念判断一个齐次线性方程组是否具有非零解.

总之,在很长一段时间内,行列式只是作为解线性方程组的一种工具使用,并没有人意识到它可以独立于线性方程组之外,单独形成一门理论并加以研究.

在行列式的发展史上,第一个对行列式理论做出连贯的逻辑的阐述,即把行列式理论与线性方程组求解相分离的人,是法国数学家范德蒙(A - T. Vandermonde,1735—1796). 范德蒙自幼在父亲的指导下学习音乐,但他对数学有浓厚的兴趣,后来终于成为法兰西科

学院院士. 特别地, 他给出了用二阶子式和它们的余子式来展开行列式的法则, 对行列式本身来讲, 他是这门理论的奠基人. 1772 年, 拉普拉斯在一篇论文中证明了范德蒙提出的一些规则, 推广了他的展开行列式的方法.

继范德蒙之后, 在行列式的理论方面, 又一位做出突出贡献的就是另一位法国大数学家柯西. 1815 年, 柯西在一篇论文中给出了行列式的第一个系统的、几乎是近代的处理. 其中主要结果之一是行列式的乘法定理. 另外, 他第一个把行列式的元素排成方阵, 采用双足标记法; 引进了行列式特征方程的术语; 给出了相似行列式概念; 改进了拉普拉斯的行列式展开定理, 并给出了一个证明.

19 世纪的半个多世纪中, 对行列式理论研究始终不渝的作者之一是詹姆士·西尔维斯特 (J. Sylvester, 1814—1894). 他是一个活泼、敏感、兴奋、热情, 甚至容易激动的人, 然而由于是犹太人的缘故, 他受到剑桥大学的不平等对待. 西尔维斯特用火一般的热情介绍他的学术思想, 他的重要成就之一是改进了配析法, 并给出形成行列式为零时这两个多项式方程有公共根的充分必要条件这一结果, 但没有给出证明.

继柯西之后, 在行列式理论方面最多产的人就是德国数学家雅可比 (J. Jacobi, 1804—1851), 他引进了函数行列式, 即"雅可比行列式", 指出函数行列式在多重积分的变量替换中的作用, 给出了函数行列式的导数公式. 雅可比的著名论文《论行列式的形成和性质》标志着行列式系统理论的建成. 由于行列式在数学分析、几何学、线性方程组理论、二次型理论等多方面的应用, 促使行列式理论自身在 19 世纪也得到了很大发展. 除了一般行列式的大量定理之外, 还有许多有关特殊行列式的其他定理都相继得到证明.

5.2　矩　阵

行列式和矩阵都来源于线性方程组, 不过用行列式只能解未知数的个数与方程的个数相同且有唯一解的线性方程组; 而矩阵可以解一般线性方程组 (即未知数的个数与方程的个数不一定相同). 因此, 矩阵是线性代数的重要内容, 它在工程技术和经济研究中有着广泛的应用. 本节中我们首先引入矩阵的概念, 在此基础上给出了矩阵的相关运算.

5.2.1　引例

【例1】　三元线性方程组

$$\begin{cases} x_1 - 2x_2 + x_3 = 1 \\ x_1 - x_2 + 2x_3 = 0, \\ 3x_1 - x_2 - x_3 = 2 \end{cases}$$

其未知数的系数按照顺序组成一个数表

$$\begin{pmatrix} 1 & -2 & 1 \\ 1 & -1 & 2 \\ 3 & -1 & -1 \end{pmatrix}$$

【例2】　在建筑材料配送中, 经常要考虑如何供应工地, 使物资的总运费最低, 例如某个地区的三个水泥厂向四个工地销售水泥, 调运方案如表 5.3 (单位: 吨).

表 5.3

水泥厂＼工地	工地 Ⅰ	工地 Ⅱ	工地 Ⅲ	工地 Ⅳ
甲水泥厂	500	300	650	250
乙水泥厂	100	400	600	350
丙水泥厂	200	200	150	500

在实际应用中,我们可以用数表

$$\begin{pmatrix} 500 & 300 & 650 & 250 \\ 100 & 400 & 600 & 350 \\ 200 & 200 & 150 & 500 \end{pmatrix}$$

表示水泥的调运方案.

在实际问题中,常用这种矩形数表的形式表示某种状态或数量关系. 因此对这种数表进行定义并给出相关的性质和运算法则是必要的.

5.2.2 矩阵的概念

定义 5.6 由 $m \times n$ 个数 $a_{ij}(i = 1,2,\cdots,m;j = 1,2,\cdots,n)$ 排成的 m 行 n 列的数表

$$\begin{pmatrix} a_{11} & a_{12} & \cdots & a_{1n} \\ a_{21} & a_{22} & \cdots & a_{2n} \\ \cdots & \cdots & & \cdots \\ a_{m1} & a_{m2} & \cdots & a_{mn} \end{pmatrix},$$

称为 m 行 n 列矩阵(或 $m \times n$ 矩阵),a_{ij} 称为矩阵的第 i 行,第 j 列的元素.

如,例 1 中的数表为 3 行 3 列的矩阵,例 2 中的数表为 3 行 4 列的矩阵.

通常用大写字母 $A,B,C,\cdots$,或者 $(a_{ij}),(b_{ij}),\cdots$ 来表示矩阵.

为了说明矩阵的行数和列数,可记为 $A_{m\times n}$ 或 $(a_{ij})_{m\times n}$,m 与 n 可相等(如例1)也可不相等(如例2).

5.2.3 几种特殊的矩阵

1. 方阵

当 $m = n$ 时,矩阵 A 称为 n 阶方阵,由方阵的元素(位置不变)构成的行列式称为矩阵 A 的行列式,记作 $|A|$,或 $\det(A)$.

2. 零矩阵

元素都是零的矩阵叫做零矩阵,记作 $O_{m\times n}$. 例如,

$$\begin{pmatrix} 0 & 0 & 0 \\ 0 & 0 & 0 \end{pmatrix}$$

就是一个 2 行 3 列的零矩阵.

3. 对角方阵

如果一个方阵除主对角元素以外的元素都为零,则称这个方阵为对角方阵(或对角矩阵),即

$$\begin{pmatrix} a_{11} & 0 & \cdots & 0 \\ 0 & a_{22} & \cdots & 0 \\ \vdots & \vdots & & \vdots \\ 0 & 0 & \cdots & a_{nn} \end{pmatrix}.$$

4. 单位矩阵

主对角线上的元素都是 1，其余元素全为零的方阵叫做单位矩阵，记作 I. 例如

$$\begin{pmatrix} 1 & 0 & \cdots & 0 \\ 0 & 1 & \cdots & 0 \\ \vdots & \vdots & & \vdots \\ 0 & 0 & \cdots & 1 \end{pmatrix}.$$

5. 上（下）三角形矩阵

主对角线下（上）方的元素都为零的方阵叫做上（下）三角形矩阵. 例如，

$$A_{上} = \begin{pmatrix} a_{11} & a_{12} & \cdots & a_{1n} \\ 0 & a_{22} & \cdots & a_{2n} \\ \cdots & \cdots & & \cdots \\ 0 & 0 & \vdots & a_{mn} \end{pmatrix},$$

$$A_{下} = \begin{pmatrix} a_{11} & 0 & \cdots & 0 \\ a_{21} & a_{22} & \cdots & 0 \\ \cdots & \cdots & & \cdots \\ a_{m1} & a_{m2} & \cdots & a_{mn} \end{pmatrix}.$$

6. 行矩阵和列矩阵

只有一行元素的矩阵叫做行距阵，如

$$A = (1 \quad -2 \quad 3 \quad 4),$$

只有一列元素的矩阵叫做列矩阵，如

$$B = \begin{pmatrix} 1 \\ -2 \\ 3 \\ 4 \end{pmatrix}.$$

7. 转置矩阵

把矩阵 A 的行换成相应列得到的矩阵叫做 A 的转置矩阵，记作 A^{T}. 例如，矩阵

$$A = \begin{pmatrix} 1 & 2 & 3 \\ 4 & 5 & 6 \end{pmatrix}$$

的转置矩阵为

$$A^{\mathrm{T}} = \begin{pmatrix} 1 & 4 \\ 2 & 5 \\ 3 & 6 \end{pmatrix}.$$

行矩阵的转置是列矩阵，列矩阵的转置是行矩阵.

8. 矩阵的相等

如果矩阵 A 与矩阵 B 都是 m 行 n 列矩阵，并且它们的对应元素相等，那么就称矩阵 A 与

矩阵 B 相等,记作 $A = B$.

【例3】 已知 $A = \begin{pmatrix} 3 & a+b \\ a-b & 5 \end{pmatrix}, B = \begin{pmatrix} 1+d & 5 \\ 3 & c-d \end{pmatrix}$, 且 $A = B$, 求 a, b, c, d.

解:根据矩阵相等的定义可得

$$\begin{cases} 3 = 1+d \\ a+b = 5 \\ a-b = 3 \\ 5 = c-d \end{cases},$$

解得

$$a = 4, b = 1, c = 7, d = 2$$

应当指出,矩阵(特别是方阵)与行列式是完全不同的两个概念. 行列式可以展开,其结果是一个算式或一个数;而矩阵是一个数表,它不代表一个算式或一个数,也没有展开式.

下面我们给出一些具有实际问题背景的矩阵.

【例4】(通路矩阵) a 省两个城市 a_1, a_2 和 b 省三个城市 b_1, b_2, b_3 的交通联结情况可用矩阵形式表示如下:

$$C = \begin{pmatrix} 4 & 4 \\ 3 & 0 \\ 6 & 2 \end{pmatrix},$$

其中,$c_{ij}(i = 1,2,3; j = 1,2)$ 表示 a_j 城市到 b_i 城市的不同通路总数,称该矩阵为通路矩阵.

【例5】(价格矩阵) 某供应商的4种建筑材料在3个施工单位中使用,每天消耗单位量的价格(以人民币钱千元计)可用以下矩阵给出.

$$C = \begin{pmatrix} 20 & 15 & 30 & 20 \\ 10 & 10 & 10 & 20 \\ 25 & 30 & 30 & 25 \end{pmatrix}.$$

【例6】(赢得矩阵) 有两个儿童 A 和 B 在一起玩"石头—剪刀—布"的游戏,每个人的出法只能在{石头、剪刀、布}中选择一种. 当 A 与 B 各自选定了一个出法,就确定了一个"局势",也就可以确定出各自的输赢. 如果规定胜者得了1分,负者得了 -1 分,平手时各得0分,则对应各种"局势"下 A 的得分可以用如下矩阵表示:

$$\begin{array}{c} B \text{ 的策略} \\ \text{石头 剪刀 布} \end{array}$$

$$A \text{ 的策略} \begin{array}{c} \text{石头} \\ \text{剪刀} \\ \text{布} \end{array} \begin{pmatrix} 0 & 1 & -1 \\ -1 & 0 & 1 \\ 1 & -1 & 0 \end{pmatrix}$$

这个矩阵称为支付矩阵(或赢得矩阵). 在游戏中,A, B 都想选取适当的策略,以取得胜利.

【例7】 某车间生产 Ⅰ, Ⅱ, Ⅲ, Ⅳ 四种产品,需要消耗甲、乙、丙三种原料,(单位:kg/t) 见表5.4.

表 5.4

产品 原料	I	II	III	IV
甲	100	200	350	120
乙	200	100	150	100
丙	150	200	250	120

则该车间四种产品对三种原料的单位消耗情况可以用一个 3 行 4 列的矩阵给出：

$$\begin{pmatrix} 100 & 200 & 350 & 120 \\ 200 & 100 & 150 & 100 \\ 150 & 200 & 250 & 120 \end{pmatrix}.$$

【例 8】 n 元线性方程组

$$\begin{cases} a_{11}x_1 + a_{12}x_2 + \cdots + a_{1n}x_n = b_1 \\ a_{21}x_1 + a_{22}x_2 + \cdots + a_{2n}x_n = b_2 \\ \qquad\cdots\cdots \\ a_{m1}x_1 + a_{m2}x_2 + \cdots + a_{mn}x_n = b_m \end{cases} \qquad (5.11)$$

的系数可以组成一个 m 行 n 列矩阵

$$\boldsymbol{A} = \begin{pmatrix} a_{11} & a_{12} & \cdots & a_{1n} \\ a_{21} & a_{22} & \cdots & a_{2n} \\ \vdots & \vdots & & \vdots \\ a_{m1} & a_{m2} & \cdots & a_{mn} \end{pmatrix},$$

称 $\boldsymbol{A}$ 为线性方程组(5.11)的系数矩阵. 由线性方程组(5.11)的系数与常数项也可以组成一个 m 行 $n+1$ 列矩阵

$$\tilde{\boldsymbol{A}} = \begin{pmatrix} a_{11} & a_{12} & \cdots & a_{1n} & b_1 \\ a_{21} & a_{22} & \cdots & a_{2n} & b_2 \\ \vdots & \vdots & & \vdots & \vdots \\ a_{m1} & a_{m2} & \cdots & a_{mn} & b_m \end{pmatrix},$$

称 $\tilde{\boldsymbol{A}}$ 为线性方程组(5.11)的增广矩阵.

5.2.4 矩阵的运算

1. 矩阵的加法运算

定义 5.7 两个 $m \times n$ 矩阵 $\boldsymbol{A} = (a_{ij})$ 与 $\boldsymbol{B} = (b_{ij})$ 的对应元素相加得到新的 $m \times n$ 矩阵, 称为矩阵 $\boldsymbol{A}$ 与 $\boldsymbol{B}$ 的和, 记作 $\boldsymbol{A} + \boldsymbol{B}$, 即

$$\boldsymbol{A} + \boldsymbol{B} = (a_{ij} + b_{ij}) = \begin{pmatrix} a_{11} + b_{11} & a_{12} + b_{12} & \cdots & a_{1n} + b_{1n} \\ a_{21} + b_{21} & a_{22} + b_{22} & \cdots & a_{2n} + b_{2n} \\ \vdots & \vdots & & \vdots \\ a_{m1} + b_{m1} & a_{m2} + b_{m2} & \cdots & a_{mn} + b_{mn} \end{pmatrix}.$$

值得注意的是:只有两个矩阵是同型(即具有相同的行数与相同的列数)矩阵时,才能

进行矩阵的加法运算.

2. 矩阵的数乘运算

定义 5.8 数 k 乘矩阵 A 中的每一个元素所得到的新矩阵叫做数 k 与矩阵 A 的积,记为 kA(或 Ak),即

$$kA = Ak = (ka_{ij}) = \begin{pmatrix} ka_{11} & ka_{12} & \cdots & ka_{1n} \\ ka_{21} & ka_{22} & \cdots & ka_{2n} \\ \vdots & \vdots & & \vdots \\ ka_{m1} & ka_{m2} & \cdots & ka_{mn} \end{pmatrix}.$$

3. 矩阵的减法运算

定义 5.9 我们规定矩阵的减法为 $A - B = A + (-1)B$,即

$$A - B = (a_{ij} - b_{ij}) \begin{pmatrix} a_{11} - b_{11} & a_{12} - b_{12} & \cdots & a_{1n} - b_{1n} \\ a_{21} - b_{21} & a_{22} - b_{22} & \cdots & a_{2n} - b_{2n} \\ \vdots & \vdots & & \vdots \\ a_{m1} - b_{b1} & a_{m2} - b_{m2} & \cdots & a_{mm} - b_{mm} \end{pmatrix}.$$

4. 矩阵运算的性质

这里我们假定 A, B, C 为同型矩阵, k, l 为常数,则两个矩阵的加法及数乘运算具有以下的性质.

(1) 加法交换律: $A + B = B + A$.

(2) 加法结合律: $(A + B) + C = A + (B + C)$.

(3) 零矩阵加法: $A + O = A$.

(4) 相反矩阵加法: $A + (-A) = O$.

(5) 数乘分配律: $k(A + B) = kA + kB$.

(6) 数乘分配律: $(k + l)A = kA + lA$.

(7) 数乘结合律: $k(lA) = (kl)A$.

【例 9】 已知

$$A = \begin{pmatrix} 1 & -2 & 3 \\ -4 & 5 & -6 \end{pmatrix}, \quad B = \begin{pmatrix} -1 & 2 & -3 \\ 4 & -5 & 6 \end{pmatrix}$$

求:(1) $A + B$;(2) $2A - 3B$.

解:(1) $A + B = \begin{pmatrix} 1 & -2 & 3 \\ -4 & 5 & -6 \end{pmatrix} + \begin{pmatrix} -1 & 2 & -3 \\ 4 & -5 & 6 \end{pmatrix} = \begin{pmatrix} 0 & 0 & 0 \\ 0 & 0 & 0 \end{pmatrix} = O_{2 \times 3}$;

(2) $2A - 3B = 2 \times \begin{pmatrix} 1 & -2 & 3 \\ -4 & 5 & -6 \end{pmatrix} - 3 \times \begin{pmatrix} -1 & 2 & -3 \\ 4 & -5 & 6 \end{pmatrix}$

$= \begin{pmatrix} 2 & -4 & 6 \\ -8 & 10 & -12 \end{pmatrix} - \begin{pmatrix} -3 & 6 & -9 \\ 12 & -15 & 18 \end{pmatrix}$

$= \begin{pmatrix} 5 & -10 & 15 \\ -20 & 25 & -30 \end{pmatrix}$

$= 5A.$

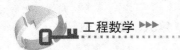

【例10】 已知

$$A = \begin{pmatrix} -2 & 2 & 0 & 3 \\ 5 & -1 & 2 & 4 \\ 0 & 2 & 6 & 3 \end{pmatrix}, \qquad B = \begin{pmatrix} 1 & 2 & -6 & 2 \\ 0 & 3 & -4 & 2 \\ 2 & -1 & 3 & 1 \end{pmatrix},$$

求:$3A - B$.

解: $3A - B = 3\begin{pmatrix} -2 & 2 & 0 & 3 \\ 5 & -1 & 2 & 4 \\ 0 & 2 & 6 & 3 \end{pmatrix} - \begin{pmatrix} 1 & 2 & -6 & 2 \\ 0 & 3 & -4 & 2 \\ 2 & -1 & 3 & 1 \end{pmatrix} = \begin{pmatrix} -7 & 4 & 6 & 7 \\ 15 & -6 & 10 & 10 \\ -2 & 7 & 15 & 8 \end{pmatrix}.$

由此可得,矩阵的加、减运算归结为对应元素的加、减运算.

5. 矩阵的乘法

矩阵的乘法很独特,是一种较繁杂而重要的运算,为了理解它,我们先看一个实例.

【例11】 现有甲乙两个工地需要 A, B 两种建筑材料,这两种建筑材料都需要消耗 X, Y, Z 三种资源,其日需求量及消耗情况如下表5.5及5.6.

表5.5

工地 \ 材料	A	B
甲	3	2
乙	2	5

表5.6

材料 \ 资源	X	Y	Z
A	3	4	6
B	2	3	8

试用矩阵表示甲乙两个工地每天所需要 3 种资源的数量.

将上述两个表格分别用矩阵 A, B 表示为:

$$A = \begin{pmatrix} 3 & 2 \\ 2 & 5 \end{pmatrix}, \qquad B = \begin{pmatrix} 3 & 4 & 6 \\ 2 & 3 & 8 \end{pmatrix},$$

甲工地每天所需要 X, Y, Z 三种资源的数量分别为

$$3 \times 3 + 2 \times 2, 3 \times 4 + 2 \times 3, 3 \times 6 + 2 \times 8,$$

乙工地每天所需要 Z, Y, Z 三种资源的数量分别为

$$2 \times 3 + 5 \times 2, 2 \times 4 + 5 \times 3, 2 \times 6 + 5 \times 8,$$

用矩阵 C 表示为

$$C = \begin{pmatrix} 13 & 18 & 34 \\ 16 & 23 & 52 \end{pmatrix}.$$

从上面的计算可以看出,矩阵 C 中的元素 c_{ij} 是矩阵 A 的第 i 行各元素与矩阵 B 的第 j 列对应元素乘积的和,这种由矩阵 A 和矩阵 B 决定矩阵 C 的方法就是矩阵的乘法.

定义 5.10 设 A 是 $m \times s$ 矩阵，B 是 $s \times n$ 矩阵，则由元素

$$c_{ij} = a_{i1}b_{1j} + \cdots + a_{is}b_{sj} = \sum_{k=1}^{s} a_{ik}b_{kj}(i = 1,2,\cdots,m; j = 1,2,\cdots,n)$$

所构成的 $m \times n$ 矩阵，称为矩阵 A 左乘矩阵 B 的积，记作 $C = AB$，读作"A 左乘 B".

值得注意的是：

（1）当左边矩阵 A 的列数等于右边矩阵 B 的行数时，矩阵 A 才能左乘矩阵 B，即 AB 才有意义；

（2）矩阵 A 左乘矩阵 B 的积为矩阵 C，并且乘积的结果，即矩阵 C 的行数等于矩阵 A 的行数，矩阵 C 的列数等于矩阵 B 的列数.

【例 12】 设两个矩阵 A，B 分别为

$$A = \begin{pmatrix} 1 & 2 & 3 \\ 2 & 3 & 4 \end{pmatrix}, \quad B = \begin{pmatrix} 1 & 2 \\ 0 & 3 \\ -1 & -1 \end{pmatrix},$$

求：AB 和 BA.

解：

$$AB = \begin{pmatrix} 1 & 2 & 3 \\ 2 & 3 & 4 \end{pmatrix}\begin{pmatrix} 1 & 2 \\ 0 & 3 \\ -1 & -1 \end{pmatrix}$$

$$= \begin{pmatrix} 1 \times 1 + 2 \times 0 + 3 \times (-1) & 1 \times 2 + 2 \times 3 + 3 \times (-1) \\ 2 \times 1 + 3 \times 0 + 4 \times (-1) & 2 \times 2 + 3 \times 3 + 4 \times (-1) \end{pmatrix}$$

$$= \begin{pmatrix} -2 & 5 \\ -2 & 9 \end{pmatrix};$$

$$BA = \begin{pmatrix} 1 & 2 \\ 0 & 3 \\ -1 & -1 \end{pmatrix}\begin{pmatrix} 1 & 2 & 3 \\ 2 & 3 & 4 \end{pmatrix}$$

$$= \begin{pmatrix} 1 \times 1 + 2 \times 2 & 1 \times 2 + 2 \times 3 & 1 \times 3 + 2 \times 4 \\ 0 \times 1 + 3 \times 2 & 0 \times 2 + 3 \times 3 & 0 \times 3 + 3 \times 4 \\ -1 \times 1 + (-1) \times 2 & (-1) \times 2 + (-1) \times 3 & (-1) \times 3 + (-1) \times 4 \end{pmatrix}$$

$$= \begin{pmatrix} 5 & 8 & 11 \\ 6 & 9 & 12 \\ -3 & -5 & -7 \end{pmatrix}.$$

由此例不难看出，矩阵的乘法是不满足交换律的. 其情况有如下三种：

（1）交换两个矩阵的位置，可能不满足乘法的要求，没有结果. 例如：设两个矩阵

$$A = \begin{pmatrix} 1 & 2 \\ 3 & 4 \end{pmatrix}, \quad B = \begin{pmatrix} 3 & 1 & 4 \\ 1 & 5 & 9 \end{pmatrix}$$

有：

$$AB = \begin{pmatrix} 1 & 2 \\ 3 & 4 \end{pmatrix}\begin{pmatrix} 3 & 1 & 4 \\ 1 & 5 & 9 \end{pmatrix} = \begin{pmatrix} 5 & 11 & 22 \\ 13 & 23 & 48 \end{pmatrix},$$

由于矩阵 B 的列数与矩阵 A 的行数不相等，所以乘积 BA 没有意义；

（2）交换两个矩阵的位置做乘积，其结果的行列数可能完全不同，如例 12；

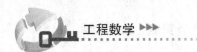

（3）交换两个矩阵做乘法时，即使所得的行数与列数均相同，但是每一个矩阵中的数值一般情况下也并不相同. 例如：设两个矩阵

$$A = \begin{pmatrix} 1 & 1 \\ -1 & -1 \end{pmatrix}, \quad B = \begin{pmatrix} 1 & -1 \\ -1 & 1 \end{pmatrix},$$

有

$$AB = \begin{pmatrix} 0 & 0 \\ 0 & 0 \end{pmatrix}, \quad BA = \begin{pmatrix} 2 & 2 \\ -2 & -2 \end{pmatrix}.$$

在矩阵的乘法中，还应注意到以下的结论：

（1）若 $AB = AC$，一般有 $B \neq C$；例如：

$$A = \begin{pmatrix} 2 & 1 & 1 \\ 0 & 2 & 0 \end{pmatrix}, \quad B = \begin{pmatrix} 1 & 5 \\ -1 & 2 \\ 3 & 1 \end{pmatrix}, \quad C = \begin{pmatrix} 1 & 0 \\ -1 & 2 \\ 3 & 11 \end{pmatrix},$$

它们之间满足

$$AB = AC = \begin{pmatrix} 4 & 13 \\ -2 & 4 \end{pmatrix},$$

但是，明显有

$$B \neq C.$$

这表明矩阵乘法**没有消去律**.

（2）当 $AB = O$ 时，不一定有 $A = O$ 或 $B = O$，即 A, B 可能都不是零矩阵.

矩阵的运算，是一种由实际应用产生的新的运算，这种运算与以往的数字间的运算既有区别，又有联系，比如说，矩阵的运算满足以下的运算法则：

（1）乘法结合律：$(AB)C = A(BC)$；

（2）乘法分配律：$A(B + C) = AB + AC$，$(B + C)A = BA + CA$；

（3）乘法的转置：$(AB)^{\mathrm{T}} = B^{\mathrm{T}}A^{\mathrm{T}}$；

（4）单位阵的乘法：$IA = AI = A$；

（5）零矩阵的乘法：$OA = AO = O$.

下面我们举例来看矩阵的简单计算.

【例13】 设 $A = \begin{pmatrix} 2 & 1 & 1 \\ 0 & 3 & -2 \end{pmatrix}$，求 AA^{T}.

解：由 $A = \begin{pmatrix} 2 & 1 & 1 \\ 0 & 3 & -2 \end{pmatrix}$，得出 $A^{\mathrm{T}} = \begin{pmatrix} 2 & 0 \\ 1 & 3 \\ 1 & -2 \end{pmatrix}$，因此得出

$$AA^{\mathrm{T}} = \begin{pmatrix} 2 & 1 & 1 \\ 0 & 3 & -2 \end{pmatrix}\begin{pmatrix} 2 & 0 \\ 1 & 3 \\ 1 & -2 \end{pmatrix} = \begin{pmatrix} 6 & 1 \\ 1 & 13 \end{pmatrix}.$$

【例14】 设 $A = (1 \quad 2 \quad 3)$，$B = \begin{pmatrix} -1 \\ 2 \\ 5 \end{pmatrix}$，求 AB 和 BA.

解：$AB = (1 \quad 2 \quad 3)\begin{pmatrix} -1 \\ 2 \\ 5 \end{pmatrix} = (18)$；

$$BA = \begin{pmatrix} -1 \\ 2 \\ 5 \end{pmatrix}(1 \quad 2 \quad 3) = \begin{pmatrix} -1 & -2 & -3 \\ 2 & 4 & 6 \\ 5 & 10 & 15 \end{pmatrix}.$$

【例15】 设矩阵 $A = \begin{pmatrix} 1 & 2 \\ 2 & 1 \end{pmatrix}$，求 A^2.

解：$A^2 = \begin{pmatrix} 1 & 2 \\ 2 & 1 \end{pmatrix}\begin{pmatrix} 1 & 2 \\ 2 & 1 \end{pmatrix} = \begin{pmatrix} 5 & 4 \\ 4 & 5 \end{pmatrix}.$

6. 矩阵的行列式

由矩阵的乘法及行列式的乘法我们有如下的结论：

定理 5.3 方阵乘积的行列式等于各因子方阵行列式的乘积. 即
$$|AB| = |A||B|,$$
因此有 $|AB| = |BA|$. 这里的矩阵 A 与矩阵 B 都是同阶方阵.

【例16】 设有矩阵：
$$A = \begin{pmatrix} 1 & 2 \\ -1 & 5 \end{pmatrix}, \quad B = \begin{pmatrix} 1 & 5 \\ 2 & -3 \end{pmatrix},$$
求：$|A+B|$，$|A^T B|$，$|B^2|$.

解：
$$A + B = \begin{pmatrix} 1 & 2 \\ -1 & 5 \end{pmatrix} + \begin{pmatrix} 1 & 5 \\ 2 & -3 \end{pmatrix} = \begin{pmatrix} 2 & 7 \\ 1 & 2 \end{pmatrix},$$
$$|B| = \begin{vmatrix} 1 & 5 \\ 2 & -3 \end{vmatrix} = -13,$$
$$|A + B| = \begin{vmatrix} 2 & 7 \\ 1 & 2 \end{vmatrix} = -3,$$
$$|A^T B| = |A^T||B| = |A||B| = \begin{vmatrix} 1 & 2 \\ -1 & 5 \end{vmatrix}\begin{vmatrix} 1 & 5 \\ 2 & -3 \end{vmatrix} = 7 \times (-13) = -91,$$
$$|B^2| = |B|^2 = (-13)^2 = 169.$$

由此例可以看出，同阶方阵加和的行列式与行列式的加和一般情况是不相等的.

习 题 5.2

1. 设
$$A = \begin{pmatrix} -1 & 2 \\ 1 & 0 \end{pmatrix}, \quad B = \begin{pmatrix} 1 & -3 & 0 \\ 2 & 5 & 6 \end{pmatrix}, \quad C = \begin{pmatrix} 1 & 0 \\ 2 & 5 \\ 1 & 9 \end{pmatrix},$$
求：AB 和 BC.

2. 计算：

(1) $-\begin{pmatrix} 2 & 4 \\ 5 & 3 \end{pmatrix} + 2\begin{pmatrix} 6 & 5 \\ -6 & 3 \end{pmatrix}$；

(2) $(1 \quad -6 \quad 2)\begin{pmatrix} 2 \\ 9 \\ -4 \end{pmatrix}$；

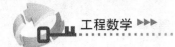

$$(3) \begin{pmatrix} 1 & 3 & 2 \\ 0 & 1 & 3 \\ 0 & 0 & 1 \end{pmatrix}^2.$$

3. 某同学到建筑工地实习 5 天,在此期间他接触到了标号分别为①,②,③ 的建筑材料,这些材料的消耗量及单价如表 5.7 所示. 试用矩阵求出每天工地的总支出.

表 5.7

材料	日消耗量(吨)					单价(万元)
	第1天	第2天	第3天	第4天	第5天	
①	3	2	5	2	4	1
②	1	0.8	0.5	0.6	0.5	5
③	2	2	1.5	1.8	1.5	2

【阅读材料7】

矩阵发展史

矩阵是数学中的一个重要的基本概念,是代数学的一个主要研究对象,也是数学研究和应用的一个重要工具."矩阵"这个词是由西尔维斯特首先使用的,他是为了将数字的矩形阵列区别于行列式而发明了这个述语. 而实际上,矩阵这个课题在诞生之前就已经发展得很好了. 从行列式的大量工作中明显地表现出来,为了很多目的,不管行列式的值是否与问题有关,方阵本身都可以研究和使用,矩阵的许多基本性质也是在行列式的发展中建立起来的. 在逻辑上,矩阵的概念应先于行列式的概念,然而在历史上次序正好相反.

英国数学家凯莱(A. Cayley,1821—1895) 一般被公认为是矩阵论的创立者,因为他首先把矩阵作为一个独立的数学概念提出来,并首先发表了关于这个题目的一系列文章. 1858 年,他发表了关于这一课题的第一篇论文《矩阵论的研究报告》,系统地阐述了关于矩阵的理论. 文中他定义了矩阵的相等、矩阵的运算法则、矩阵的转置以及矩阵的逆等一系列基本概念,指出了矩阵加法的可交换性与可结合性. 另外,凯莱还给出了方阵的特征方程和特征根(特征值) 以及有关矩阵的一些基本结果. 凯莱出生于一个古老而有才能的英国家庭,从剑桥大学三一学院毕业后留校讲授数学,三年后他转为律师职业,工作卓有成效,并利用业余时间研究数学,发表了大量的数学论文.

1855 年,埃米特 (C. Hermite,1822—1901) 证明了别的数学家发现的一些矩阵类的特征根的特殊性质,如现在称为埃米特矩阵的特征根性质等. 后来,克莱伯施 (A. Clebsch,1831—1872) 、布克海姆 (A. Buchheim) 等证明了对称矩阵的特征根性质. 泰伯(H. aber) 引入矩阵的迹的概念并给出了一些有关的结论.

在矩阵论的发展史上,弗罗伯纽斯 (G. Frobenius,1849—1917) 的贡献是不可磨灭的. 他讨论了最小多项式问题,引进了矩阵的秩、不变因子和初等因子、正交矩阵、矩阵的相似变换、合同矩阵等概念,以合乎逻辑的形式整理了不变因子和初等因子的理论,并讨论了正交矩阵与合同矩阵的一些重要性质. 1854 年,约当研究了矩阵化为标准型的问题. 1892 年,梅茨勒（H. Metzler）引进了矩阵的超越函数概念并将其写成矩阵的幂级数的形式. 傅立叶、西尔和庞加莱的著作中还讨论了无限阶矩阵问题, 这主要是适用方程发展的需要而开始的.

矩阵本身所具有的性质依赖于元素的性质, 矩阵由最初作为一种工具经过两个多世纪的发展, 现在已成为独立的一门数学分支 —— 矩阵论. 矩阵论又可分为矩阵方程论、矩阵分解论和广义逆矩阵论等矩阵的现代理论. 矩阵及其理论现已广泛地应用于现代科技的各个领域.

5.3 逆 矩 阵

5.3.1 逆矩阵的定义

在 5.2 节的例 9 中, 我们将 n 元线性方程组

$$\begin{cases} a_{11}x_1 + a_{12}x_2 + \cdots + a_{1n}x_n = b_1 \\ a_{21}x_1 + a_{22}x_2 + \cdots + a_{2n}x_n = b_2 \\ \cdots\cdots \\ a_{m1}x_1 + a_{m2}x_2 + \cdots + a_{mn}x_n = b_m \end{cases}$$

的系数表示成为一个 m 行 n 列矩阵

$$A = \begin{pmatrix} a_{11} & a_{12} & \cdots & a_{1n} \\ a_{21} & a_{22} & \cdots & a_{2n} \\ \vdots & \vdots & & \vdots \\ a_{m1} & a_{m2} & \cdots & a_{mn} \end{pmatrix},$$

类似地, 可以将常数项表示为一个 m 行的列矩阵

$$B = \begin{pmatrix} b_1 \\ b_2 \\ \vdots \\ b_m \end{pmatrix},$$

将 n 个未知数表示为一个 n 行的列矩阵

$$X = \begin{pmatrix} x_1 \\ x_2 \\ \vdots \\ x_n \end{pmatrix}.$$

由 5.2 节中介绍的矩阵的乘法运算, 我们可以将方程组 (5.11) 表示为

$$AX = B.$$

这种表示方程组的形式与一元线性方程

$$ax = b \ (a \neq 0) \tag{5.12}$$

类似. 我们考虑方程 (5.12) 的解法. 由

$$a^{-1}ax = a^{-1}b,$$

即得出方程 (5.12) 的解为

$$x = a^{-1}b.$$

由这一解题过程,我们可以看到,只有当未知数 x 的系数 a 非零时,我们可以两端同乘系数 a 的倒数 a^{-1},从而得出方程的解.

现将这种思路应用到求方程组(5.11)的解中,我们应先给系数矩阵 A 一定的条件,在满足这一条件的情况下,在方程组两端同时乘所谓的系数 A 的"倒数".下面我们首先解决一下系数矩阵 A 的"倒数"问题,我们将其定义为矩阵的逆.

定义 5.11 对于 n 阶方阵 A,如果存在 n 阶方阵 B,使得 $AB = BA = I$,则称矩阵 A 是可逆的,称矩阵 B 为 A 的逆矩阵,简称逆阵,记作 $A^{-1} = B$,这时也称 A 是一个非奇异矩阵;若这样的 B 不存在,则称 A 是一个奇异矩阵.

例如:

$$A = \begin{pmatrix} 2 & 3 \\ 1 & 4 \end{pmatrix}, \quad B = \begin{pmatrix} \dfrac{4}{5} & -\dfrac{3}{5} \\ -\dfrac{1}{5} & \dfrac{2}{5} \end{pmatrix}$$

容易验证:

$$AB = BA = I,$$

所以 A 是可逆的,$A^{-1} = B$.

在这一结论中,可以看到矩阵 B 与矩阵 A 的地位是对等的,因此也可得出,矩阵 B 是可逆的,且 $B^{-1} = A$.

5.3.2 逆矩阵的性质

由逆矩阵的定义,我们在这里不加证明地给出逆矩阵的性质.

性质 1(唯一性) 若矩阵 A 可逆,则 A^{-1} 是唯一的.

性质 2(反身性) 若矩阵 A 可逆,则矩阵 A^{-1} 也是可逆的,且

$$(A^{-1})^{-1} = A.$$

性质 3(乘积的可逆性) 若矩阵 A,B 都是 n 阶可逆矩阵,则 AB 也可逆,且

$$(AB)^{-1} = B^{-1}A^{-1}.$$

性质 4(转置的可逆性) 若矩阵 A 可逆,则转置 A^{T} 也可逆,且有

$$(A^{\mathrm{T}})^{-1} = (A^{-1})^{\mathrm{T}}.$$

性质 5(方阵行列式的逆) 若矩阵 A 可逆,则

$$|A^{-1}| = |A|^{-1}.$$

5.3.3 逆矩阵的计算

在给出了逆矩阵的定义及相关性质后,我们的问题就提出来了:如果矩阵 A 可逆,那么如何求解矩阵 A 的逆矩阵呢?这里,我们给出求逆矩阵的两种常见求法,分别为伴随矩阵法和初等变换法.

1. 伴随矩阵法

由矩阵可逆的定义,我们可以看出并不是所有方阵都是可逆的,那么什么样的方阵是可逆的呢?

定义 5.12 对于 n 阶方阵

$$A = \begin{pmatrix} a_{11} & a_{12} & \cdots & a_{1n} \\ a_{21} & a_{22} & \cdots & a_{2n} \\ \vdots & \vdots & & \vdots \\ a_{n1} & a_{n2} & \cdots & a_{nn} \end{pmatrix},$$

我们称 n 阶方阵

$$A^* = \begin{pmatrix} A_{11} & A_{21} & \cdots & A_{n1} \\ A_{12} & A_{22} & \cdots & A_{n2} \\ \vdots & \vdots & & \vdots \\ A_{1n} & A_{2n} & \cdots & A_{nn} \end{pmatrix}$$

为矩阵 A 的伴随矩阵. 它是将行列式 $|A|$ 中的各个元素 a_{ij} 换成它的代数余子式 A_{ij} 后所得行列式的对应方阵的转置矩阵.

【例1】 已知矩阵

$$A = \begin{pmatrix} -2 & 4 & 0 \\ 1 & -5 & 6 \\ -1 & 2 & 3 \end{pmatrix},$$

求 A^*.

解: $A_{11} = \begin{vmatrix} -5 & 6 \\ 2 & 3 \end{vmatrix} = -27$, $A_{12} = -\begin{vmatrix} 1 & 6 \\ -1 & 3 \end{vmatrix} = -9$, $A_{13} = \begin{vmatrix} 1 & -5 \\ -1 & 2 \end{vmatrix} = -3$,

$A_{21} = -\begin{vmatrix} 4 & 0 \\ 2 & 3 \end{vmatrix} = -12$, $A_{22} = \begin{vmatrix} -2 & 0 \\ -1 & 3 \end{vmatrix} = -6$, $A_{23} = -\begin{vmatrix} -2 & 4 \\ -1 & 2 \end{vmatrix} = 0$,

$A_{31} = \begin{vmatrix} 4 & 0 \\ -5 & 6 \end{vmatrix} = 24$, $A_{32} = -\begin{vmatrix} -2 & 0 \\ 1 & 6 \end{vmatrix} = 12$, $A_{33} = \begin{vmatrix} -2 & 4 \\ 1 & -5 \end{vmatrix} = 6$,

所以

$$A^* = \begin{pmatrix} -27 & -12 & 24 \\ -9 & -6 & 12 \\ -3 & 0 & 6 \end{pmatrix}.$$

若矩阵 A 可逆,那么 A 的伴随矩阵与 A 的逆矩阵有什么关系呢?

定理 5.4 n 阶方阵 A 可逆的充要条件是 $|A| \neq 0$,且 $A^{-1} = \dfrac{1}{|A|}A^*$.

【例2】 求出例 1 中方阵 A 的逆矩阵 A^{-1}.

解:由 $|A| = \begin{vmatrix} -2 & 4 & 0 \\ 1 & -5 & 6 \\ -1 & 2 & 3 \end{vmatrix} = 18 \neq 0$,得方阵 A 可逆,且由例 1 知,其伴随矩阵为

$$A^* = \begin{pmatrix} -27 & -12 & 24 \\ -9 & -6 & 12 \\ -3 & 0 & 6 \end{pmatrix},$$

则由定理 5.4 可得,方阵 A 的逆矩阵为

$$A^{-1} = \frac{1}{|A|}A^* = \frac{1}{18}\begin{pmatrix} -27 & -12 & 24 \\ -9 & -6 & 12 \\ -3 & 0 & 6 \end{pmatrix} = \begin{pmatrix} -\dfrac{3}{2} & -\dfrac{2}{3} & \dfrac{4}{3} \\ -\dfrac{1}{2} & -\dfrac{1}{3} & \dfrac{2}{3} \\ -\dfrac{1}{6} & 0 & \dfrac{1}{3} \end{pmatrix}.$$

【例3】 已知矩阵 $A = \begin{pmatrix} 1 & 0 & 0 & 0 \\ 0 & 2 & 0 & 0 \\ 0 & 0 & 3 & 0 \\ 0 & 0 & 0 & 4 \end{pmatrix}$,求 A^{-1}.

解: 由 $|A| = \begin{vmatrix} 1 & 0 & 0 & 0 \\ 0 & 2 & 0 & 0 \\ 0 & 0 & 3 & 0 \\ 0 & 0 & 0 & 4 \end{vmatrix} = 24 \neq 0$ 及定理5.4,可得矩阵 A 可逆. 先求矩阵 A 的伴随

矩阵

$$A^* = \begin{pmatrix} 24 & 0 & 0 & 0 \\ 0 & 12 & 0 & 0 \\ 0 & 0 & 8 & 0 \\ 0 & 0 & 0 & 6 \end{pmatrix},$$

由定理5.4,得出矩阵 A 的逆矩阵

$$A^{-1} = \frac{1}{|A|}A^* = \frac{1}{24}\begin{pmatrix} 24 & 0 & 0 & 0 \\ 0 & 12 & 0 & 0 \\ 0 & 0 & 8 & 0 \\ 0 & 0 & 0 & 6 \end{pmatrix} = \begin{pmatrix} 1 & 0 & 0 & 0 \\ 0 & \dfrac{1}{2} & 0 & 0 \\ 0 & 0 & \dfrac{1}{3} & 0 \\ 0 & 0 & 0 & \dfrac{1}{4} \end{pmatrix}.$$

【例4】 求解矩阵方程 $AX = B$,其中

$$A = \begin{pmatrix} 1 & 2 & 0 \\ 2 & 1 & 0 \\ 1 & 3 & 1 \end{pmatrix}, \quad B = \begin{pmatrix} 5 & 0 \\ 2 & 3 \\ 1 & 5 \end{pmatrix}.$$

解: 由 $|A| = \begin{vmatrix} 1 & 2 & 0 \\ 2 & 1 & 0 \\ 1 & 3 & 1 \end{vmatrix} = -3 \neq 0$,可以得出矩阵 A 可逆,且有 A 的伴随矩阵

$$A^* = \begin{pmatrix} 1 & -2 & 0 \\ -2 & 1 & 0 \\ 5 & -1 & -3 \end{pmatrix},$$

则由定理5.4可知有

$$A^{-1} = \frac{1}{|A|}A^* = -\frac{1}{3}\begin{pmatrix} 1 & -2 & 0 \\ -2 & 1 & 0 \\ 5 & -1 & -3 \end{pmatrix} = \begin{pmatrix} -\dfrac{1}{3} & \dfrac{2}{3} & 0 \\ \dfrac{2}{3} & -\dfrac{1}{3} & 0 \\ -\dfrac{5}{3} & \dfrac{1}{3} & 1 \end{pmatrix}.$$

【**例5**】 利用矩阵法求解线性方程组

$$\begin{cases} x_1 - 2x_2 + x_3 = 1 \\ 2x_1 - 3x_2 + x_3 = 5 \\ 3x_1 + x_2 - 3x_3 = -2 \end{cases}.$$

解:设矩阵

$$A = \begin{pmatrix} 1 & -2 & 1 \\ 2 & -3 & 1 \\ 3 & 1 & -3 \end{pmatrix}, \quad X = \begin{pmatrix} x_1 \\ x_2 \\ x_3 \end{pmatrix}, \quad B = \begin{pmatrix} 1 \\ 5 \\ -2 \end{pmatrix},$$

因此,所求方程组可表示为

$$AX = B,$$

由 $|A| = \begin{vmatrix} 1 & -2 & 1 \\ 2 & -3 & 1 \\ 3 & 1 & -3 \end{vmatrix} = 1 \neq 0$,得矩阵 A 可逆,因其伴随矩阵为

$$A^* = \begin{pmatrix} 8 & -5 & 1 \\ 9 & -6 & 1 \\ 11 & -7 & 1 \end{pmatrix},$$

得 A 的逆矩阵为

$$A^{-1} = \frac{1}{|A|}A^* = \begin{pmatrix} 8 & -5 & 1 \\ 9 & -6 & 1 \\ 11 & -7 & 1 \end{pmatrix},$$

因此,得

$$A^{-1}AX = A^{-1}B,$$

即

$$X = A^{-1}B = \begin{pmatrix} -19 \\ -23 \\ -26 \end{pmatrix},$$

由此得所求方程组的解为

$$x_1 = -19, \quad x_2 = -23, \quad x_3 = -26.$$

2. 矩阵的初等变换法

矩阵的基本运算是为解决实际问题服务的,前面介绍中我们可以看到,利用逆矩阵求解线性方程组是一个很好的办法. 但是在求解过程中,利用伴随矩阵计算逆矩阵时,运算量非常大,因此,我们试图寻找到一种更简单的计算逆矩阵的方法,首先看一个实例.

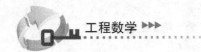

【例6】 解线性方程组：
$$\begin{cases} x_1 - 2x_2 + x_3 = 1 & (1) \\ x_1 + \qquad + 2x_3 = 1 & (2) \\ x_1 + x_2 + 2x_3 = -2 & (3) \end{cases}$$

解：利用中学时所学过的解方程组的方法，可得如下步骤：

$$-1 \times (1) + (2), -1 \times (1) + (3): \begin{cases} x_1 - 2x_2 + x_3 = 1 & (1) \\ 2x_2 + x_3 = 0 & (4) \\ 3x_2 + x_3 = -3 & (5) \end{cases}$$

$$\Rightarrow \frac{1}{2} \times (4): \begin{cases} x_1 - 2x_2 + x_3 = 1 & (1) \\ x_2 + \frac{1}{2}x_3 = 0 & (6) \\ 3x_2 + x_3 = -3 & (5) \end{cases}$$

$$\Rightarrow (-3) \times (6) + (5): \begin{cases} x_1 - 2x_2 + x_3 = 1 & (1) \\ x_2 + \frac{1}{2}x_3 = 0 & (6) \\ -\frac{1}{2}x_3 = -3 & (7) \end{cases}$$

$$\Rightarrow (-2) \times (7): \begin{cases} x_1 - 2x_2 + x_3 = 1 & (1) \\ x_2 + \frac{1}{2}x_3 = 0 & (6) \\ x_3 = 6 & (8) \end{cases}$$

$$\Rightarrow \left(-\frac{1}{2}\right) \times (8) + (6): \begin{cases} x_1 - 2x_2 + x_3 = 1 & (1) \\ x_2 = -3 & (9) \\ x_3 = 6 & (8) \end{cases}$$

$$\Rightarrow 2 \times (9) + (-1) \times (8) + (1): \begin{cases} x_1 = -11 \\ x_2 = -3 \\ x_3 = 6 \end{cases}.$$

在这个解题的过程中，我们可以看到，通过对方程组的系数矩阵及增广矩阵的变换最终得到了方程组的解，这些变换包括换行、某行乘同一实数及将某行称实数后加（减）到另一行. 我们将这些变换称为矩阵的初等行变换，具体定义如下：

定义 5.13 矩阵的以下三种变换称为矩阵的初等行变换：

(1) 交换矩阵的某两行（交换两行，记为 $r_i \leftrightarrow r_j$）；

(2) 用一个非零常数去乘矩阵的某一行（第 i 行称数 k，记为 kr_i）；

(3) 用一个数乘矩阵的某一行后加到另一行上（第 j 行乘 k 后加到第 i 行，记为 $kr_j + r_i$）.

在矩阵初等行变换的基础上，我们还可得出矩阵的初等列变化，即将此定义中的所有"行"换成"列"，得出矩阵的初等列变换（相应的符号把 r 换成 c）.

矩阵的初等行变换和初等列变换统称为矩阵的初等变换.

在本节例6中，我们可以看到，利用对系数矩阵进行初等行变化，可以得到最终的系数矩阵为单位方阵. 一般情况下，对矩阵进行初等行变换可以得到更一般的形式，我们将其称

为行阶梯矩阵,定义如下:

定义 5.14 我们称矩阵为阶梯矩阵,若其满足如下两个条件:

(1) 若矩阵有零行(元素全部为零的行),零行全部在下方;

(2) 各非零行从左往右第一个不为零的元素(称为首非零元)的列标随着行标的增大而严格增大.

【例 7】 已知矩阵

$$A = \begin{pmatrix} 3 & 1 & -1 & 5 \\ 0 & 1 & 2 & -2 \\ 1 & -1 & 3 & 2 \\ 2 & -1 & 8 & 2 \end{pmatrix},$$

利用初等行变化将其化为阶梯矩阵.

解:

$$A = \begin{pmatrix} 3 & 1 & -1 & 5 \\ 0 & 1 & 2 & -2 \\ 1 & -1 & 3 & 2 \\ 2 & -1 & 8 & 2 \end{pmatrix} \xrightarrow{r_1 \leftrightarrow r_3} \begin{pmatrix} 1 & -1 & 3 & 2 \\ 0 & 1 & 2 & -2 \\ 3 & 1 & -1 & 5 \\ 2 & -1 & 8 & 2 \end{pmatrix} \xrightarrow[r_1 \times (-2) + r_4]{r_1 \times (-3) + r_3} \begin{pmatrix} 1 & -1 & 3 & 2 \\ 0 & 1 & 2 & -2 \\ 0 & 4 & -10 & -1 \\ 0 & 1 & 2 & -2 \end{pmatrix}$$

$$\xrightarrow[r_2 \times (-1) + r_4]{r_2 \times (-4) + r_3} \begin{pmatrix} 1 & -1 & 3 & 2 \\ 0 & 1 & 2 & -2 \\ 0 & 0 & -18 & 7 \\ 0 & 0 & 0 & 0 \end{pmatrix}.$$

定义 5.15 如果行阶梯矩阵的各非零行的首非零元都是 1,且首非零元所在列的其余元素都为零,我们则称之为最简阶梯形矩阵. 如单位矩阵就是最简阶梯形矩阵.

我们可以利用矩阵的初等行变换得到另一种求逆矩阵的方法. 其具体操作方法如下:

首先,在可逆 n 阶方阵 A 的右侧添加一个与它同阶的单位阵 I,构成一个 $n \times 2n$ 矩阵 $(A : I)$;

然后,对矩阵 $(A : I)$ 进行初等行变换,将左侧的矩阵 A 化成单位矩阵 I;

最后,所得右侧的矩阵即为矩阵 A 的逆矩阵 A^{-1}.

【例 8】 已知矩阵

$$A = \begin{pmatrix} 1 & -2 & 1 \\ -1 & 0 & -2 \\ 1 & 1 & 2 \end{pmatrix},$$

利用矩阵初等行变换的方法,求 A^{-1}.

解: 首先构造矩阵

$$\begin{pmatrix} 1 & -2 & 1 & \vdots & 1 & 0 & 0 \\ -1 & 0 & -2 & \vdots & 0 & 1 & 0 \\ 1 & 1 & 2 & \vdots & 0 & 0 & 1 \end{pmatrix},$$

对其进行初等行变换,得

$$\begin{pmatrix} 1 & -2 & 1 & \vdots & 1 & 0 & 0 \\ -1 & 0 & -2 & \vdots & 0 & 1 & 0 \\ 1 & 1 & 2 & \vdots & 0 & 0 & 1 \end{pmatrix} \xrightarrow[r_1 \times (-1) + r_3]{r_1 + r_2} \begin{pmatrix} 1 & -2 & 1 & \vdots & 1 & 0 & 0 \\ 0 & -2 & -1 & \vdots & 1 & 1 & 0 \\ 0 & 3 & 1 & \vdots & -1 & 0 & 1 \end{pmatrix}$$

$$\xrightarrow[r_2 \times (-3) + r_3]{-\frac{1}{2}r_2} \begin{pmatrix} 1 & -2 & 1 & \vdots & 1 & 0 & 0 \\ 0 & 1 & \frac{1}{2} & \vdots & -\frac{1}{2} & -\frac{1}{2} & 0 \\ 0 & 0 & -\frac{1}{2} & \vdots & \frac{1}{2} & \frac{3}{2} & 1 \end{pmatrix}$$

$$\xrightarrow{-2r_3} \begin{pmatrix} 1 & -2 & 1 & \vdots & 1 & 0 & 0 \\ 0 & 1 & \frac{1}{2} & \vdots & -\frac{1}{2} & -\frac{1}{2} & 0 \\ 0 & 0 & 1 & \vdots & -1 & -3 & -2 \end{pmatrix}$$

$$\xrightarrow[-r_3 + r_1]{-\frac{1}{2}r_3 + r_2}$$

$$\begin{pmatrix} 1 & -2 & 0 & \vdots & 2 & 3 & 2 \\ 0 & 1 & 0 & \vdots & 0 & 1 & 1 \\ 0 & 0 & 1 & \vdots & -1 & -3 & -2 \end{pmatrix} \xrightarrow{r_2 \times 2 + r_1} \begin{pmatrix} 1 & 0 & 0 & \vdots & 2 & 5 & 4 \\ 0 & 1 & 0 & \vdots & 0 & 1 & 1 \\ 0 & 0 & 1 & \vdots & -1 & -3 & -2 \end{pmatrix},$$

由此,得出

$$A^{-1} = \begin{pmatrix} 2 & 5 & 4 \\ 0 & 1 & 1 \\ -1 & -3 & -2 \end{pmatrix}.$$

习 题 5.3

1.求下列矩阵的逆矩阵:

$(1) \begin{pmatrix} 6 & 1 \\ 1 & 3 \end{pmatrix};$ $\qquad$ $(2) \begin{pmatrix} 1 & 2 & 3 \\ 2 & 2 & 1 \\ 3 & 4 & 3 \end{pmatrix};$

$(3) \begin{pmatrix} 1 & -1 & 3 \\ 2 & -1 & 4 \\ -1 & 2 & -4 \end{pmatrix}.$

2.用逆矩阵解下列矩阵方程:

(1) 已知 $A = \begin{pmatrix} 2 & 1 \\ 4 & 3 \end{pmatrix}, B = \begin{pmatrix} 2 & 2 \\ 0 & -3 \\ 2 & -1 \end{pmatrix}, XA = B,$ 求 $X.$

(2) 已知 $A = \begin{pmatrix} 0 & 1 & 2 \\ 1 & 1 & 4 \\ 0 & 2 & -1 \end{pmatrix}, B = \begin{pmatrix} 1 \\ 1 \\ 2 \end{pmatrix}, AX = B,$ 求 $X.$

（3）已知 $A = \begin{pmatrix} 1 & 2 & 3 \\ 2 & 2 & 1 \\ 3 & 4 & 3 \end{pmatrix}$，$B = \begin{pmatrix} 2 & 1 \\ 5 & 3 \end{pmatrix}$，$C = \begin{pmatrix} 1 & 3 \\ 2 & 0 \\ 3 & 1 \end{pmatrix}$，求矩阵 X，使其满足 $AXB = C$.

5.4 矩阵的秩

在 5.3 节例 7 中，矩阵可以通过初等行变换转变为最简阶梯形矩阵后，有一个零行；例 8 中，矩阵通过初等行变换变为单位阵，都为非零行. 那么矩阵通过初等变换后的非零行的行数是怎样确定的呢? 本节我们介绍矩阵的秩这一概念来回答上述问题.

定义 5.16 在矩阵 A 中，位于任意选定的 k 行，k 列交叉点上的 k^2 个元素，按它们在 A 中的位置次序而得到的 k 阶行列式，称为矩阵 A 的 k 阶子式. 如果子式的值不为零，则称其为该矩阵的非零子式. 例如，

$$A = \begin{pmatrix} 1 & 0 & 0 & 0 \\ 2 & 1 & 0 & 0 \\ 3 & 2 & 1 & 0 \\ 4 & 3 & 2 & 1 \\ 5 & 4 & 3 & 2 \end{pmatrix}$$

在第一、三行与第一、三列交叉点上的 4 个元素组成的 A 的 2 阶子式为

$$\begin{vmatrix} 1 & 0 \\ 3 & 1 \end{vmatrix} = 1.$$

定义 5.17 矩阵 A 的非零子式的最高阶数 r 称为矩阵 A 的秩，记为 $r(A)$.

【例 1】 求矩阵 $A = \begin{pmatrix} 3 & 2 & 1 & 1 \\ 1 & 2 & -3 & 2 \\ 4 & 4 & -2 & 3 \end{pmatrix}$ 的秩.

解：由于矩阵 A 的一个二阶子式

$$\begin{vmatrix} 3 & 2 \\ 1 & 2 \end{vmatrix} = 4 \neq 0$$

而矩阵 A 的所有三阶子式均为零，即

$$\begin{vmatrix} 3 & 2 & 1 \\ 1 & 2 & -3 \\ 4 & 4 & -2 \end{vmatrix} = 0, \quad \begin{vmatrix} 3 & 2 & 1 \\ 1 & 2 & 2 \\ 4 & 4 & 3 \end{vmatrix} = 0, \quad \begin{vmatrix} 3 & 1 & 1 \\ 1 & -3 & 2 \\ 4 & -2 & 3 \end{vmatrix} = 0, \quad \begin{vmatrix} 2 & 1 & 1 \\ 2 & -3 & 2 \\ 4 & -2 & 3 \end{vmatrix} = 0,$$

所以 $r(A) = 2$.

由矩阵的秩的定义，最简阶梯形矩阵的秩与非零行的行数是一致的.

对于矩阵的秩我们有如下的结论：

定理 5.5 若矩阵 A 经过初等变换变成了矩阵 B，则 $r(A) = r(B)$.

由此定理可知，矩阵与对应的最简阶梯形矩阵的秩一致，即矩阵 A 的秩数就是矩阵 A 经过初等变换后所得的最简阶梯形矩阵中非零行的行数一致.

【例 2】 求矩阵

$$A = \begin{pmatrix} 4 & -2 & 2 & 1 \\ 1 & 1 & 2 & 2 \\ 5 & -1 & 4 & 3 \end{pmatrix}$$

的秩.

解:对矩阵 A 作初等行变换

$$A = \begin{pmatrix} 4 & -2 & 2 & 1 \\ 1 & 1 & 2 & 2 \\ 5 & -1 & 4 & 3 \end{pmatrix} \xrightarrow{r_1 \leftrightarrow r_2} \begin{pmatrix} 1 & 1 & 2 & 2 \\ 4 & -2 & 2 & 1 \\ 5 & -1 & 4 & 3 \end{pmatrix}$$

$$\xrightarrow[r_1 \times (-5) + r_3]{r_1 \times (-4) + r_2} \begin{pmatrix} 1 & 1 & 2 & 2 \\ 0 & -6 & -6 & -7 \\ 0 & -6 & -6 & -7 \end{pmatrix} \xrightarrow{r_2 \times (-1) + r_3} \begin{pmatrix} 1 & 1 & 2 & 2 \\ 0 & -6 & -6 & -7 \\ 0 & 0 & 0 & 0 \end{pmatrix} = B,$$

所以,$r(A) = r(B) = 2$.

习 题 5.4

1. 求下列各矩阵的秩.

$$(1) \begin{pmatrix} 1 & 2 & 3 \\ 0 & 1 & 2 \\ 0 & 0 & 1 \end{pmatrix}; \qquad (2) \begin{pmatrix} 1 & -1 & 2 & -2 \\ 4 & 0 & 2 & 1 \\ 5 & -1 & 3 & 3 \end{pmatrix}.$$

2. 通过初等变换,将下列矩阵化为单位阵.

$$(1) \begin{pmatrix} 1 & 2 & 3 \\ 2 & 2 & 1 \\ 3 & 4 & 3 \end{pmatrix}; \qquad (2) \begin{pmatrix} -2 & 0 & 0 & 0 \\ 0 & -1 & 4 & 0 \\ 0 & 0 & 2 & 0 \\ 0 & 0 & 0 & -5 \end{pmatrix}.$$

3. 利用初等变换化矩阵为阶梯形矩阵,并求出矩阵的秩.

$$(1) \begin{pmatrix} 4 & -1 & 3 & -2 \\ 3 & -1 & 4 & -2 \\ 3 & -2 & 2 & -4 \\ 0 & 1 & 2 & 2 \end{pmatrix}; \qquad (2) \begin{pmatrix} 1 & 0 & 0 & 1 \\ 1 & 2 & 0 & -1 \\ 3 & -1 & 0 & 4 \\ 1 & 4 & 5 & 1 \end{pmatrix};$$

$$(3) \begin{pmatrix} 3 & 1 & 0 & 2 \\ 1 & -1 & 2 & -1 \\ 1 & 3 & -4 & 4 \end{pmatrix}; \qquad (4) \begin{pmatrix} 2 & 1 & 11 & 2 & 3 \\ 1 & 2 & 4 & -1 & 2 \\ 11 & 4 & 56 & 5 & 18 \\ 2 & -6 & -10 & -26 & 10 \end{pmatrix}.$$

4. 求矩阵

$$A = \begin{pmatrix} 1 & 1 & -2 & 3 & 0 \\ 2 & 1 & -6 & 4 & -1 \\ 3 & 2 & a & 7 & -1 \\ 1 & -1 & -6 & -1 & b \end{pmatrix}$$

的秩.

5. 已知矩阵

$$A = \begin{pmatrix} 1 & 1 & -6 & -10 \\ 2 & 5 & k & 1 \\ 1 & 2 & -3 & k \end{pmatrix}$$

的秩为 2,求 k 值.

5.5 线性方程组

大量的科学技术问题,最终往往归结为解线性方程组. 因此在线性方程组的数值解法得到发展的同时,线性方程组解的结构等理论性工作也取得了令人满意的进展. 这里我们只介绍线性方程组解的情况,以及利用矩阵的知识求解一类特殊条件下的线性方程组.

如前面的介绍中,我们可知含有 m 个方程 n 个未知量的线性方程组的一般形式如式 (5.11)

$$\begin{cases} a_{11}x_1 + a_{12}x_2 + \cdots + a_{1n}x_n = b_1 \\ a_{21}x_1 + a_{22}x_2 + \cdots + a_{2n}x_n = b_2 \\ \cdots\cdots \\ a_{m1}x_1 + a_{m2}x_2 + \cdots + a_{mn}x_n = b_m \end{cases},$$

或矩阵形式

$$AX = B,$$

其中

$$A = \begin{pmatrix} a_{11} & a_{12} & \cdots & a_{1n} \\ a_{21} & a_{22} & \cdots & a_{2n} \\ \vdots & \vdots & & \vdots \\ a_{m1} & a_{m2} & \cdots & a_{mn} \end{pmatrix}$$

为系数矩阵,

$$B = \begin{pmatrix} b_1 \\ b_2 \\ \vdots \\ b_m \end{pmatrix}$$

为常数项,

$$X = \begin{pmatrix} x_1 \\ x_2 \\ \vdots \\ x_n \end{pmatrix}$$

为未知数,

$$\widetilde{A} = \begin{pmatrix} a_{11} & a_{12} & \cdots & a_{1n} & b_1 \\ a_{21} & a_{22} & \cdots & a_{2n} & b_2 \\ \vdots & \vdots & & \vdots & \vdots \\ a_{m1} & a_{m2} & \cdots & a_{mn} & b_m \end{pmatrix}$$

为增广矩阵.

定义 5.18 当常数项 $b_1,b_2,\cdots,b_m$ 不全为零时,我们称其为非齐次线性方程组;当 $b_1,b_2,\cdots,b_m$ 全为零时,称其为齐次线性方程组.

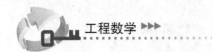

定义 5.19 如果未知数 $x_1, x_2, \cdots, x_n$ 的一组取值 $c_1, c_2, \cdots, c_n$ 能满足方程组(5.11),则称这一组值为方程组的一个解(当 $c_1 = c_2 = \cdots = c_n = 0$ 时,称为零解).

5.5.1 线性方程组解的判定

定理 5.6 设线性方程组(5.11)中系数矩阵 $\boldsymbol{A}$ 的秩为 $r(\boldsymbol{A})$,增广矩阵 $\tilde{\boldsymbol{A}}$ 的秩为 $r(\tilde{\boldsymbol{A}})$,则有如下结论:

(1) 线性方程组(5.11)有解的充分必要条件是 $r(\boldsymbol{A}) = r(\tilde{\boldsymbol{A}})$;

(2) 若 $r(\boldsymbol{A}) = r(\tilde{\boldsymbol{A}}) = n$,则线性方程组(5.11)有且只有唯一解;

(3) 若 $r(\boldsymbol{A}) = r(\tilde{\boldsymbol{A}}) = r < n$,则线性方程组(5.11)有无穷多解;

(4) 若 $r(\boldsymbol{A}) \neq r(\tilde{\boldsymbol{A}})$,则线性方程组(5.11)无解.

推论: 线性方程组(5.11)所对应的齐次线性方程组

$$\begin{cases} a_{11}x_1 + a_{12}x_2 + \cdots + a_{1n}x_n = 0 \\ a_{21}x_1 + a_{22}x_2 + \cdots + a_{2n}x_n = 0 \\ \cdots\cdots \\ a_{m1}x_1 + a_{m2}x_2 + \cdots + a_{mn}x_n = 0 \end{cases} \tag{5.13}$$

中系数矩阵 $\boldsymbol{A}$ 的秩为 $r(\boldsymbol{A})$,则有如下结论:

(1) 若 $r(\boldsymbol{A}) = n$,则齐次线性方程组(5.13)有且只有唯一零解;

(2) 若 $r(\boldsymbol{A}) < n$,则齐次线性方程组(5.13)有非零解.

定理 5.7 若用初等行变换将增广矩阵 $\tilde{\boldsymbol{A}} = (\boldsymbol{A} \vdots \boldsymbol{B})$ 化成 $(\boldsymbol{C} \vdots \boldsymbol{D})$,则方程组 $\boldsymbol{AX} = \boldsymbol{B}$ 与 $\boldsymbol{CX} = \boldsymbol{D}$ 是同解方程组.

5.5.2 线性方程组的高斯消元法

在 5.3 节的例 6 中,我们利用中学介绍的消元法求解了线性方程组,这里我们将这一解法利用矩阵的形式表述出来,并称其为高斯消元法. 对于例题中的方程组

$$\begin{cases} x_1 - 2x_2 + x_3 = 1 \\ x_1 + 2x_3 = 1. \\ x_1 + x_2 + 2x_3 = -2 \end{cases}$$

首先,写出该方程组的增广矩阵

$$\tilde{\boldsymbol{A}} = \begin{pmatrix} 1 & -2 & 1 & \vdots & 1 \\ 1 & 0 & 2 & \vdots & 1 \\ 1 & 1 & 2 & \vdots & -2 \end{pmatrix} \xrightarrow[r_1 \times (-1) + r_3]{r_1 \times (-1) + r_2} \begin{pmatrix} 1 & -2 & 1 & \vdots & 1 \\ 0 & 2 & 1 & \vdots & 0 \\ 0 & 3 & 1 & \vdots & -3 \end{pmatrix}$$

$$\xrightarrow{\frac{1}{2}r_2} \begin{pmatrix} 1 & -2 & 1 & \vdots & 1 \\ 0 & 1 & 1/2 & \vdots & 0 \\ 0 & 3 & 1 & \vdots & -3 \end{pmatrix} \xrightarrow{r_1 \times (-3) + r_3} \begin{pmatrix} 1 & -2 & 1 & \vdots & 1 \\ 0 & 1 & 1/2 & \vdots & 0 \\ 0 & 0 & -1/2 & \vdots & -3 \end{pmatrix}$$

$$\xrightarrow{-2r_3} \begin{pmatrix} 1 & -2 & 1 & \vdots & 1 \\ 0 & 1 & 1/2 & \vdots & 0 \\ 0 & 0 & 1 & \vdots & 6 \end{pmatrix} \xrightarrow[r_3 \times (-1) + r_1]{r_3 \times \left(-\frac{1}{2}\right) + r_2} \begin{pmatrix} 1 & -2 & 0 & \vdots & -5 \\ 0 & 1 & 0 & \vdots & -3 \\ 0 & 0 & 1 & \vdots & 6 \end{pmatrix}$$

$$\xrightarrow{r_2 \times 2 + r_1} \begin{pmatrix} 1 & 0 & 0 & \vdots & -11 \\ 0 & 1 & 0 & \vdots & -3 \\ 0 & 0 & 1 & \vdots & 6 \end{pmatrix},$$

并且同时得出了方程组的解

$$\begin{pmatrix} x_1 \\ x_2 \\ x_3 \end{pmatrix} = \begin{pmatrix} -11 \\ -3 \\ 6 \end{pmatrix}.$$

由此题的求解过程可以看到,其具体方法就是利用定理5.7,对增广矩阵进行初等行变换,在满足定理5.6中方程组有唯一解的条件时,最终变形为$(I \vdots X)$,由此即得出方程组的解.

【例1】 利用 Gauss 消元法求解线性方程组

$$\begin{cases} 2x_1 - x_2 + 3x_3 = 1 \\ 4x_1 + 2x_2 + 5x_3 = 4 \\ 2x_1 \qquad + 2x_3 = 6 \end{cases}.$$

解:该方程组的系数矩阵

$$A = \begin{pmatrix} 2 & -1 & 3 \\ 4 & 2 & 5 \\ 2 & 0 & 2 \end{pmatrix},$$

增广矩阵

$$\widetilde{A} = \begin{pmatrix} 2 & -1 & 3 & \vdots & 1 \\ 4 & 2 & 5 & \vdots & 4 \\ 2 & 0 & 2 & \vdots & 6 \end{pmatrix}.$$

对矩阵A及$\widetilde{A}$进行初等行变换,得出$r(A) = r(\widetilde{A}) = 3$,由定理5.6得出该方程组有且只有唯一解,且

$$\widetilde{A} = \begin{pmatrix} 2 & -1 & 3 & \vdots & 1 \\ 4 & 2 & 5 & \vdots & 4 \\ 2 & 0 & 2 & \vdots & 6 \end{pmatrix} \xrightarrow[-r_1 + r_3]{-2r_1 + r_2} \begin{pmatrix} 2 & -1 & 3 & \vdots & 1 \\ 0 & 4 & -1 & \vdots & 2 \\ 0 & 1 & -1 & \vdots & 5 \end{pmatrix} \xrightarrow{r_2 \leftrightarrow r_3} \begin{pmatrix} 2 & -1 & 3 & \vdots & 1 \\ 0 & 1 & -1 & \vdots & 5 \\ 0 & 4 & -1 & \vdots & 2 \end{pmatrix}$$

$$\xrightarrow{r_2 \times (-4) + r_3} \begin{pmatrix} 2 & -1 & 3 & \vdots & 1 \\ 0 & 1 & -1 & \vdots & 5 \\ 0 & 0 & 3 & \vdots & -18 \end{pmatrix} \xrightarrow{\frac{1}{3} r_3} \begin{pmatrix} 2 & -1 & 3 & \vdots & 1 \\ 0 & 1 & -1 & \vdots & 5 \\ 0 & 0 & 1 & \vdots & -6 \end{pmatrix}$$

$$\xrightarrow[r_3 + r_2]{r_3 \times (-3) + r_1} \begin{pmatrix} 2 & -1 & 0 & \vdots & 19 \\ 0 & 1 & 0 & \vdots & -1 \\ 0 & 0 & 1 & \vdots & -6 \end{pmatrix} \xrightarrow{r_2 + r_1} \begin{pmatrix} 2 & 0 & 0 & \vdots & 18 \\ 0 & 1 & 0 & \vdots & -1 \\ 0 & 0 & 1 & \vdots & -6 \end{pmatrix}$$

$$\xrightarrow{\frac{1}{2} r_1} \begin{pmatrix} 1 & 0 & 0 & \vdots & 9 \\ 0 & 1 & 0 & \vdots & -1 \\ 0 & 0 & 1 & \vdots & -6 \end{pmatrix},$$

由定理5.7得出所求方程组的解为

$$\begin{pmatrix} x_1 \\ x_2 \\ x_3 \end{pmatrix} = \begin{pmatrix} 9 \\ -1 \\ -6 \end{pmatrix}.$$

【例2】 利用 Gauss 消元法求解线性方程组

$$\begin{cases} x_1 + 3x_2 + 4x_3 = 2 \\ 2x_1 - x_2 + 3x_3 = 5. \\ x_1 - 4x_2 - x_3 = 2 \end{cases}$$

解:该方程组的增广矩阵

$$\widetilde{A} = \begin{pmatrix} 1 & 3 & 4 & \vdots & 2 \\ 2 & -1 & 3 & \vdots & 5 \\ 1 & -4 & -1 & \vdots & 2 \end{pmatrix},$$

对其进行初等行变换得

$$\widetilde{A} = \begin{pmatrix} 1 & 3 & 4 & \vdots & 2 \\ 2 & -1 & 3 & \vdots & 5 \\ 1 & -4 & -1 & \vdots & 2 \end{pmatrix} \xrightarrow[r_1 \times (-1) + r_3]{r_1 \times (-2) + r_2} \begin{pmatrix} 1 & 3 & 4 & \vdots & 1 \\ 0 & -7 & -5 & \vdots & 1 \\ 0 & -7 & -5 & \vdots & 0 \end{pmatrix}$$

$$\xrightarrow{r_2 \times (-1) + r_3} \begin{pmatrix} 2 & -1 & 3 & \vdots & 1 \\ 0 & -7 & -5 & \vdots & 1 \\ 0 & 0 & 0 & \vdots & -1 \end{pmatrix}$$

由此可得系数矩阵 A 的秩与增广矩阵的秩分别为

$$r(A) = 2, \quad r(\widetilde{A}) = 3$$

由定理 5.6 可知,所求方程组无解.

习 题 5.5

1. 利用高斯消元法求解下列方程组:

(1) $\begin{cases} x_1 + x_2 + 2x_3 = -1 \\ 2x_1 - x_2 + 2x_3 = -4; \\ 4x_1 + x_2 - x_3 = -2 \end{cases}$

(2) $\begin{cases} 2x_1 + 3x_2 + 11x_3 + 5x_4 = 2 \\ x_1 + x_2 + 5x_3 + 2x_4 = 1; \\ 2x_1 + x_2 + 3x_3 + 2x_4 = -3 \\ x_1 + x_2 + 3x_3 + 4x_4 = -3 \end{cases}$

(3) $\begin{cases} 4x - y + z = 5 \\ 2x - 3y + 5z = 1; \\ x + y - 2z = 2 \\ 5x - z = 2 \end{cases}$

(4) $\begin{cases} 2x + y + z = 2 \\ x + 3y + z = 5 \\ x + y + 5z = -7. \\ 2x + 3y - 3z = 14 \end{cases}$

2. 当 m 取何值时,方程组

$$\begin{cases} x_1 + 2x_2 + 3x_3 = mx_1 \\ 2x_1 + x_2 + 3x_3 = mx_2 \\ 3x_1 + 3x_2 + 6x_3 = mx_3 \end{cases}$$

有非零解.

3. 已知 a,b,c 是互不相等的实数. 求证:对任意实数 m,n,p,方程组

$$\begin{cases} x_1+ax_2+a^2x_3=m \\ x_1+bx_2+b^2x_3=n \\ x_1+cx_2+c^2x_3=p \end{cases}$$

总有唯一解.

4. 齐次线性方程组

$$\begin{cases} x_1+x_2+x_3=0 \\ 2x_1-x_2+ax_3=0 \\ x_1-x_2+3x_3=0 \end{cases}$$

有非零解,求 a 值.

5. λ 为何值时,非齐次线性方程组

$$\begin{cases} (\lambda+3)x_1+x_2+2x_3=\lambda \\ \lambda x_1+(\lambda-1)x_2+x_3=\lambda \\ 3(\lambda+1)x_1+\lambda x_2+(\lambda+3)x_3=3 \end{cases}$$

(1) 有唯一解;(2) 无解;(3) 有无穷多解?

【阅读材料8】

线性方程组解法的发展

线性方程组的解法,早在中国古代的数学著作《九章算术方程》中就已作了比较完整的论述. 其中所述方法实质上相当于现代的对方程组的增广矩阵施行初等行变换从而消去未知量的方法,即高斯消元法. 在西方,线性方程组的研究是在 17 世纪后期由莱布尼茨开创的. 他曾研究含两个未知量的三个线性方程组成的方程组. 麦克劳林在 18 世纪上半叶研究了具有二、三、四个未知量的线性方程组,得到了现在称为克莱姆法则的结果. 克莱姆不久也发表了这个法则. 18 世纪下半叶,法国数学家贝祖对线性方程组理论进行了一系列研究,证明了 n 元齐次线性方程组有非零解的条件是系数行列式等于零.

19 世纪,英国数学家史密斯(H. Smith) 和道奇森 (C. L. Dodgson) 继续研究了线性方程组理论,前者引进了方程组的增广矩阵和非增广矩阵的概念,后者证明了 m 个未知数 n 个方程的方程组相容的充要条件是系数矩阵和增广矩阵的秩相同. 这也正是现代方程组理论中的重要结果之一.

大量的科学技术问题,最终往往归结为解线性方程组. 因此在线性方程组的数值解法得到发展的同时,线性方程组解的结构等理论性工作也取得了令人满意的进展. 现在,线性方程组的数值解法在计算数学中占有重要地位.

5.6 线性代数的应用

【例1】 交通网络流量分析问题.

城市道路网中每条道路、每个交叉路口的车流量调查,是分析、评价及改善城市交通状况的基础. 根据实际车流量信息可以设计流量控制方案,必要时设置单行线,以免大量车辆

长时间拥堵.

    某城市交通实况及单行线如图5.1和图5.2所示,其中的数字表示该路段每小时按箭头方向行驶的车流量(单位:辆).

图5.1　某地交通实况

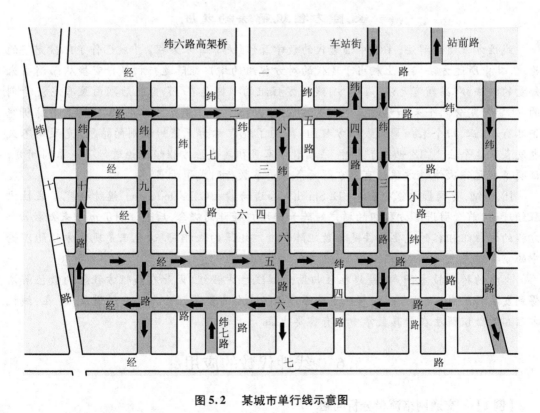

图5.2　某城市单行线示意图

需要解决以下四个问题:

(1) 建立确定每条道路流量的线性方程组.

(2) 为了唯一确定未知流量,还需要增添哪几条道路的流量统计?

(3) 当 $x_4 = 350$ 时,确定 x_1, x_2, x_3 的值.

(4) 若 $x_4 = 200$,则单行线应该如何改动才合理?

解:首先我们假设:每条道路都是单行线;每个交叉路口进入和离开的车辆数目相等.

根据图 5.3 和上述假设,在 ①,②,③,④ 四个路口进出车辆数目分别满足

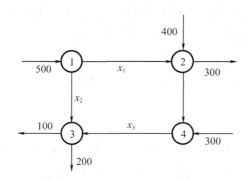

图 5.3 某城市单行线车流量

$$500 = x_1 + x_2 \qquad ①$$
$$400 + x_1 = x_4 + 300 \qquad ②$$
$$x_2 + x_3 = 100 + 200 \qquad ③$$
$$x_4 = x_3 + 300 \qquad ④$$

根据上述等式可得如下线性方程组

$$\begin{cases} x_1 + x_2 & = 500 \\ x_1 & - x_4 = -100 \\ x_2 + x_3 & = 300 \\ - x_3 + x_4 = 300 \end{cases},$$

其增广矩阵

$$(\boldsymbol{A}, \boldsymbol{b}) = \begin{pmatrix} 1 & 1 & 0 & 0 & 500 \\ 1 & 0 & 0 & -1 & -100 \\ 0 & 1 & 1 & 0 & 300 \\ 0 & 0 & -1 & 1 & 300 \end{pmatrix} \xrightarrow{\text{初等行变换}} \begin{pmatrix} 1 & 0 & 0 & -1 & -100 \\ 0 & 1 & 0 & 1 & 600 \\ 0 & 0 & 1 & -1 & -300 \\ 0 & 0 & 0 & 0 & 0 \end{pmatrix},$$

由此可得

$$\begin{cases} x_1 - x_4 = -100 \\ x_2 + x_4 = 600 \\ x_3 - x_4 = -300 \end{cases},$$

即

$$\begin{cases} x_1 = x_4 - 100 \\ x_2 = -x_4 + 600 \\ x_3 = -x_4 - 300 \end{cases}.$$

为了唯一确定未知流量,只要增添 x_4 统计的值即可.

当 $x_4 = 350$ 时,确定 $x_1 = 250$, $x_2 = 250$, $x_3 = 50$.

若 $x_4 = 200$,则 $x_1 = 100$, $x_2 = 400$, $x_3 = -100 < 0$. 这表明单行线"③←④"应该改为"③→④"才合理.

在这个问题中,由 (A, b) 的行最简形可见,上述方程组中的最后一个方程是多余的. 这意味着最后一个方程中的数据"300"可以不用统计. 由

$$\begin{cases} x_1 = x_4 - 100 \\ x_2 = -x_4 + 600 \\ x_3 = x_4 - 300 \end{cases}$$

可得

$$\begin{cases} x_2 = -x_1 + 500 \\ x_3 = x_1 - 200 \\ x_4 = x_1 + 100 \end{cases}, \quad \begin{cases} x_1 = -x_2 + 500 \\ x_3 = -x_2 + 300 \\ x_4 = -x_2 + 600 \end{cases}, \quad \begin{cases} x_1 = x_3 + 200 \\ x_2 = -x_3 + 300 \\ x_4 = x_3 + 300 \end{cases},$$

这就是说 x_1, x_2, x_3, x_4 这四个未知量中,任意一个未知量的值统计出来之后都可以确定出其他三个未知量的值.

【例 2】 平衡结构的梁受力计算

如图 5.4 和图 5.5 所示,在桥梁、房顶、铁塔等建筑结构中,涉及各种各样的梁. 对这些梁进行受力分析是设计师、工程师经常做的事情.

图 5.4 埃菲尔铁塔全景

图 5.5 埃菲尔铁塔局部

解:下面以双杆系统的受力分析为例,说明如何研究梁上各铰接点处的受力情况.

在图 5.6 所示的双杆系统中,已知杆 1 重 $G_1 = 200$ N, 长 $L_1 = 2$ m, 与水平方向的夹角为 $\theta_1 = \dfrac{\pi}{6}$,杆 2 重 $G_2 = 100$ N, 长 $L_2 = \sqrt{2}$ m, 与水平方向的夹角为 $\theta_2 = \dfrac{\pi}{4}$. 三个铰接点 A, B, C 所在平面垂直于水平面. 求杆 1, 杆 2 在铰接点处所受到的力.

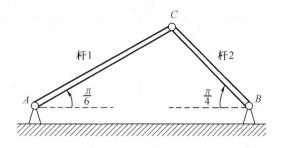

图5.6 双杆系统

假设两杆都是均匀的. 在铰接点处的受力情况如图5.7所示.

对于杆1:水平方向受到的合力为零, 故 $N_1 = N_3$,竖直方向受到的合力为零, 故 $N_2 + N_4 = G_1$, 以点 A 为支点的合力矩为零, 故

$$(L_1\sin\theta_1)N_3 + (L_1\cos\theta_1)N_4 = \frac{1}{2}(L_1\cos\theta_1)G_1.$$

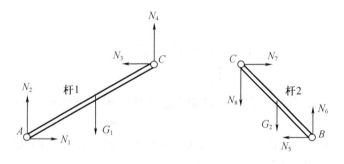

图5.7 两杆受力情况

对于杆2类似地有:$N_5 = N_7$,$N_6 = N_8 + G_2$,同时

$$(L_2\sin\theta_2)N_7 = (L_2\cos\theta_2)N_8 + \frac{1}{2}(L_2\cos\theta_2)G_2.$$

此外还有 $N_3 = N_7$,$N_4 = N_8$,于是将上述8个等式联立起来得到关于 $N_1,N_2,\cdots,N_8$ 的线性方程组为

$$\begin{cases} N_1 - N_3 = 0 \\ N_2 + N_4 = G_1 \\ \cdots \\ N_4 - N_8 = 0 \end{cases}.$$

利用 Matlab 运行,可得出其最终结果. 最后的结果没有出现负值,说明图5.7 中假设的各个力的方向与事实一致. 如果结果中出现负值,则说明该力的方向与假设的方向相反.

【例3】 假设你是一个建筑师,某小区要建设一栋公寓,现在有一个模块构造计划方案需要你来设计,根据基本建筑面积每个楼层可以有三种设置户型的方案,如下表5.8 所示. 如果要设计出含有 136 套一居室,74 套两居室,66 套三居室,是否可行?设计方案是否唯一?

表 5.8

方案	一居室(套)	二居室(套)	三居室(套)
A	8	7	3
B	8	4	4
C	9	3	5

解：设公寓的每层采用同一种方案，有 x_1 层采用方案 A，有 x_2 层采用方案 B，有 x_3 层采用方案 C，根据题意，可得

$$\begin{cases} 8x_1 + 8x_2 + 9x_3 = 136 \\ 7x_1 + 4x_2 + 3x_3 = 74 \\ 3x_1 + 4x_2 + 5x_3 = 66 \end{cases},$$

通过计算可得其系数矩阵的秩与增广矩阵的秩同为 2，且小于未知数的个数 3，因此方程组有无穷多组解，其通解为

$$\begin{cases} x_1 = 2 + \dfrac{1}{2}c \\ x_2 = 15 - \dfrac{13}{8}c \\ x_3 = c \end{cases}.$$

由方程组的根 x_1, x_2, x_3 均为正整数，因此由题意知该方程组只有唯一解：

$$x_1 = 6, x_2 = 2, x_3 = 8,$$

所以设计方案可行且唯一，设计方案为：6 层采用方案 A，2 层采用方案 B，8 层采用方案 C.

【例 4】 如图 5.8 所示，P 为直角坐标系 $Oxyz$ 中一变形体内的任意点，在此点附切取一个各平面都平行于坐标平面的六面体. 此六面体上三个互相垂直的三个平面上的应力分量即可表示该点的应力状态.

首先规定应力分量的正负号，假设：法向与坐标轴正向一致的面为正面；与坐标轴负向一致的面为负面. 进而规定：正面上指向坐标轴正向的应力为正，反之为负；负面上指向坐标轴负向的应力为正，反之为负. 三个正面上共有九个应力分量(包括三个正应力和六个切应力).

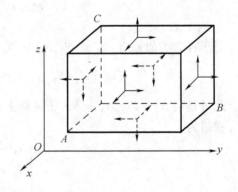

图 5.8

此九个应力分量可写成如下矩阵形式：

$$\boldsymbol{\sigma}_{ij} = \begin{bmatrix} \sigma_x & \tau_{xy} & \tau_{xz} \\ \tau_{yx} & \sigma_y & \tau_{yz} \\ \tau_{zx} & \tau_{zy} & \sigma_z \end{bmatrix}.$$

【例 5】 减肥配方的实现

设三种食物每 $100\ g$ 中蛋白质、碳水化合物和脂肪的含量如表 5.9，表中还给出了 20 世纪 80 年代美国流行的剑桥大学医学院的营养处方. 现在的问题是：如果用这三种食物作为

每天的主要食物,那么它们的用量应各取多少?才能全面准确地实现这个营养要求.

表 5.9

营养	每 100 g 食物所含营养 /g			减肥所要求的每日营养量
	脱脂牛奶	大豆面粉	乳清	
蛋白质	36	51	13	33
碳水化合物	52	34	74	45
脂肪	0	7	1.1	3

设脱脂牛奶的用量为 x_1 个单位(100 g),大豆面粉的用量为 x_2 个单位(100 g),乳清的用量为 x_3 个单位(100 g),表中的三个营养成分列向量为

$$\boldsymbol{a}_1 = \begin{bmatrix} 36 \\ 52 \\ 0 \end{bmatrix}, \quad \boldsymbol{a}_2 = \begin{bmatrix} 51 \\ 34 \\ 7 \end{bmatrix}, \quad \boldsymbol{a}_1 = \begin{bmatrix} 13 \\ 74 \\ 1.1 \end{bmatrix},$$

则它们的组合所具有的营养为

$$x_1 a_1 + x_2 a_2 + x_3 a_3 = x_1 \begin{bmatrix} 36 \\ 52 \\ 0 \end{bmatrix} + x_2 \begin{bmatrix} 51 \\ 34 \\ 7 \end{bmatrix} + x_3 \begin{bmatrix} 13 \\ 74 \\ 1.1 \end{bmatrix}.$$

使这个合成的营养与剑桥配方的要求相等,就可以得到以下的矩阵方程:

$$\begin{bmatrix} 36 & 51 & 13 \\ 52 & 34 & 74 \\ 0 & 7 & 1.1 \end{bmatrix} \begin{bmatrix} x_1 \\ x_2 \\ x_3 \end{bmatrix} = \begin{bmatrix} 33 \\ 45 \\ 3 \end{bmatrix} \Rightarrow \boldsymbol{A}\boldsymbol{x} = \boldsymbol{b},$$

结果为

$$\boldsymbol{x} = \begin{bmatrix} 0.277\ 2 \\ 0.391\ 9 \\ 0.233\ 2 \end{bmatrix},$$

即脱脂牛奶的用量为 27.7 g,大豆面粉的用量为 39.2 g,乳清的用量为 23.3 g,就能保证所需的综合营养量.

第6章　概率论与数理统计初步

概率论与数理统计是一门研究随机现象的数学学科. 由于现实世界几乎一切可观察的现象都具有随机性(或偶然性),因此这门学科被广泛地应用到政治学、社会学、语言学、历史学、人文、社会科学及力学、测量学、管理科学、统计工程学等各个领域.

同时,概率论和数理统计是大多数学科的基础. 在土木工程中,工程师需要处理大量的不确定性因素,包括:

(1) 材料承载能力的不确定性;

(2) 结构上各类荷载出现的时间以及荷载的大小的不确定性.

要了解分析这些不确定性因素的影响,就必须使用概率与统计理论.

近代,概率论与数理统计被应用到了一个新的领域 —— 可靠性研究. 可靠性问题之所以提出,就是由于所研究的问题存在不定性,因而解决可靠性的数学基础便是概率论与数理统计学. 可靠性的系统研究是 1950 年开始的,其成果多用于电子工业和航空工业. 20 世纪60 年代以后,人们努力把可靠性分析引入房屋建筑等工程建设领域,并取得了显著的成绩. 关于用概率论研究和解决建筑结构的安全度(可靠度)问题,我国起步较晚,是 20 世纪 70 年代中期开始的. 但经过多年的努力,已经掌握和发展了概率极限状态设计法和基本理论并获得了大量的统计信息,从而制订出了《建筑结构设计统一标准》,这本书作为修订各种结构设计规范的指南已在国内出版发行.

6.1　随机事件与概率

6.1.1　随机事件

自然界中我们会观察到许多的现象. 如"潮起潮落""大雁南飞""秋日落叶""春暖花开"等等,这些现象是在特定的环境中是一定会出现的;又如,"同性电荷相吸"、"不受外力作用下的物体做变速运动""酸碱溶液不发生中和反应"等等,这些现象都是在特定条件下不可能发生的. 在这里,我们将在某种条件下必然发生的现象称为**必然事件**,在某种条件下一定不会出现的现象称为**不可能事件**. 这些现象统称为**确定性现象**.

与确定性现象相对的是**偶然现象**. 偶然现象在一定条件下可能出现也可能不出现. 如,汽车在高速公路上行驶可能发生交通事故也可能不发生交通事故;又如,吃掉过期食物后,可能发生中毒反应,也可能不发生中毒反应. 这类现象也称为**随机现象**.

从亚里士多德时代开始,哲学家们就已经认识到随机性在生活中的应用,但直到 20 世纪初,人们才认识到随机现象亦可通过数量化方法来进行研究. 概率论就是以数量化的方法来研究随机现象及其规律的一门数学学科.

要对随机现象进行研究,就需要对随机现象进行重复观察,我们把对随机现象的观察称为试验.

一般地,我们将具有如下三个特征的试验称为**随机试验**:

（1）试验在相同的条件下可以重复进行；

（2）试验的所有可能结果在试验之前是明确可知的；

（3）每次试验之前不能确定本次试验会出现哪一个结果.

【例1】 有5个标号为1,2,3,4,5的大小相同的小球,任取一个,观察所取球的标号；

【例2】 在分析天平上称量一小包白糖,并记录称量结果；

【例3】 在一定条件下进行射击,观察是否击中靶上的红心.

以上的三个例子都是随机试验.

在随机试验E中,将每一个可能发生的且不能再分解的基本结果称为该试验的**基本事件**.

由全体基本事件组成的集合称为试验E的样本空间,通常用Ω表示.

我们将试验E的样本空间Ω的子集称为E的**随机事件**,简称为事件,通常用大写英文字母$A,B,C,\cdots$表示. 随机事件具有如下两个特点：

（1）在一次试验中是否发生是不确定的,即有随机性；

（2）在相同的条件下重复试验时,发生的可能性的大小是确定的.

在每次试验中,当且仅当由Ω的某一子集表示的事件A的一个基本事件出现时,称此事件发生.

【例4】 同时掷3颗骰子,点数之和为6；

【例5】 连续进行两次产品抽查,结果均为次品；

【例6】 直角坐标系中,以坐标原点为圆心的单位圆内任取一点位于第一象限.

以上的3个例子所表示的都是随机事件.

由于样本空间Ω是它自身的一个子集,而在每次试验中一定有它的某个基本事件发生,因此把样本空间Ω称为**必然事件**.

例如,异性电荷之间是相互吸引的就是一必然事件.

空集$\varnothing$是样本空间Ω的子集,显然它在每次试验中都不发生,故称其为**不可能事件**.

例如,常温下,铁是不能融化的就是一不可能事件.

人们都习惯于必然性而不习惯随机性（也称为偶然性）,尽管我们周围充满了随机性.

工程建设中的随机性一般称为不定性. 工程建设问题涉及规划、设计、材料、制作、安装、运输、管理等各方面,而这些方面的问题皆具有不定性. 如规划一座涵洞,需要一定的水文资料,如该地区的最大年降水量,降水量与径流量的关系等,这些都是非确定性的. 又如工程设计涉及荷载和材料性能,众所周知,无论荷载大小还是材料强弱都是变异的. 至于施工,在制作和安装中总会有误差,也是一种不定性.

由前面的概念可知,随机事件就是样本空间的子集. 基本事件是随机事件的基本元素,随机事件是它们的组合,这样的事件可以比较简单也可以比较复杂. 同时由定义可知,随机事件就是一个特殊的集合,因此随机事件间的关系可通过集合间的关系来表示；随机事件间的运算就是集合间的运算.

定义6.1 如果事件A的发生必然导致事件B的发生,则称事件B包含事件A,记作$A\subset B$或$B\supset A$. 例如,在掷骰子的随机试验中,

$$A=\{偶数点朝上\},\quad B=\{2点朝上\},$$

那么,将会有事件A包含事件B.

定义6.2 若事件发生当且仅当事件A与事件B至少有一个发生,则称此事件为事件A

与事件 B 的和事件,记作 $A+B$ 或 $A \cup B$. 例如,在三次打靶练习中,

$$A = \{\text{恰好命中两次}\}, \quad B = \{\text{至多命中一次}\}, \quad C = \{\text{至多命中两次}\},$$

三个随机事件的关系为

$$C = A \cup B.$$

定义 6.3 若事件发生当且仅当事件 A 与事件 B 同时发生,则称此事件为事件 A 与事件 B 的积事件,记作 $A \cap B$ 或 AB. 例如,在三次打靶联系中,

$$A = \{\text{恰好命中两次}\}, \quad B = \{\text{至多命中两次}\}, \quad C = \{\text{至少命中两次}\},$$

三个随机事件的关系为

$$A = B \cap C.$$

定义 6.4 若事件发生当且仅当事件 A 发生且事件 B 不发生,则称此事件为事件 A 与事件 B 的差事件,记作 $A-B$. 例如,投掷一次骰子的结果中,

$$A = \{\text{偶数点朝上}\}, \quad B = \{\text{不小于 3 点}\}, \quad C = \{\text{2 点朝上}\},$$

三个随机事件的关系为

$$C = A - B.$$

定义 6.5 若事件 A 与事件 B 不能同时发生,我们则称事件 A 与事件 B 互斥,或事件 A 与事件 B 互不相容. 例如,基本事件两两互不相容.

定义 6.6 若事件 A 与事件 B 是一对互斥事件,并且二者的和事件是整个样本空间,我们则称事件 A 与事件 B 是对立事件. 即 $A \cup B = \Omega$ 且 $AB = \varnothing$,那么事件 A 与事件 B 是对立事件,表示为 $\overline{A} = B$ 或 $\overline{B} = A$.

由对立事件的定义我们可知:

① $A\overline{A} = \varnothing$, $A \cup \overline{A} = \Omega$, $\Omega - A = \overline{A}$;

② 若 $A \subset B$,则 $\overline{A} \supset \overline{B}$;

③ $A\overline{A} = \varnothing$, $A \cup \overline{A} = \Omega$, $A - B = A\overline{B} = A - AB$;

④ $\overline{\overline{A}} = A$.

定义 6.7 设 $A_1, A_2, \cdots, A_n, \cdots$ 为一组随机事件,如果它们同时满足:

(1) $A_i \cap A_j = \varnothing (i \neq j)$;

(2) $\bigcup_i A_i = \Omega$,

那么,我们则称这组事件构成一个完备事件组. 特殊的,A 与 $\overline{A}$ 构成一个完备事件组.

【例 7】 设 A, B, C 为三个事件,试将下列事件用 A, B, C 的运算关系表示出来:

(1) 三个事件都发生;

(2) 三个事件都不发生;

(3) 三个事件至少有一发生;

(4) A 发生,B, C 不发生;

(5) A, B 都发生,C 不发生;

(6) 三个事件中至少有两个发生;

(7) 不多于一个事件发生;

(8) 不多于两个事件发生.

解:(1) ABC;

(2) $\overline{A}\,\overline{B}\,\overline{C}$ 或 $\overline{A\cup B\cup C}$；

(3) $A\cup B\cup C$ 或 $\overline{\overline{A}\,\overline{B}\,\overline{C}}$ 或 $A\,\overline{B}\,\overline{C}\cup\overline{A}B\overline{C}\cup\overline{A}\,\overline{B}C\cup AB\overline{C}\cup A\overline{B}C\cup\overline{A}BC\cup ABC$；

(4) $A\,\overline{B}\,\overline{C}$ 或 $A-(B\cup C)$；

(5) $AB\overline{C}$ 或 $AB-C$ 或 $AB-ABC$；

(6) $AB\cup BC\cup AC$；

(7) $\overline{A}BC\cup A\overline{B}C\cup AB\overline{C}\cup ABC$ 或 $\overline{AB\cup BC\cup AC}$；

(8) $\overline{A\cup B\cup C}=\overline{A}\,\overline{B}\,\overline{C}$ 或 $A\,\overline{B}\,\overline{C}\cup\overline{A}B\overline{C}\cup\overline{A}\,\overline{B}C\cup AB\overline{C}\cup A\overline{B}C\cup\overline{A}BC\cup\overline{A}\,\overline{B}\,\overline{C}$.

6.1.2 概率

我们多次作某一随机试验时,常常会发现不同的事件出现的可能性是不一样的. 因此我们设想用一个数字表示事件 A 出现的可能性.

1. 频率与概率

E 为任一随机试验, A 为 E 中的一个事件. 在 n 次重复的试验中事件 A 出现的次数(频数)记为 $r_n(A)$,那么我们就称比值

$$f_n(A)=\frac{r_n(A)}{n}$$

为事件 A 在 n 次试验中出现的频率.

对于随机现象来讲,其结果事先不能预知,初看似乎毫无规律,然而,人们发现同一随机现象大量重复出现时,其每种可能的结果出现的频率具有稳定性,从而表明随机现象也有其固有的规律性.

历史上对这一规律性的研究最著名的试验是抛掷硬币的试验,见表6.1.

表6.1

试验者	抛掷次数	正面次数	正面频率
De Morgan	2 048	1 061	0.518 1
Buffon	4 040	2 048	0.506 9
Peason	12 000	6 019	0.501 6
Peason	24 000	12 012	0.500 5

试验表明:虽然每次抛掷硬币事先无法预知将会出现正面还是反面,但大量重复试验时,发现出现正面和反面的次数大致相等,即各占总试验次数的比例大致为0.5,并且随着试验次数的增加,这一比例更加稳定地趋近于0.5.这说明虽然随机现象在少数几次试验或观察中其结果没有什么规律性,但通过长期的观察或大量的重复试验可以看出,试验的结果是有规律可循的,这种规律是随机试验的结果自身所具有的特征.

人们把随机现象在大量重复出现时所表现出的量的规律性称为随机现象的统计规律性. 这种统计规律性随着试验次数的增加,随机事件发生次数的频率将会逐渐趋近于一个固定的数值,这一数值与试验本身无关,只与事件本身有关. 这一结果就是随机事件概率的统计定义.

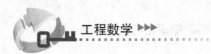

定义 6.8 在相同条件下重复试验 n 次,若事件 A 发生的频率

$$f_n(A) = \frac{r_n(A)}{n}$$

随着试验次数 n 的增大而稳定地在某个常数 $p(0 \leqslant p \leqslant 1)$ 附近摆动,则称 p 为事件的概率,记作 $P(A)$.

应用时,往往可用试验次数足够大时的频率来估计概率的大小,且随着试验次数的增加,估计的精度会越来越高.

【**例 8**】 从某鱼池中取 100 条鱼做上记号后再放入鱼池,现从池中任捉 40 条鱼,发现其中两条有记号,问池中大约有多少条鱼?

解:设池内有 n 条鱼捉到记号鱼的概率为 $\frac{100}{n}$,则 $\frac{100}{n} \approx \frac{2}{40}$,则可得出 $n \approx 2\,000$.

这种概率的统计定义虽然在一定程度上说明了何为概率,但是由于其建立在随机试验的基础上,因此这一统计规律的得出非常困难且易得出不唯一的结论. 因此,数学家们不断探索,直至 20 世纪才给出了概率的公理化定义.

定义 6.9 设 E 是随机试验,Ω 是它的样本空间,对于 E 的每一个事件 A 赋予一个实数,记作 $P(A)$,若 $P(A)$ 满足下列三个条件:

(1) 非负性:对每一个事件 A,有 $P(A) \geqslant 0$;

(2) 完备性:$P(\Omega) = 1$;

(3) 可列可加性:设 $A_1, A_2, \cdots$ 是两两互不相容的事件,有 $P(\bigcup\limits_{n=1}^{\infty} A_n) = \sum\limits_{n=1}^{\infty} P(A_n)$,则称 $P(A)$ 为事件 A 的概率.

2. 概率的性质

根据公理化的概率的定义,我们可以得出关于概率的如下性质.

性质 1 不可能事件的概率为零,即 $P(\varnothing) = 0$.

性质 2 有限可加性:设 $A_1, \cdots, A_n$ 两两互斥,则有

$$P(\bigcup\limits_{i=1}^{n} A_i) = \sum\limits_{i=1}^{n} P(A_i).$$

性质 3 对立事件的概率:$P(\overline{A}) = 1 - P(A)$.

性质 4 差事件的概率:$P(A - B) = P(A) - P(AB)$. 特别地 $B \subset A$ 时,

$$P(A - B) = P(A) - P(B).$$

性质 5 对任意事件 A,都有 $P(A) \leqslant 1$.

性质 6 和事件的概率:对任意两个随机事件 A, B,都有

$$P(A \cup B) = P(A) + P(B) - P(AB).$$

【**例 9**】 已知 $P(A) = 0.5, P(\overline{A}B) = 0.2, P(B) = 0.4$,求:

(1) $P(AB)$;(2) $P(A - B)$;(3) $P(A \cup B)$;(4) $P(\overline{A}\,\overline{B})$.

解:(1) 由

$$B = AB \cup \overline{A}B, \quad AB \cap \overline{A}B = \varnothing,$$

及和事件的概率得

$$P(B) = P(AB) + P(\overline{A}B),$$

由此得

$$P(A\overline{B}) = P(B) - P(\overline{A}B) = 0.4 - 0.2 = 0.2;$$

（2）$P(A - B) = P(A) - P(AB) = 0.5 - 0.2 = 0.3;$

（3）$P(A \cup B) = P(A) + P(B) - P(AB) = 0.7;$

（4）$P(\overline{A}\,\overline{B}) = P(\overline{A \cup B}) = 1 - P(A \cup B) = 0.3.$

3. 古典概型

在早期的概率研究中，有一类非常简单的概率模型，同时也是概率论发展初期的主要研究对象，这就是古典概型.

定义 6.10 我们称具有下列两个特征的随机试验模型为**古典概型**：

（1）随机试验只有有限个可能的结果；

（2）每个结果发生的可能性大小相同.

古典概型又被称为等可能概型.

古典概型的定义又可以用概率的集合语言加以描述：古典概型满足如下两个条件：

（1）试验的样本空间有限，记为 $\Omega = \{\omega_1, \omega_2, \cdots, \omega_n\}$；

（2）每一基本事件的概率相同，记 $A_i = \{\omega_i\}$ $i = 1, 2, \cdots, n$，有

$$P(A_1) = P(A_2) = \cdots = P(A_n).$$

由概率的公理化定义可知

$$1 = P(\Omega) = \sum_{i=1}^{n} P(A_i) = nP(A_i),$$

由此可得基本事件的概率为

$$P(A_i) = \frac{1}{n} \ (i = 1, 2, \cdots, n).$$

在古典概型的假设下，我们可以得出随机事件的概率计算公式. 设事件 A 包含其样本空间 Ω 中的 k 个基本事件，即

$$A = A_{i_1} \cup A_{i_2} \cup \cdots \cup A_{i_k},$$

由此得

$$P(A) = P(A_{i_1}) + P(A_{i_2}) + \cdots + P(A_{i_k}) = \frac{k}{n}.$$

即事件 A 的概率等于事件 A 包含的基本事件数与样本空间中基本事件数的比值.

【例 10】 一个袋中有 10 个大小相同的球，其中 3 个黑球，7 个白球，求：

（1）从袋中任取一球，是黑球的概率；

（2）从袋中任取两球，刚好是一个黑球一个白球的概率.

解：（1）设 A：取到的球为黑球，则 $P(A) = \dfrac{C_3^1}{C_{10}^1} = \dfrac{3}{10}$；

（2）设 B：刚好取到一个黑球一个白球，则 $P(B) = \dfrac{C_3^1 C_7^1}{C_{10}^2} = \dfrac{7}{15}.$

4. 几何概型

古典概型中要求样本空间中的元素是有限的，每个基本事件的发生都是等可能的. 如果基本事件的发生仍为等可能的，但样本空间是线段、平面区域或空间几何体等几何图形时，其中所包含的基本事件的个数为无限时，我们就将其称为**几何概型**.

在几何概型下,一个随机事件的概率计算是怎样的呢?设样本空间 Ω 是平面上某个区域,它的面积记为 $\mu(\Omega)$,向区域 Ω 上随机投掷一点(这里"随机投掷一点"的含义是指该点落入 Ω 内任何部分区域内的可能性只与区域 A 的面积 $\mu(A)$ 成比例,而与区域 A 的位置和形状无关),该点落在区域 A 的事件仍记为 A,则 A 的概率为

$$P(A) = \lambda\mu(A),$$

特殊的

$$P(\Omega) = \lambda\mu(\Omega),$$

由此得

$$\lambda = \frac{P(\Omega)}{\mu(\Omega)} = \frac{1}{\mu(\Omega)},$$

因此,随机事件 A 的概率为

$$P(A) = \lambda\mu(A) = \frac{\mu(A)}{\mu(\Omega)}.$$

即随机事件 A 发生的概率为 A 所占图形的面积与整个面积的比值. 更一般的几何概型中,随机事件 A 发生的概率为 A 与样本空间 Ω 的度量比.

【例 11】(Buffon 投针问题) 桌面上有一组等距的平行线,每相邻两条线之间的距离为 d. 现将一根长度为 $l(l < d)$ 的针随机地投向该桌面,求针与其中一条平行线相交的概率.

解:如图 6.1,设针的中点为 O,从 O 出发向最近一条平行线作垂线 OM,记 OM 长度为 x,针与垂线 OM 的夹角记为 φ.

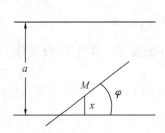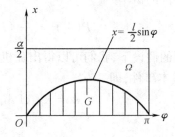

图 6.1

因此,投针在桌面上的位置可用一对数 (x,φ) 刻画,其中 $0 < x < \frac{1}{2}d, 0 < \varphi < \frac{\pi}{2}$. 设针与平行线相交于点 S,当且仅当 $OS < \frac{1}{2}l$ 或等价于 $x < \frac{1}{2}l\cos\varphi$. 假定投针随机地投向该桌面,表示投针的位置的随机点坐标 (x,φ) 在平面矩形

$$\Omega = \left\{ (x,\varphi) \;\middle|\; 0 < x < \frac{1}{2}d, \; 0 < \varphi < \frac{\pi}{2} \right\}$$

上均匀分布,随机事件 A:针与平行线相交,等价于随机点落在

$$A = \left\{ (x,\varphi) \;\middle|\; 0 < x < \frac{1}{2}l\cos\varphi, \; 0 < \varphi < \frac{\pi}{2} \right\}.$$

因而,由几何概型的计算方法所求概率为

$$P(A) = \frac{\mu(A)}{\mu(\Omega)} = \frac{\int_0^{\frac{\pi}{2}} \frac{l}{2}\cos\theta d\theta}{\frac{d}{2} \times \frac{\pi}{2}} = \frac{2l}{\pi d}.$$

5. 伯努利概型

古典概型与几何概型统称为等可能概型. 当随机试验中每一基本事件发生的概率不一定相等时,随机事件的概率如何计算呢?这里,我们先介绍一个经典的概率模型 —— 伯努利概型.

如果随机试验只有两种可能的结果:事件 A 发生或事件 A 不发生,我们就称这样的试验为伯努利试验.

定义6.11 将伯努利试验在相同条件下独立重复试验 n 次,称这样的 n 次独立重复试验为 n 重伯努利试验(简称伯努利概型).

定理6.1(伯努利定理) 在一次伯努利试验中,事件 A 发生的概率为 $p(0 < p < 1)$,则在 n 重伯努利试验中,事件 A 恰好发生 k 次的概率为

$$C_n^k p^k (1 - p)^{n-k}.$$

推论 在一次伯努利试验中,事件 A 发生的概率为 $p(0 < p < 1)$,则在 n 重伯努利试验中,事件 A 恰好第 k 次发生的概率为 $p(1 - p)^{k-1}$.

【例12】 同时抛掷 3 枚骰子,求其中恰好有两枚骰子的点数小于 3 的概率.

解:每枚骰子点数小于 3 的概率均为 $\frac{1}{3}$,由伯努利定理,所求的概率为

$$C_3^2 \left(\frac{1}{3}\right)^2 \left(\frac{2}{3}\right) = \frac{2}{9}.$$

6. 条件概率

在古典概型中每个基本事件发生的可能性都是相同的,但是在某些随机试验中,我们总会有"不一样"的感觉. 比如说在抽奖这一随机试验中,总感觉先抽奖的人中奖概率比后抽奖的人中奖概率低,问题出在哪呢?其实,这就是我们接下来要介绍的条件概率.

定义6.12 设 A, B 是两个事件,且 $P(A) > 0$,则称

$$P(B \mid A) = \frac{P(AB)}{P(A)}$$

为在事件 A 发生的条件下,事件 B 的条件概率.

如果没有事件 A 的发生当条件,$P(B)$ 为无条件概率,一般地,$P(B \mid A) \neq P(B)$.

【例13】 在某次抽奖活动中,共有 10 个签,其中 3 个为有奖号签,7 个为无奖号签. 10 个人按顺序上去抽奖,求

(1) 第一人中奖的概率;

(2) 在第一人没中奖的情况下,第二人中奖的概率;

(3) 第二人中奖的概率.

解:设随机事件 A:第一人中奖,B:第二人中奖.

(1) $P(A) = \frac{C_3^1}{C_{10}^1} = \frac{3}{10}$;

(2) $P(B \mid \bar{A}) = \frac{C_3^1}{C_9^1} = \frac{1}{3}$;

$$(3) P(B) = P(\overline{A})P(B \mid \overline{A}) + P(A)P(B \mid A) = \frac{C_7^1}{C_{10}^1}\frac{C_3^1}{C_9^1} + \frac{C_3^1}{C_{10}^1}\frac{C_2^1}{C_9^1} = \frac{3}{10}.$$

7. 事件的独立性

在条件概率中我们可以看到,一般情况下,$P(B \mid A) \neq P(B)$,也就是随机事件 A, B 中某个事件的发生对另一个事件的发生概率是有影响的. 但在许多实际问题中,常会遇到两个事件中任何一个事件的发生都不会对另一个事件发生的概率产生影响. 此时 $P(B \mid A) = P(B)$,即

$$P(AB) = P(A)P(B).$$

由此,引出了事件间相互独立的问题.

定义 6.13 若两个事件 A, B 满足 $P(AB) = P(A)P(B)$,则称事件 A, B 独立,或事件 A, B 相互独立.

【例 14】 在摩托车比赛中,地段甲、乙之间设立了 3 个障碍. 设骑手在每一个障碍前停车的概率为 0.1,从乙地到终点丙地之间骑手不停车的概率为 0.7,试求在地段甲、丙之间骑手不停车的概率.

解: 设事件 A:骑手在甲、丙地之间不停车,B:骑手在乙、丙地之间不停车,A_i:骑手在甲、乙地之间第 $i(i = 1,2,3)$ 个障碍前停车,则

$$P(A_i) = 0.1, \ i = 1,2,3.$$

同时

$$P(B) = 0.7,$$

由于

$$A = \overline{A_1}\ \overline{A_2}\ \overline{A_3}B,$$

且事件相互独立,由此得出

$$P(A) = P(\overline{A_1}\ \overline{A_2}\ \overline{A_3}B) = P(\overline{A_1})P(\overline{A_2})P(\overline{A_3})P(B) = (1 - 0.1)^3 \times 0.7 = 0.5103.$$

在事件 A, B 独立的条件下,事件 $\overline{A}$ 与 $\overline{B}$ 也相互独立. 由上面的例题可以看出事件的独立性很大程度上不是应用定义判断出来的,而是由实际问题出发做出的合理判断.

习 题 6.1

1. 设 A, B, C 是任意三个随机事件,则以下命题中正确的是( ).

A. $(A \cup B) - B = A - B$ B. $(A - B) \cup B = A$

C. $(A \cup B) - C = A \cup (B - C)$ D. $A \cup B = \overline{A}B \cup A\overline{B}$

2. 设 A, B 为两个随机事件,若 $P(AB) = 0$,则下列命题中正确的是( ).

A. A 和 B 互不相容(互斥) B. AB 是不可能事件

C. AB 未必是不可能事件 D. $P(A) = 0$ 或 $P(B) = 0$

3. 对于任意两个随机事件 A, B,有 $P(A - B) = ($).

A. $P(A) - P(B)$ B. $P(A) - P(B) + P(AB)$

C. $P(A) - P(AB)$ D. $P(A) + P(\overline{B}) + P(A\overline{B})$

4. 设 $0 < P(A) < 1, 0 < P(B) < 1, P(A \mid B) + P(\overline{A} \mid \overline{B}) = 1$,则下列各式正确的是

( ).

    A. 事件 A 和 B 互不相容   B. 事件 A 和 $\bar{B}$ 互不独立

    C. 事件 A 和 B 互不独立   D. 事件 A 和 B 相互独立

    5. 一种零件的加工由两道工序组成,第一道工序的废品率为 p,第二道工序的废品率为 q,则该零件加工的成品率为( ).

    A. $1 - p - q$ B. $1 - pq$

    C. $1 - p - q + pq$ D. $(1 - p) + (1 - q)$

    6. 从 50 件产品,其中 45 件正品 5 件次品中任意抽取 3 件,求其中恰有 1 件次品的概率.

    7. 一个口袋中有 10 个大小相同的球,其中 8 个白球,2 个红球. 从中任取一球,看过颜色后放回袋中,然后再从袋中任取一球. 设每次取出球时口袋中各个球被取到的可能性相同. 求:(1) 第一次、第二次都取到红球的概率;(2) 第一次取到红球、第二次取到白球的概率.

    8. 投掷两个骰子,求下列事件的概率:

    (1) 点数之和为 7;

    (2) 点数之和不超过 5.

    9. 任取两个正的真分数,求它们的乘积不大于 $\dfrac{1}{4}$ 的概率.

    10. 随机地向半圆 $0 < y < \sqrt{2ax - x^2}$ (a 为正常数) 内掷一点,点落在半圆内任何区域的概率与区域的面积成正比,则原点和该点的连线与 x 轴的夹角小于 $\dfrac{\pi}{4}$ 的概率是多少?

6.2   离散型随机变量及其分布

    在 6.1 节的介绍中,我们已经给出了随机事件及其概率的定义,了解了一些简单事件的概率的计算方法,在本节中我们介绍随机变量及离散型随机变量的分布列等概念,更进一步地研究概率问题

6.2.1   随机变量及其分布函数

    由前面的介绍可以看出随机现象是通过在随机试验中出现的众多随机事件表现出来的. 然而,与给定的随机试验相伴的随机事件种类繁多,要一一总结它们出现的规律不是一件容易的事情;即使对一些简单情况能做到这一点,但也只是静态地研究了随机现象的一个一个孤立的事件的表现,而不能从动态上把握整个随机现象的统计规律. 随机变量的引入弥补了这一重大缺陷,其将事件的概率化为随机变量及其取值规律的研究,使人们可利用数学分析的方法对随机试验的结果进行广泛而深入的研究. 因此在概率论的发展史上有重要的地位.

    直观上,随机变量是随机试验观察对象的量化指标,它随试验的不同结果而取不同的值. 试验结果的出现是随机的,因而随机变量的取值也是随机的.

    例如,抛掷硬币的试验中,我们可以将"正面朝上"这一基本事件记作"1","反面朝上"这一基本事件记作"0".

    下面我们给出随机变量的定义.

    定义 6.14   对于给定的随机试验, Ω 是其样本空间,若对 Ω 中每一样本点 ω,有且只有

一个实数 $X(\omega)$ 与之对应,则称此定义在 Ω 上的实值函数 X 为随机变量.通常用大写英文字母表示随机变量,用小写的英文字母表示其取值.

例如,在一批产品中进行抽样调查,用 X 表示在某批抽样中次品的数量,则随机事件"无次品",可表示为:$X = 0$;随机事件"至少2件次品"可表示为:$X \geqslant 2$.

由此可见,随机事件的概念实际上是包含在随机变量这个更广的概念之内的.很显然,随机事件的概率即为随机变量在某范围内取值的概率.接下来我们给出一种特殊范围内概率的表示方法.

定义 6.15 设 X 是一个随机变量,称定义域为 $(-\infty, +\infty)$,函数值在区间 $[0,1]$ 上的实值函数

$$F(x) = P(X \leqslant x), \quad x \in (-\infty, +\infty)$$

为随机变量的分布函数.这是与随机变量有关的最重要的一个概念,可用于全面描述相应随机现象的统计规律.

由分布函数的定义我们可以得出如下的性质:

性质 1 分布函数是一个在 $(-\infty, +\infty)$ 上非减的函数,即当 $x_1 < x_2$ 时,$F(x_1) \leqslant F(x_2)$.

性质 2 设 $F(-\infty) = \lim\limits_{x \to -\infty} F(x)$,$F(+\infty) = \lim\limits_{x \to +\infty} F(x)$,则有

$$F(-\infty) = 0, \quad F(+\infty) = 1.$$

【例1】 袋子中装有标号为 $1,2,3$ 号的球,从中任取一球,记随机变量 X 为取出的球上标有的数字,求 X 的分布函数.

解: X 的可能取值为 $1,2,3$,因此由古典概型的计算公式,可知 X 取这些值的概率均为 $\dfrac{1}{3}$,由此得

$$F(x) = \begin{cases} 0 & x < 1 \\ \dfrac{1}{3} & 1 \leqslant x < 2 \\ \dfrac{2}{3} & 2 \leqslant x < 3 \\ 1 & x \geqslant 3 \end{cases}.$$

根据随机变量取值的情况,我们可以把随机变量分为两类:离散型随机变量和非离散型随机变量.

定义 6.16 若随机变量 ξ 的所有可能取值可以一一列举,也就是所取的值是有限个或可列多个时,则称之为离散型随机变量.例如,射击比赛中的命中次数.

定义 6.17 若随机变量 ξ 的所有可能取值构成一个区间时,则称之为连续型随机变量.例如,灯泡的使用寿命.

6.2.2 离散型随机变量及其分布

对于一个离散型随机变量 ξ,我们不仅要知道它的所有可能取值,还要知道取每一个值时的概率,更一般地,我们还想了解 ξ 在某一范围内的概率.这些经典概率问题可以由下面的概念一般地表示出来.

定义 6.18 设 X 为离散型随机变量,它的一切可能取值为 $x_k(k=1,2,\cdots)$ 的对应概率
$$p_k = P(X = x_k) \quad (k = 1,2,\cdots)$$
称为随机变量 X 的概率分布,也称为 X 的分布列.

由概率的定义可知,离散型随机变量的分布列有下面的性质:

(1) $\sum\limits_k p_k = 1$;

(2) $0 \leqslant p_k \leqslant 1$.

【例2】 试确定常数 c,使 $P(X = i) = \dfrac{c}{2^i}(i = 0,1,2,3,4)$ 成为某个随机变量 X 的分布律,并求:$P(X \leqslant 2)$.

解:由分布律的性质 $\sum\limits_k p_k = 1$,得出
$$c + \frac{c}{2} + \frac{c}{2^2} + \frac{c}{2^3} + \frac{c}{2^4} = 1,$$
因此,$c = \dfrac{16}{31}$;

同时,$P(X \leqslant 2) = P(X = 0) + P(X = 1) + P(X = 2) = c + \dfrac{c}{2} + \dfrac{c}{2^2} = \dfrac{28}{31}$.

6.2.3 常见离散型随机变量的概率分布

1. 两点分布

如果随机变量 X 的分布列为

X	0	1
P	$1-p$	p

则称 X 服从参数为 p 的两点分布.

2. 二项分布

如随机变量 X 的分布列为
$$P(X = k) = C_n^k p^k (1 - p)^{n-k} \quad (k = 0,1,2,\cdots,n)$$
其中 $0 \leqslant p \leqslant 1$,$n$ 为正整数,则称 X 服从参数为 n,p 的二项分布,记为 $X \sim B(n,p)$.

由二项分布的概念可知,两点分布就是二项分布的特例;同时由二项分布的定义可以得出,n 重伯努利概型中随机试验成功的次数服从二项分布.

【例3】 建设防洪堤坝时要考虑河流的年最大洪水位. 设在任何一年中最大洪水位超过某一规定的设计水位 H 的概率为 0.1,问在今后 5 年中有一次洪水位超过 H 的概率多大?至多有一次洪水位超过 H 的概率多大?

解:设事件 A:最大洪水位超过 H,则 $P(A) = 0.1$. 问题成为 $n = 5$ 重伯努利概型. 随机事件 A 出现的次数 $X \sim B(5,0.1)$,有一次洪水位超过 H 的概率为
$$P(X = 1) = C_5^1 (0.1)^1 (1 - 0.1)^4 = 0.328;$$
至多有一次洪水位超过的概率为
$$P(X \leqslant 1) = P(X = 0) + P(X - 1)$$

$$= C_5^0 (0.1)^0 (1 - 0.1)^5 + C_5^1 (0.1)^1 (1 - 0.1)^4$$
$$= 0.918.$$

3. 泊松分布

如随机变量 X 的概率分布为

$$P(X = k) = \frac{\lambda^k}{k!} e^{-\lambda} \quad (k = 1, 2, \cdots),$$

其中，$\lambda > 0$，则称 X 服从参数为 λ 的泊松分布，记作 $X \sim P(\lambda)$.

在实际问题中很多随机变量是服从泊松分布的，它常常用来描述"稀有事件"的数目. 如某学校师生中生日为元旦的人数；某地区居民中年龄在百岁以上的人数；到某商店去的顾客人数；某本书中的印刷错误的次数；数字通信中传输数字时发生误码的个数等，大都服从泊松分布. 泊松分布也是一种常见的离散型随机变量的分布.

【**例4**】 某地区一年雾霾出现的次数 X 服从参数 $\lambda = 3$ 的泊松分布. 试求：

(1) 一年中发生 5 次雾霾的概率；

(2) 一年中最多发生 5 次雾霾的概率.

解：(1) 由题意可知

$$P(X = k) = \frac{3^k e^{-3}}{k!}, \quad k = 0, 1, \cdots,$$

因此

$$P(X = 5) = \frac{3^5 e^{-3}}{5!} \approx 0.100\ 8.$$

如果利用泊松分布表（见附录）计算，由于泊松分布表给出的是 $P(X \geqslant x)$ 的值，因此
$$P(X = 5) = P(X \geqslant 5) - P(X \geqslant 6),$$
查表得

$$P(X = 5) = 0.184\ 7 - 0.083\ 9 = 0.100\ 8.$$

(2) $P(X \leqslant 5) = 1 - P(X \geqslant 6) = 1 - 0.083\ 9 = 0.916\ 1.$

同时，我们还要指明，泊松分布是二项分布的极限，即

$$\lim_{n \to \infty} C_n^k p^k (1 - p)^{n-k} = \frac{\lambda^k}{k!} e^{-\lambda}.$$

所以，当 n 较大，p 较小时，二项分布的计算可以用泊松分布作为近似，并且有 $\lambda = np$.

【**例5**】 一个工厂中生产的产品中废品率为 0.005，任取 1 000 件，计算

(1) 其中至少有两件是废品的概率；

(2) 其中不超过 5 件废品的概率.

解：设 ξ 表示任取 1 000 件产品中的废品数，则 $\xi \sim B(1\ 000, 0.005)$，利用我们所给的近似公式计算，$\lambda = 1\ 000 \times 0.005 = 5$.

(1) $P(\xi \geqslant 2) = 1 - P(\xi = 0) - P(\xi = 1) \approx 0.959\ 6$；

(2) $P(\xi \leqslant 5) = \sum_{k=0}^{5} P(\xi = k) \approx 0.616\ 0.$

习 题 6.2

1. 设 $F_1(x)$ 与 $F_2(x)$ 分别为随机变量 X_1 与 X_2 的分布函数,为了使

$$F(x) = aF_1(x) - bF_2(x)$$

是某一随机变量的分布函数,在下列各组值中应取(   ).

A. $a = \dfrac{3}{5}, b = -\dfrac{2}{5}$ B. $a = \dfrac{2}{3}, b = \dfrac{2}{3}$

C. $a = -\dfrac{1}{2}, b = \dfrac{3}{2}$ D. $a = \dfrac{1}{2}, b = -\dfrac{3}{2}$

2. 设随机变量 X 与 Y 相互独立,其概率分布分别为

X	0	1
P	$\dfrac{1}{2}$	$\dfrac{1}{2}$

Y	0	1
P	$\dfrac{1}{2}$	$\dfrac{1}{2}$

则以下结论正确的是(   )

A. $X = Y$ B. $P(X = Y) = 1$ C. $P(X = Y) = \dfrac{1}{2}$ D. 以上均不正确

3. 某篮球运动员每次投篮命中的概率为 0.6,他一共投篮三次,求命中次数 X 的分布列.

4. 一盒中装有 10 只晶体管,其中有 8 只正品,安装半导体收音机时,从这盒晶体管中任取一个测试,取后不放回,直到取出正品为止,求所需测试次数 X 的分布列.

5. 一大批产品,其废品率为 0.001 5,求任取 100 件产品,其中有次品以及不多于 3 件次品的概率.

6. 设随机变量 X 的分布函数为

$$F(x) = \begin{cases} 0 & x < 1 \\ 0.4 & -1 \leqslant x < 1 \\ 0.8 & 1 \leqslant x < 3 \\ 1 & x \geqslant 3 \end{cases},$$

试求 X 概率分布.

7. 掷两颗骰子,所得点数之和记为 X,试求 X 的概率分布及分布函数.

6.3 连续型随机变量及其分布

6.3.1 连续型随机变量与其概率密度

连续性随机变量 ξ 可以取某一区间上的所有的值,在这种情况下,我们主要考虑的是 ξ 在某个区间上取值的概率.

定义 6.19 对于随机变量 ξ,如果存在一个定义在 $(-\infty, +\infty)$ 上的非负可积函数

$f(x)$,使得对任意实数 $a < b$,有

$$P(a < \xi \leqslant b) = \int_a^b f(x)\,dx,$$

则称 ξ 为连续型随机变量,并称 $f(x)$ 为 ξ 的概率密度函数,简称密度函数或概率密度.

由概率密度的定义,我们可以得出如下的结论:

(1)连续型随机变量 ξ 取区间内任一值的概率为零,即 $P(\xi = c) = 0$;

(2)连续型随机变量 ξ 在任意区间上取值的概率与是否包含区间端点无关,即

$$P(a < \xi < b) = P(a \leqslant \xi < b) = P(a < \xi \leqslant b) = P(a \leqslant \xi \leqslant b) = \int_a^b f(x)\,dx;$$

(3)$\int_{-\infty}^{+\infty} f(x)\,dx = 1$.

【例1】 设连续型随机变量 X 的概率密度函数为

$$f(x) = \begin{cases} Ax^3 & 0 < x < 1 \\ 0 & \text{其他} \end{cases},$$

(1)确定常数 A 的值;

(2)求随机变量 X 的分布函数 $F(x)$;

(3)求 $P(0 \leqslant \xi < 0.5)$.

解:(1) 由 $\int_{-\infty}^{+\infty} f(x)\,dx = 1$,得

$$\int_{-\infty}^{+\infty} f(x)\,dx = \int_0^1 Ax^3\,dx = \frac{A}{4} = 1,$$

因此得,$A = 4$;

$$(2)\,F(x) = P(X \leqslant x) = \int_{-\infty}^x 4x^3\,dx = \begin{cases} 0 & x \leqslant 0 \\ x^4 & 0 < x < 1 \\ 1 & x \geqslant 1 \end{cases};$$

$$(3)\,P(0 \leqslant \xi < 0.5) = \int_0^{0.5} 4x^3\,dx = F(0.5) - F(0) = 0.062\,5.$$

6.3.2 三种常见的连续型随机变量的分布

1. 均匀分布

如果连续型随机变量 x 的概率密度为

$$f(x) = \begin{cases} \dfrac{1}{b - a} & a \leqslant x \leqslant b \\ 0 & \text{其他} \end{cases},$$

则称 X 在区间 $[a, b]$ 上服从均匀分布,记作 $X \sim U[a, b]$.

不难验证,均匀分布满足以下了结论:

① 均匀分布的概率密度 $f(x)$ 满足:$f(x) \geqslant 0$ 且 $\int_{-\infty}^{+\infty} f(x)\,dx = 1$;

② 若 $X \sim U[a, b]$,则有

$$P(c < X < c + l) = \int_c^{c+l} f(x)\,dx = \frac{l}{b - a}$$

其中,$(c, c + l) \subset [a, b]$;

③ 若 $X \sim U[a,b]$，则其分布函数为

$$F(x) = \begin{cases} 0 & x < a \\ \dfrac{x-a}{b-a} & a \leqslant x \leqslant b \\ 1 & x > b \end{cases}.$$

【例2】 设有随机变量 $\xi \sim U(0,10)$，试求方程

$$x^2 - \xi x + 1 = 0$$

有实根的概率.

解：若方程 $x^2 - \xi x + 1 = 0$ 有实根，则其判别式 $\Delta = \xi^2 - 4 \geqslant 0$，即 $\xi \geqslant 2$ 或 $\xi \leqslant -2$，而 $\xi \sim U(0,10)$，其概率密度为

$$f(x) = \begin{cases} \dfrac{1}{10} & 0 < x < 10 \\ 0 & \text{其他} \end{cases},$$

故所求概率为

$$P(\xi \geqslant 2 \text{ 或 } \xi \leqslant -2) = P(\xi \geqslant 2) + P(\xi \leqslant -2) = \int_2^{10} \dfrac{1}{10}\mathrm{d}x = 0.8,$$

即方程有实根的概率为 0.8.

2. 指数分布

若随机变量 X 的概率密度为

$$f(x) = \begin{cases} \lambda \mathrm{e}^{-\lambda x} & x > 0 \\ 0 & x \leqslant 0 \end{cases} \quad (\lambda > 0),$$

则称 X 服从参数为 λ 的指数分布，记作 $X \sim e(\lambda)$.

由指数分布的概率密度可知：

(1) $f(x) \geqslant 0$；

(2) $\int_{-\infty}^{+\infty} f(x)\mathrm{d}x = 1$；

(3) 若 $X \sim e(\lambda)$，则其分布函数为

$$F(x) = \begin{cases} 1 - \mathrm{e}^{-\lambda x} & x > 0 \\ 0 & x \leqslant 0 \end{cases}.$$

指数函数的一个重要特征是无记忆性（Memoryless Property，又称遗失记忆性）. 这表示如果一个随机变量呈指数分布，当 $s,t \geqslant 0$ 时有

$$P(T > s + t \mid T > t) = P(T > s).$$

即，如果 T 是某一元件的寿命，已知元件使用了 t 小时，它总共使用至少 $s+t$ 小时的条件概率，与从开始使用时算起它使用至少 s 小时的概率相等.

【例3】 设某灯泡厂生产的灯泡寿命 X（以 h 计）服从指数分布，其概率密度为

$$f(x) = \begin{cases} \dfrac{1}{1\,200}\mathrm{e}^{\frac{x}{a}} & x > 0 \\ 0 & x \leqslant 0 \end{cases},$$

试确定常数 a，并求其分布函数. 若灯泡寿命超过 1 000 h 为一级品，试问任取一灯泡测试，其为一级品的概率是多少？

解：由概率密度的性质知

$$1 = \int_{-\infty}^{+\infty} f(x)\,\mathrm{d}x = \int_0^{+\infty} \frac{1}{1\,200} \mathrm{e}^{\frac{x}{a}}\mathrm{d}x = \frac{1}{1\,200} a \mathrm{e}^{\frac{x}{a}}\Big|_0^{+\infty} = \frac{1}{1\,200}(-a),$$

即

$$a = -1\,200,$$

故随机变量 X 的概率密度为

$$f(x) = \begin{cases} \dfrac{1}{1\,200}\mathrm{e}^{-\frac{x}{1\,200}} & x > 0 \\ 0 & x \leqslant 0 \end{cases}.$$

当 $x \leqslant 0$ 时

$$F(x) = \int_{-\infty}^x f(x)\,\mathrm{d}x = 0,$$

当 $x > 0$ 时

$$F(x) = \int_0^x \frac{1}{1\,200}\mathrm{e}^{-\frac{x}{1\,200}}\mathrm{d}x = -\mathrm{e}^{-\frac{x}{1\,200}}\Big|_0^x = 1 - \mathrm{e}^{-\frac{x}{1\,200}},$$

故随机变量 X 的分布函数为

$$F(x) = \begin{cases} 1 - \mathrm{e}^{-\frac{x}{1\,200}} & x > 0 \\ 0 & x \leqslant 0 \end{cases}.$$

由此可得一级品的概率为

$$P(X > 1\,000) = 1 - P(X \leqslant 1\,000) = 1 - F(1\,000)$$
$$= 1 - (1 - \mathrm{e}^{-\frac{1\,000}{1\,200}}) = \mathrm{e}^{-\frac{5}{6}} \approx 0.434\,60.$$

3. 正态分布

若随机变量 X 的概率密度为

$$f(x) = \frac{1}{\sqrt{2\pi}\,\sigma}\mathrm{e}^{-\frac{(x-\mu)^2}{2\sigma^2}} \quad (x \in \mathbf{R}),$$

则称 X 服从参数为 μ, σ^2 的正态分布,记作 $X \sim N(\mu, \sigma^2)(\sigma > 0)$.

由正态分布概率密度的定义,我们可知:

(1) $f(x) \geqslant 0$;

(2) $\int_{-\infty}^{+\infty} f(x)\,\mathrm{d}x = 1$;

(3) 正态分布概率密度函数 $f(x)$ 的曲线如图 6.2 所示:

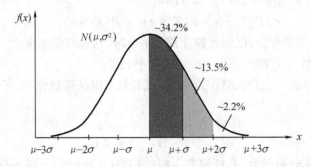

图 6.2

由 $f(x)$ 的图形可以看出,其关于直线 $x = \mu$ 对称;$x = \mu$ 时达到最大值 $f(x) = \dfrac{1}{\sqrt{2\pi}\sigma}$;$x = \mu$ $\pm \sigma$ 处图像有拐点,且以 x 轴为渐近线;μ 确定曲线位置,σ 确定中峰的高度;

(4) 当 $X \sim N(\mu, \sigma^2)(\sigma > 0)$ 时,则其分布函数为

$$F(x) = \frac{1}{\sqrt{2\pi}\sigma}\int_{-\infty}^{x} e^{-\frac{(x-\mu)^2}{2\sigma^2}}dx, \ x \in \mathbf{R}.$$

正态分布(Normal distribution)又名高斯分布(Gaussian distribution),是一个在数学、物理及工程等领域都非常重要的概率分布,在统计学的许多方面有着重大的影响力. 因其曲线呈钟形,因此人们又经常称之为钟形曲线.

当正态分布中的参数 $\mu = 0, \sigma = 1$ 时,我们称此时的随机变量 X 服从标准正态分布,记作 $N(0,1)$,此时其概率密度为

$$\varphi(x) = \frac{1}{\sqrt{2\pi}}e^{-\frac{x^2}{2}},$$

密度曲线如图 6.3.

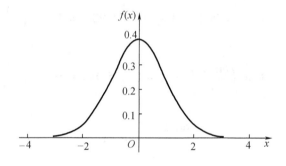

图 6.3

分布函数为

$$\Phi(x) = \frac{1}{\sqrt{2\pi}}\int_{-\infty}^{x} e^{-\frac{x^2}{2}}dx.$$

其中,分布函数 $\Phi(x)$ 的取值可由标准正态分布表查得(见附录).

对于标准正态分布有如下的一些结论:

(1) 其分布函数 $\Phi(x) = 1 - \Phi(-x)$;

(2) $X \sim N(0,1)$ 时,$P(a < x < b) = \Phi(b) - \Phi(a)$.

若随机变量服从普通正态分布,利用分布函数求解随机变量在某个范围下的概率是办不到的,因此,我们有必要探讨一下普通正态分布与标准正态分布两者存在的联系.

定理6.2 设 $X \sim N(\mu, \sigma^2)$,则 $Y = \dfrac{x - \mu}{\sigma} \sim N(0,1)$.

利用这个定理及标准正态分布表可以得出服从普通正态分布的随机变量在某个范围下的概率.

【例4】 设随机变量 $X \sim N(1.5, 4)$,试计算:

(1) $P(X \leq 3.5)$; (2) $P(x \leq -4)$;

(3) $P(X > 2)$; (4) $P(|X| < 3)$.

解：$(1) P(X \leqslant 3.5) = \Phi\left(\dfrac{3.5 - 1.5}{2}\right) = \Phi(1) = 0.841\ 3;$

$(2) P(X \leqslant -4) = \Phi\left(\dfrac{-4 - 1.5}{2}\right) = \Phi(-2.75) = 1 - \Phi(2.75)$

$\qquad\qquad\qquad = 1 - 0.997\ 0 = 0.003\ 0;$

$(3) P(X > 2) = 1 - \Phi\left(\dfrac{2 - 1.5}{2}\right) = 1 - \Phi(0.25) = 1 - 0.598\ 7 = 0.401\ 3;$

$(4) P(|X| < 3) = P(-3 < X < 3) = \Phi\left(\dfrac{3 - 1.5}{2}\right) - \Phi\left(\dfrac{-3 - 1.5}{2}\right)$

$\qquad\qquad\qquad = \Phi(0.75) - \Phi(-2.25) = \Phi(0.75) - [1 - \Phi(2.25)]$

$\qquad\qquad\qquad = 0.773\ 4 - (1 - 0.987\ 8) = 0.761\ 2.$

【例5】 某单位招聘 2 500 人，按考试成绩从高分到低分依此录用，共有 10 000 人报名. 假设报名者的成绩 $X \sim N(\mu, \sigma^2)$，已知 90 分以上的有 359 人，60 分以下的有 1 151 人，试问录用者中最低分为多少？

解：设报名者的成绩 $X \sim N(\mu, \sigma^2)$，先确定参数 μ 与 σ^2 的值. 因为

$$\frac{359}{10\ 000} = P(X > 90) = 1 - P(X \leqslant 90) = 1 - \Phi\left(\frac{90 - \mu}{\sigma}\right),$$

于是

$$\Phi = \left(\frac{90 - \mu}{\sigma}\right) = 1 - 0.035\ 9 = 0.964\ 1,$$

查表得

$$\frac{90 - \mu}{\sigma} = 1.8;$$

又因为

$$\frac{1\ 151}{10\ 000} = P(X \leqslant 60) = \Phi\left(\frac{60 - \mu}{\sigma}\right),$$

于是

$$\Phi\left(\frac{60 - \mu}{\sigma}\right) = 0.115\ 1,$$

查表得

$$\frac{60 - \mu}{\sigma} = -1.2,$$

从而得到方程组

$$\begin{cases} 90 - \mu = 1.8\sigma \\ 60 - \mu = -1.2\sigma \end{cases} \Rightarrow \begin{cases} \mu = 72 \\ \sigma = 10 \end{cases};$$

再设被录用者中的最低分为 x 分，由题意得

$$\frac{2\ 500}{10\ 000} = P(X > x) = 1 - P(X \leqslant x) = 1 - \Phi\left(\frac{x - 72}{10}\right),$$

即

$$\Phi\left(\frac{x - 72}{10}\right) = 1 - 0.25 = 0.75,$$

查表得

$$\frac{x-72}{10} = 0.675,$$

故所求录用者中最低分为

$$x = 72 + 10 \times 0.675 = 78.75 \approx 79.$$

习 题 6.3

1. 设随机变量 $X \sim N(\mu, \sigma^2)$，则随 σ 的增大，概率 $P(|X - \mu| < \sigma)$ 应（　　）.

A. 单调增大　　　　　B. 单调减少　　　　　C. 保持不变　　　　　D. 增减不定

2. 设随机变量的概率密度为

$$f(x) = \begin{cases} ax & 0 < x < 1 \\ \dfrac{1}{x^2} & 1 \le x < 2 \\ 0 & \text{其他} \end{cases},$$

求常数 a，并求其分布函数 $F(x)$.

3. 设连续型随机变量 X 的分布函数为

$$F(x) = \begin{cases} 0 & x \le a \\ A + B\arcsin\dfrac{x}{a} & -a < x \le a \\ 1 & x > a \end{cases},$$

其中 $a > 0$. 试求：

(1) 常数 A, B；

(2) $P\left(|X| < \dfrac{a}{2}\right)$；

(3) 概率密度 $f(x)$.

4. 设随机变量 $\xi \sim U(0, 5)$，求方程

$$4x^2 + 4\xi x + \xi + 2 = 0$$

有实根的概率.

5. 某城市每天用电量不超过 100 万千瓦时，以 ξ 表示每天的耗电率（即用电量除以一百万千瓦时），它具有概率密度

$$f(x) = \begin{cases} 12x(1 - x^2) & 0 < x < 1 \\ 0 & \text{其他} \end{cases}$$

若该城市每天的供电量仅有 80 万千瓦时，求供电量不够需要的概率是多少？如每天供电量为 90 万千瓦时又是怎样的？

6. 某长途汽车站每隔 10 min 有一辆汽车经过，乘客在任一时刻到达汽车站是等可能的，则"乘客等候汽车的时间" X 是一个随机变量，它在 0 ~ 10 min 取值：$0 \le X \le 10$，求此乘客候车时间超过 5 min 的概率.

7. 某电子元件的使用寿命 X（单位：小时）服从参数为 $\lambda = \dfrac{1}{1\,000}$ 的指数分布. 求两个这样的电子元件使用 1 000 小时都正常的概率.

8. 已知 $X \sim N(1, 4)$，利用标准正态分布表求：

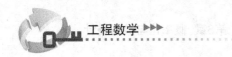

(1)$P(X \leqslant 2)$;

(2)$P(0 < X \leqslant 3)$.

6.4　随机变量的数字特征

在上一节中,我们讨论了随机变量的分布函数、密度函数和概率分布,这些都能全面完整地描述随机变量.但是在实际问题中,要求出随机变量的分布函数或密度函数是比较困难的,而且在很多情况下,并不需要全面考察随机变量的变化情况,只需要知道随机变量在变化过程中的某些数字特征即可.如要了解晶体管的使用寿命,只需了解其平均寿命.这些数字特征虽然不一定能够完整地描述随机变量,但是它能够描述随机变量在某些方面的重要特征.因此,研究随机变量的数字特征在理论上和实际中都有重要的意义.为此我们将介绍能够反映随机变量取值的集中性和分散性的数字特征:数学期望和方差.

6.4.1　数学期望

早些时候,法国有两个大数学家,一个叫做布莱士·帕斯卡,一个叫做费马.帕斯卡认识两个赌徒,这两个赌徒向他提出了一个问题.他们说,他俩下赌金之后,约定谁先赢满5局,谁就获得全部赌金.赌了半天,A赢了4局,B赢了3局,时间很晚了,他们都不想再赌下去了.那么,这个钱应该怎么分?

是不是把钱分成7份,赢了4局的就拿4份,赢了3局的就拿3份呢?或者,因为最早说的是满5局,而谁也没达到,所以就一人分一半呢?这两种分法都不对.正确的答案是:赢了4局的拿这个钱的3/4,赢了3局的拿这个钱的1/4.

为什么呢?假定他们俩再赌一局,A有1/2的可能赢得他的第5局,B有1/2的可能赢得他的第4局.若是A赢满了5局,钱应该全归他;若B赢得他的第4局,则下一局中A、B赢得他们各自的第5局的可能性都是1/2.所以,如果必须赢满5局的话,A赢得所有钱的可能为$1/2 + 1/2 \times 1/2 = 3/4$,当然,$B$就应该得1/4.

数学期望由此而来.数学期望是随机变量按概率的加权平均,表征其概率分布的中心位置.

1.离散型随机变量的数学期望

定义6.20　设离散型随机变量X的分布律为

$$P(X = x_k) = p_k \quad (k = 0, 1, 2, \cdots),$$

如果$\sum\limits_{k=1}^{\infty} |x_k| p_k < \infty$,则称随机变量$X$的数学期望(均值)为$E(X)$或$EX$,即

$$E(X) = \sum_{k=1}^{\infty} x_k p_k.$$

数学期望是随机变量平均取值的一个数字特征,它相当于力学中重心的概念.

【例1】　有一位射手,射击时击中的环数用随机变量ξ表示,其假定其分布律为

ξ	8	9	10
P	0.2	0.2	0.6

求该射手击中环数 ξ 的数学期望.

解：$E(\xi) = 8 \times 0.2 + 9 \times 0.2 + 10 \times 0.6 = 9.4$.

2. 连续型随机变量的数学期望

定义6.21 设随机变量 X 为连续型随机变量，其密度为 $f(x)$，若 $\int_{-\infty}^{+\infty} xf(x)\mathrm{d}x$ 存在，则称

$\int_{-\infty}^{+\infty} xf(x)\mathrm{d}x$ 为随机变量 X 的数学期望，同样记作 $E(X)$.

【例2】 已知随机变量 X 的概率密度 $f(x) = \begin{cases} \dfrac{1}{4} & 0 < x < 4 \\ 0 & \text{其他} \end{cases}$，求 $E(X)$.

解：$E(X) = \int_{-\infty}^{+\infty} xf(x)\mathrm{d}x = \int_{0}^{4} \dfrac{1}{4}x\mathrm{d}x = 2$.

【例3】 计算几何分布的数学期望.

解：设随机变量 X 服从几何分布，即在 n 重伯努利试验中，随机事件 A 出现的概率为 p，事件 A 首次出现的次数 X 的分布律为

$$P(X = k) = pq^{k-1}, \ k = 1, 2, \cdots,$$

其中，$p > 0, p + q = 1$. 于是

$$EX = \sum_{k=1}^{\infty} kpq^{k-1} = \frac{1}{p}.$$

这一结果和直观是一致的. 如，$p = \dfrac{1}{10}$ 时，即随机事件 A 出现的概率为 $\dfrac{1}{10}$，当然我们可以期望每 10 次试验，事件 A 可以出现一次.

从第一次出现开始等待随机事件 A 下一次出现的试验次数，或者说事件 A 相继两次出现的时间间隔，由于伯努利试验各次试验独立，故仍然服从同一个几何分布. 在工程统计中，把事件 A 相继两次出现的时间间隔称为**重现期**.

不同的建设项目按不同的重现期设计，比如电视发射塔一般要按 50 年一遇的 12 级风速设计，换言之，该地区任何一年 12 级大风出现的概率为 $p = \dfrac{1}{50} = 0.02$. 如某工地要建一个临时的库房时，重现期只要 3 年就足够了. 而 3 年一遇的最大风速 7 级就可以了. 按 3 年一遇的 7 级风速设计就可以大大降低库房的建筑费用，如也按"12 年一遇"的风速设计就会造成巨大的浪费.

3. 六种常见分布的数学期望

当随机变量服从常见分布时，我们利用定义推得常见分布中参数已知的数学期望.

（1）若随机变量 X 服从参数为 p 的 $0 - 1$ 分布，则 $E(X) = p$；

（2）若随机变量 X 服从参数为 n, p 的二项分布，则 $E(X) = np$；

（3）若随机变量 X 服从参数为 λ 的泊松分布，则 $E(X) = \lambda$；

（4）若随机变量 X 服从区间 $[a, b]$ 上的均匀分布，则 $E(X) = \dfrac{a + b}{2}$；

（5）若随机变量 X 服从参数为 λ 的指数分布，则 $E(X) = \dfrac{1}{\lambda}$；

（6）若随机变量 X 服从参数为 μ, σ^2 的正态分布，则 $E(X) = \mu$.

4. 数学期望的性质

除了利用定义求解随机变量的数学期望以外,我们还可以利用随机变量的定义推出一些常见的结论,这将会为我们计算数学期望带来方便. 如:

(1) 设 C 为常数,则 $E(C) = C$;

(2) 设 C 为常数,则 $E(CX) = CE(X)$;

(3) 设 X_1, X_2 为两个随机变量,则 $E(X_1 + X_2) = E(X_1) + E(X_2)$;

(4) 设随机变量 X, Y 相互独立,则 $E(XY) = E(X)E(Y)$.

【例4】 设随机变量 X 服从参数为 2 的泊松分布,且 $Z = 3X - 2$,试求:$E(3Z + 2)$.

解:由于 $X \sim P(2)$,因此 $EX = 2$,由数学期望的性质可得

$$E(3Z + 2) = E[3(3X - 2) + 2] = E(9X - 4) = 9E(X) - 4 = 14.$$

6.4.2 方差

在概率论和数理统计中,方差用来度量随机变量和其数学期望(即均值)之间的偏离程度. 在许多实际问题中,研究随机变量和均值之间的偏离程度有着重要的意义.

1. 方差的定义

定义 6.22 设 X 为一个随机变量,若 $E[X - E(X)]^2$ 存在,则称它为随机变量 X 的方差,记作 $D(X) = E[X - E(X)]^2$.

由方差的定义,不难看出:

(1) 随机变量 X 的取值比较集中时,方差较小;随机变量 X 的取值比较分散时,方差较大;

(2) 若 $D(X) = 0$,则随机变量 X 以概率 1 取常值.

2. 方差的计算

由于方差是一种特殊形式的数学期望,因此方差的计算主要由数学期望推导而得.

(1) 当 X 为离散型随机变量时,分布律为 $P(X = x_k) = p_k$,则

$$D(X) = \sum_{k=1}^{\infty} [x_k - E(X)]^2 p_k;$$

(2) 当 X 为离连续型随机变量时,概率密度为 $f(x)$,则

$$D(X) = \int_{-\infty}^{+\infty} [x - E(X)]^2 f(x) \, dx;$$

(3) 由数学期望的性质可得:$D(X) = E(X^2) - [E(X)]^2$.

【例5】 甲乙两射手进行射击比赛,击中靶心得 2 分,击中靶环得 1 分,脱靶得 0 分,在一次射击中两人的得分为随机变量 X 和 Y,其概率分布为

X	0	1	2
P	0.2	0.1	0.7
Y	0	1	2
P	0.1	0.3	0.6

试评定他们射击成绩的好坏.

解:首先计算他们所得分数的数学期望,

$$E(X) = 0 \times 0.2 + 1 \times 0.1 + 2 \times 0.7 = 1.5,$$

$$E(Y) = 0 \times 0.1 + 1 \times 0.3 + 2 \times 0.6 = 1.5.$$

然后再计算他们的方差,

$$D(X) = (0 - 1.5)^2 \times 0.2 + (1 - 1.5)^2 \times 0.1 + (2 - 1.5)^2 \times 0.7 = 0.65,$$

$$D(Y) = (0 - 1.5)^2 \times 0.1 + (1 - 1.5)^2 \times 0.3 + (2 - 1.5)^2 \times 0.6 = 0.45.$$

由于 $D(Y) < D(X)$,由此得乙的水平比甲更为稳定.

3. 方差的性质

由方差的定义及数学期望的性质我们得出方差的相关性质.

(1) 设 C 为常数,则 $D(C) = 0$;

(2) 设 C 为常数,则 $D(CX) = C^2 D(X)$;

(3) 设 X,Y 为两个随机变量,则

$$D(X \pm Y) = D(X) + D(Y) \pm 2E\{[X - E(X)][Y - E(Y)]\},$$

若 X,Y 为两个相互独立的随机变量,则

$$D(X \pm Y) = D(X) + D(Y).$$

定义 6.23 设随机变量 X 的数学期望 $E(X) = \mu$,方差 $D(X) = \sigma^2 \neq 0$,称

$$X^* = \frac{X - \mu}{\sigma}$$

为随机变量 X 的标准化变量.

由标准化变量的定义及数学期望、方差的性质,可得

$$E(X^*) = 0, \quad D(X^*) = 1$$

4. 六种常见分布的方差

(1) 若随机变量 X 服从参数为 p 的 $0 - 1$ 分布,则 $D(X) = p(1 - p)$;

(2) 若随机变量 X 服从参数为 n,p 的二项分布,则 $D(X) = np(1 - p)$;

(3) 若随机变量 X 服从参数为 λ 的泊松分布,则 $D(X) = \lambda$;

(4) 若随机变量 X 服从区间 $[a,b]$ 上的均匀分布,则 $D(X) = \dfrac{(b - a)^2}{12}$;

(5) 若随机变量 X 服从参数为 λ 的指数分布,则 $D(X) = \dfrac{1}{\lambda^2}$;

(6) 若随机变量 X 服从参数为 μ,σ^2 的正态分布,则 $D(X) = \sigma^2$.

习 题 6.4

1. 已知离散型随机变量 X 服从参数为 2 的泊松(Poisson) 分布,则随机变量 $Y = 3X - 2$ 的数学期望 $E(Y) = ($ $)$.

A. 10   B. 4   C. -2 D. $-\dfrac{1}{2}$

2. 设两个相互独立的随机变量 X 和 Y 的方差分别为 4 和 2,则随机变量 $3X - 2Y$ 的方差是( ).

A. 8   B. 16   C. 28   D. 44

3. 已知随机变量 X 服从二项分布,且 $E(X) = 2.4,D(X) = 1.44$,则二项分布的参数 n,

p 的值为(   ).

    A. $n = 4, p = 0.6$ B. $n = 6, p = 0.4$

    C. $n = 8, p = 0.3$ D. $n = 24, p = 0.1$

4. 若 X 为离散型随机变量,有

$$P(X = x_1) = \frac{3}{5}, \quad P(X = x_2) = \frac{2}{5},$$

且 $x_1 < x_2$,又知

$$E(X) = \frac{7}{5}, \quad D(X) = \frac{6}{25},$$

求 X 的分布列.

5. 甲、乙两种车床生产同一零件,一天中次品数的概率分别为

甲	0	1	2	3
P_k	0.4	0.3	0.2	0.1
乙	0	1	2	3
P_k	0.3	0.5	0.2	0

如果两种车床的产量相同,问哪台车床的性能好?

6. 设 10 只同种电器元件中有 2 只废品. 装配仪器时,从这批元件中任取一只,若是废品,则扔掉重新任取一只;若仍是废品,则再扔掉重新任取一只. 试求:在取到正品之前已取出的废品数的概率分布与数学期望.

7. 设随机变量 X 和 Y 同分布,均具有概率密度

$$f(x) = \begin{cases} \dfrac{3}{8}x^2 & 0 < x < 2 \\ 0 & \text{其他} \end{cases},$$

令 $A = \{X > a\}, B = \{Y > a\}$,已知 A 与 B 相互独立. 且 $P(A \cup B) = \dfrac{3}{4}$,试求:

(1) a 的值;

(2) $\dfrac{1}{X^2}$ 的数学期望.

8. 游客乘电梯从底层到电视塔顶层观光,电梯于每个整点的第 5 min、25 min 和 55 min 从底层起行,假设一游客是从早上八点的第 X min 到达底层楼梯处,且 X 在 $[0,60]$ 上服从均匀分布. 试求游客等候时间 Y 的数学期望.

9. 设随机变量 $X \sim P(\lambda)$,且已知 $E(X-1)E(X-2) = 1$,求 λ.

【阅读材料9】

概率论发展史

    概率论是一门研究随机现象规律的数学分支. 其起源于 17 世纪中叶,当时在误差、人口统计、人寿保险等范畴中,需要整理和研究大量的随机数据资料,这就孕育出一种专门研究大量随机现象的规律性的数学,但当时刺激数学家们首先思考概率论的问题,却是来自赌

博者的问题. 数学家费马向一法国数学家帕斯卡提出下列的问题"现有两个赌徒相约赌若干局,谁先赢 s 局就算赢了,当赌徒 A 赢 a 局 $[a < s]$,而赌徒 B 赢 b 局 $[b < s]$ 时,赌博中止,那赌本应怎样分才合理呢?"于是他们从不同的理由出发,在 1654 年 7 月 29 日给出了正确的解法. 在三年后,即 1657 年,荷兰的另一数学家惠根斯(1629—1695) 亦用自己的方法解决了这一问题,更写成了《论赌博中的计算》一书,这就是概率论最早的论者. 他们三人提出的解法中,都首先涉及了数学期望这一概念,并由此奠定了古典概率论的基础. 使概率论成为数学一个分支的另一奠基人是瑞士数学家雅各布·伯努利(1654—1705). 他的主要贡献是建立了概率论中的第一个极限定理,我们称为"伯努利大数定理",即"在多次重复试验中,频率有越趋稳定的趋势". 这一定理在他死后,即 1713 年,发表在他的遗著《猜度术》中. 到了 1730 年,法国数学家棣莫弗出版其著作《分析杂论》,当中包含了著名的"棣莫弗 – 拉普拉斯定理",这就是概率论中第二个基本极限定理的原始雏形. 而接着拉普拉斯在 1812 年出版的《概率的分析理论》中,首先明确地对概率作了古典的定义. 另外,他又和数个数学家建立了关于"正态分布"及"最小二乘法"的理论. 另一个在概率论发展史上的代表人物是法国的泊松,他推广了伯努利形式下的大数定律,研究得出了一种新的分布,即泊松分布. 概率论继他们之后,其中心研究课题集中在推广和改进伯努利大数定律及中心极限定理. 概率论发展到 1901 年,中心极限定理终于被严格地证明了,之后数学家正是利用这一定理第一次科学地解释了为什么实际中遇到的许多随机变量近似服从于正态分布. 到了 20 世纪的 30 年代,人们开始研究随机过程,而著名的马尔可夫过程的理论在 1931 年才被奠定其地位. 苏联数学家柯尔莫哥洛夫在概率论发展史上亦作出了重大贡献,到了近代,出现了理论概率及应用概率的分支,及将概率论应用到不同范畴,从而开展了不同学科. 因此,现代概率论已经成为一个非常庞大的数学分支.

6.5 样本与总体

统计学是一门研究随机现象,以推断为特征的方法论科学,"由部分推及全体"的思想贯穿于统计学的始终. 具体地说,它是研究如何搜集、整理、分析反映事物总体信息的数字资料,并以此为依据,对总体特征进行推断的原理和方法. 用统计来认识事物的步骤是:研究设计 → 抽样调查 → 统计推断 → 结论. 这里,研究设计就是制定调查研究和试验研究的计划,抽样调查时搜集资料的过程,统计推断是分析资料的过程. 显然统计的主要功能是推断,而推断的方法是一种不完全归纳法,因为是用部分资料来推断总体.

由此可以看出,样本和总体是统计学的基础,它们的概念具体表述如下.

6.5.1 总体与总体分布

定义 6.24 试验的全部可能的观察值称为总体(数值可重复). 总体中包含的个体数称为总体容量. 每一个可能观察值称为个体. 例如,某学校一年级男生的身高就是一个总体,每个人的身高就是个体.

若将试验的全部观察值看作是随机变量,则对总体的研究就是对一个随机变量的研究,随机变量的分布函数和数字特征就称为总体的分布函数和数字特征.

总体分布一般来说是未知的,有时即使知道其分布类型,但也不知道这些分布中所含的参数. 数理统计的任务就是根据总体中部分个体的数据资料来对总体的未知分布进行统计推断.

6.5.2 样本与样本分布

为判断总体服从何种分布或估计未知参数应取何值,我们可从总体中抽取若干个个体进行观察、分析,对总体的分布做出判断或对未知参数做出合理的估计.

定义 6.25 按一定原则从总体中抽取若干个个体,这个过程叫做抽样.

定义 6.26 从总体中随机地抽取 n 个个体,记其标值为 $x_1, x_2, \cdots, x_n$,则 $x_1, x_2, \cdots, x_n$ 称为总体的一个样本,n 为样本容量.

通常情况下,我们用大写字母表示总体,小写字母表示样本.

6.5.3 抽样方法

在从总体中获得样本的过程中,我们希望其是"公平"的,其中最简单的方法为简单随机抽样,这种抽样方法满足两个特性:

(1) 代表性:$X_1, X_2, \cdots, X_n$ 与所考察的总体具有相同的分布;

(2) 独立性:$X_1, X_2, \cdots, X_n$ 是相互独立的随机变量.

这里,我们总是假设所考虑的样本均为简单随机抽样样本,简称为样本.

6.5.4 统计量

样本来自总体并且反应总体,但是样本所含的信息不能直接用于解决我们所要研究的问题,而需要将样本信息作某种适当的处理,然后应用到我们要解决的问题中来. 在数理统计中往往是通过构造一个合适的依赖于样本的函数 —— 统计量来实现这一目的.

定义 6.27 设 $X_1, X_2, \cdots, X_n$ 为总体 X 的一个样本,称此样本的任一含总体分布未知参数的函数为该样本的统计量.

常用的统计量有:

(1) 样本平均值:$\overline{X} = \dfrac{1}{n} \sum\limits_{i=1}^{n} X_i$;

(2) 样本方差:$S^2 = \dfrac{1}{n-1} \sum\limits_{i=1}^{n} (X - X_i)^2 = \dfrac{1}{n-1} \left(\sum\limits_{i=1}^{n} X_i^2 - n \overline{X}^2 \right)$;

(3) 样本标准差:$S = \sqrt{S^2} = \sqrt{\dfrac{1}{n-1} \sum\limits_{i=1}^{n} (X - X_i)^2}$;

(4) 样本 k 阶(原点)矩:$A_k = \dfrac{1}{n} \sum\limits_{i=1}^{n} X_i^k$;

(5) 样本 k 阶中心矩:$B_k = \dfrac{1}{n} \sum\limits_{i=1}^{n} (X_i - \overline{X})^k$.

这些统计量所对应的观察值可分别记为 $\overline{x}, s^2, s, a_k, b_k$.

【例1】 从一批产品中随机抽取 8 件,测得它们的质量(单位:kg) 如下:

$$143, 100, 146, 130, 185, 140, 128, 196$$

试计算样本均值、样本方差、二阶原点矩.

解:样本均值为

$$\overline{x} = \frac{1}{n} \sum_{i=1}^{n} x_i = \frac{1}{8} (143 + 100 + 146 + 130 + 185 + 140 + 128 + 196) = 146;$$

样本方差为

$$s^2 = \frac{1}{n-1} \sum_{i=1}^{n} (x_i - \bar{x})^2 = \frac{1}{7} \left[(143-146)^2 + (100-146)^2 + \cdots + (196-146)^2 \right] = 966$$

二阶原点矩为

$$A_2 = \frac{1}{n} \sum_{i=1}^{n} x_i^2 = \frac{1}{8} (143^2 + 100^2 + \cdots + 196^2) = 22\ 161.25.$$

6.5.5 常用统计量的分布

1. 样本均值 $\bar{x}$ 的分布

定理6.3 设 $x_1, x_2, \cdots, x_n$ 为来自正态总体 $N(\mu, \sigma^2)$ 的样本,则

$$\bar{x} = \frac{1}{n} \sum_{i=1}^{n} x_i \sim N\left(\mu, \frac{\sigma^2}{n}\right) \quad \text{或者} \quad Z = \frac{\bar{x} - \mu}{\dfrac{\sigma}{\sqrt{n}}} \sim N(0,1),$$

特别地,当 $x_1, x_2, \cdots, x_n$ 为来自标准正态总体 $N(0,1)$ 的样本,则

$$\bar{x} = \frac{1}{n} \sum_{i=1}^{n} x_i \sim N\left(0, \frac{1}{n}\right).$$

【例2】 设总体 $X \sim N(52, 6.3^2)$,从总体抽得容量为36的样本,求:样本均值 $\bar{X}$ 取值在 $50.8 \sim 53.8$ 的概率.

解:由于 $X \sim N(52, 6.3^2)$,所以 $\mu = 52, \sigma = 6.3$,且有 $n = 36$,由定理6.3可知,

$$E(\bar{X}) = \mu = 52, \quad D(\bar{X}) = \frac{6.3^2}{36} = 1.05^2,$$

故 $\bar{X} \sim N(52, 1.05^2)$. 因此

$$
\begin{aligned}
P\{50.8 \leqslant \bar{X} \leqslant 53.8\} &= \Phi\left(\frac{53.8 - 52}{1.05}\right) - \Phi\left(\frac{50.8 - 52}{1.05}\right) \\
&= \Phi(1.714) - \Phi(-1.143) \\
&= 0.829\ 3.
\end{aligned}
$$

2. χ^2 分布

定义6.28 设 $x_1, x_2, \cdots, x_n$ 为来自标准正态分布 $N(0,1)$ 的一个样本,则称统计量

$$\chi^2 = x_1^2 + x_2^2 + \cdots + x_n^2$$

服从自由度为 n 的 χ^2 分布,记为 $\chi^2 \sim \chi^2(n)$.

由此定义,我们可以得出:

$$E(\chi^2) = n, \quad D(\chi^2) = 2n.$$

关于 χ^2 分布我们有如下的结论:

定理6.4 设 $x_1, x_2, \cdots, x_n$ 为来自正态分布 $N(\mu, \sigma^2)$ 的样本,则随机变量

$$\frac{(n-1)s^2}{\sigma^2} \sim \chi^2(n-1).$$

【例3】 设随机变量 $X \sim N(0,1)$,$(X_1, X_2, \cdots, X_6)$ 为来自总体 X 的简单随机样本,

$$Y = (X_1 + X_2 + X_3)^2 + (X_4 + X_5 + X_6)^2$$

试确定常数 C,使得随机变量 CY 服从 χ^2 分布.

解:由正态分布的性质可知

$$X_1 + X_2 + X_3 \sim N(0,3), \quad X_4 + X_5 + X_6 \sim N(0,3),$$

则

$$\frac{X_1 + X_2 + X_3}{\sqrt{3}} \sim N(0,1), \quad \frac{X_4 + X_5 + X_6}{\sqrt{3}} \sim N(0,1),$$

从而

$$\left(\frac{X_1 + X_2 + X_3}{\sqrt{3}}\right)^2 \sim \chi^2(1), \quad \left(\frac{X_4 + X_5 + X_6}{\sqrt{3}}\right)^2 \sim \chi^2(1),$$

又由于 $X_1, X_2, \cdots, X_6$ 相互独立及 χ^2 分布的可加性知

$$\left(\frac{X_1 + X_2 + X_3}{\sqrt{3}}\right)^2 + \left(\frac{X_4 + X_5 + X_6}{\sqrt{3}}\right)^2 = \frac{1}{3}\left[(X_1 + X_2 + X_3)^2 + (X_4 + X_5 + X_6)^2\right] \sim \chi^2(2),$$

所以当 $C = \dfrac{1}{3}$ 时，随机变量 CY 服从 χ^2 分布.

3. t 分布

定义 6.29 若随机变量 X_1, X_2 独立且 $X_1 \sim N(0,1)$，$X_2 \sim \chi^2(n)$，则统计量

$$t = \frac{X_1}{\sqrt{X_2/n}}$$

服从自由度为 n 的 t 分布，记为 $t \sim t(n)$.

关于 t 分布我们有如下的结论：

定理 6.5 设 $x_1, x_2, \cdots, x_n$ 为来自正态总体 $N(\mu, \sigma^2)$ 的样本，$s = \sqrt{s^2}$ 为样本标准差，则随机变量

$$T = \frac{\bar{x} - \mu}{s/\sqrt{n}} \sim t(n-1).$$

【例 4】 设随机变量 X 与 Y 相互独立，且都服从正态分布 $N(0, 3^2)$，而 $X_1, X_2, \cdots, X_9$ 和 $Y_1, Y_2, \cdots, Y_9$ 分别是来自总体 X 和 Y 的简单随机样本，试求统计量

$$U = \frac{X_1 + X_2 + \cdots + X_9}{\sqrt{Y_1^2 + Y_2^2 + \cdots + Y_9^2}}$$

的分布.

解： 由 $X_1, X_2, \cdots, X_9 \sim N(0, 3^2)$，且为样本，则

$$X_1 + X_2 + \cdots + X_9 \sim N(0, 9^2),$$

由此得

$$\frac{1}{9}(X_1 + X_2 + \cdots + X_9) \sim N(0,1),$$

又由于

$$Y_1, Y_2, \cdots, Y_9 \sim N(0, 3^2),$$

则有

$$\frac{1}{3}Y_1, \ \frac{1}{3}Y_2, \ \cdots, \ \frac{1}{3}Y_9 \sim N(0,1),$$

因此

$$\left(\frac{1}{3}Y_1\right)^2 + \left(\frac{1}{3}Y_2\right)^2 + \cdots + \left(\frac{1}{3}Y_9\right)^2 = \frac{1}{9}(Y_1^2 + Y_2^2 + \cdots + Y_3^2) \sim \chi^2(9),$$

所以

$$U = \frac{\frac{1}{9}(X_1 + X_2 + \cdots + X_9)}{\sqrt{\frac{1}{9}(Y_1^2 + Y_2^2 + \cdots + Y_9^2)/9}} \sim t(9).$$

4. F 分布

定义 6.30 设 $X_1 \sim \chi^2(m)$，$X_2 \sim \chi^2(n)$，且 X_1，X_2 相互独立，则称统计量

$$F = \frac{X_1/m}{X_2/n}$$

服从自由度为 m 与 n 的 F 分布，记为 $F \sim F(m,n)$，其中称 m 为分子自由度，n 为分母自由度.

【例5】 设随机变量 X 服从自由度为 n 的 t 分布，求证：随机变量函数 X^2 服从自由度为 $(1,n)$ 的 F 分布.

证明：因为 $X \sim t(n)$，即 $X = \dfrac{U}{\sqrt{\chi^2(n)/n}}$，其中 $U \sim N(0,1)$，于是

$$X^2 = \frac{U^2}{(\sqrt{\chi^2(n)/n})^2} = \frac{\chi^2(1)/1}{\chi^2(n)/n},$$

所以 $X^2 \sim F(1,n)$.

习 题 6.5

1. 设 $(X_1, X_2, \cdots, X_n)$ 是来自正态总体 $N(0,1)$ 的样本，则统计量

$$Y = \frac{1}{m}\left(\sum_{i=1}^{m} X_i\right)^2 + \frac{1}{n-m}\left(\sum_{i=m+1}^{n} X_i\right)^2$$

服从的分布是（ ）.

A. $N(0,2)$ B. $\chi^2(n)$ C. $\chi^2(2)$ D. $N(0,n)$

2. 设 $(X_1, X_2, \cdots, X_n, X_{n+1})$ 是来自正态总体 $N(\mu,\sigma^2)$ 的样本，$\overline{X}$ 为样本均值，S^2 为样本方差，则统计量

$$Y = \frac{X_{n+1} - \overline{X}}{S}\sqrt{\frac{n}{n+1}}$$

服从的分布是（ ）.

A. $N(0,1)$ B. $t(n)$ C. $t(n+1)$ D. $t(n-1)$

3. 在一本书中随机地检查了10页，发现每页上的错误数分别为 3,4,3,5,6,0,3,1,2,3. 试计算其样本均值 $\overline{x}$，样本方差 s^2 和样本标准差 s.

4. 设 $x_1, x_2, \cdots, x_9$ 是从正态总体 $N(12,4^2)$ 中抽取的样本，试求样本均值的期望、方差和标准差.

5. 设总体 $X \sim N(2,4)$，从中随机抽取一容量为 10 的样本.

（1）试确定样本平均数 $\overline{X}$ 分布；

（2）试求 $1 \leqslant X \leqslant 3$ 的概率；

（3）试求 $1 \leqslant \overline{X} \leqslant 3$ 的概率.

6. 设总体 $X \sim N(\mu,\sigma^2)$, $\sigma^2 > 0$ 为未知参数, $X_1,X_2,\cdots,X_{13}$ 为来自总体的样本, $\overline{X}$ 为样本均值. 试求: $P\left[\dfrac{\sum\limits_{i=1}^{13}(X_i-\mu)^2}{\sum\limits_{i=1}^{13}(X_i-\overline{X})^2} > 3.445\right]$.

6.6　概率论与数理统计在实际问题中的应用

【例1】　土木工程中的安全性可靠性评估方面的应用

概率论在土木工程中的安全性可靠性评估方面起着十分重要的作用.

6.6.1　结构可靠性理论的基本概念

结构设计方法历经了极限平衡设计法、容许应力设计法、破损阶段设计法、半概率极限状态设计法和近似概率极限状态设计法. 半概率极限状态设计法首次应用数理统计方法确定荷载和材料强度的取值;目前的近似概率极限状态设计法则首次利用概率近似度量结构的可靠度,使建筑结构设计方法发生了本质变化.

建筑结构可靠性理论按可靠性的度量方法划分为三个水准:水准一(半概率法)、水准二(近似概率法)和水准三(全概率法). 目前的结构可靠性理论水平属水准二.

结构可靠性指在规定的时间内,在规定的条件下,结构完成预定功能的能力. 对于设计中的拟建结构而言,"规定的时间"指设计使用年限;"规定的条件"指"正常设计、正常施工、正常使用和正常维护";"预定的功能"包括安全性、适用性、耐久性三个方面;"能力"用概率来度量. 对于使用中的现存结构,"规定的时间"指目标使用期;"规定的条件"不应再包含"正常设计和正常施工".

"足够的耐久性能":结构在规定的工作环境中,在预定时期内,其材料性能的恶化不致导致结构出现不可接受的失效概率. 在正常维护条件下,结构能够正常使用到规定的设计使用年限,耐久性问题是可靠性中涉及材料性能退化的特殊问题.

6.6.2　概率极限状态设计流程

容许应力法将材料视为理想弹性体,用线弹性理论方法,算出结构在标准荷载下的应力,要求任一点的应力,不超过材料的容许应力;破坏阶段法设计原则是结构构件达到破坏阶段时的设计承载力不低于标准荷载产生的构件内力乘以安全系数;极限状态法中将单一的安全系数转化为多个(一般为3个)系数,分别用于考虑荷载、荷载组合和材料等的不定性影响,还在设计参数的数值上引入概率和统计数学的方法(半概率方法);概率(极限状态)设计法的准则是对于规定的极限状态,荷载引起的荷载效应(结构内力)大于抗力(结构承载力)的概率(失效概率)不应超过规定的限值. 概率极限状态设计法更科学、更合理,但该法在运算过程中还带有一定程度近似,只能视作近似概率法.

以钢筋混凝土建筑物在地震中倒塌概率为例,理出极限状态概率设计法的流程图如下图6.4所示.

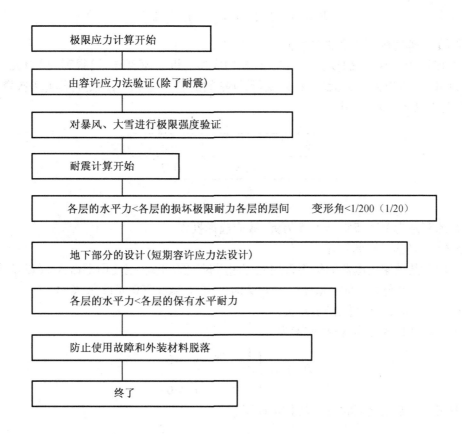

图6.4

6.6.3 结构可靠度的计算方法

以随机变量 X_i 表示影响结构可靠度的各项因素,如荷载、材料强度等等,以 $Z = g(X_1, X_2, \cdots, X_n)$ 表示结构功能函数,则当 $Z > 0$,结构可靠;当 $Z = 0$,结构达到极限状态;当 $Z < 0$,结构失效;其中,

$$Z = g(X_1, X_2, \cdots, X_n) = 0$$

称为结构的极限状态方程.

$Z < 0$ 情况出现的概率称为结构的失效概率 P_f.

现以最简单的两个随机变量的情况来阐明失效概率的计算方法以及失效概率与可靠指标的关系.

若结构功能函数仅与综合荷载效应 S 及结构抗力 R 两个随机变量有关,且 R 和 S 是独立的,则结构的承载能力极限状态方程为

$$Z = R - S = 0.$$

则结构的安全概率为

$$P_s = P(Z > 0) = \int_0^{+\infty} f_z(z) \, \mathrm{d}z,$$

则结构的失效概率为

$$P_f = P(Z \leqslant 0) = \int_{-\infty}^{0} f_z(z)\,\mathrm{d}z.$$

【例2】 如何确定投资决策方向.

某人有10万元现金,想投资于某项目,预估成功的机会为30%,可得利润8万元,失败的机会为70%,将损失2万元. 若存入银行,同期间的利率为5%,问是否作此项投资?

解:设 X 为投资利润,则

X	8	-2
p	0.3	0.7

$$E(X) = 8 \times 0.3 - 2 \times 0.7 = 1 \text{ 万元}.$$

存入银行的利息为 $10 \times 5\% = 0.5$ 万元,故应选择投资.

【例3】 商店的销售策略.

某商店对某种家用电器的销售采用先使用后付款的方式,记使用寿命为 X(以年计),规定:$X \leqslant 1$ 时,一台付款1 500元;$1 < X \leqslant 2$ 时,一台付款2 000元;$2 < X \leqslant 3$ 时,一台付款2 500元;$X > 3$ 时,一台付款3 000元.

设寿命服从指数分布,概率密度为

$$f(x) = \begin{cases} \dfrac{1}{10}\mathrm{e}^{-x/10} & x > 0 \\ 0 & x \leqslant 0 \end{cases},$$

试求该商店一台家用电器收费 Y 的数学期望.

解:

$$P\{X \leqslant 1\} = \int_0^1 \frac{1}{10}\mathrm{e}^{-x/10}\mathrm{d}x = 1 - \mathrm{e}^{-0.1} = 0.095\,2,$$

$$P\{1 < X \leqslant 2\} = \int_1^2 \frac{1}{10}\mathrm{e}^{-x/10}\mathrm{d}x = \mathrm{e}^{-0.1} - \mathrm{e}^{-0.2} = 0.086\,1,$$

$$P\{2 < X \leqslant 3\} = \int_2^3 \frac{1}{10}\mathrm{e}^{-x/10}\mathrm{d}x = \mathrm{e}^{-0.2} - \mathrm{e}^{-0.3} = 0.077\,9,$$

$$P\{X > 3\} = \int_3^{+\infty} \frac{1}{10}\mathrm{e}^{-x/10}\mathrm{d}x = \mathrm{e}^{-0.3} = 0.740\,8.$$

因而一台家用电器收费 Y 的分布律为

Y	1 500	2 000	2 500	3 000
p	0.095 2	0.086 1	0.077 9	0.740 8

得 $E(Y) = 2\,732.15$,即平均一台家用电器收费2 732.15元.

【例4】 简化数字特征的计算.

一套仪器共有 n 个元件,第 i 个元件发生故障的概率等于 $p_i(i = 1,2,\cdots,n)$,问整套仪器平均有多少个元件发生故障?

解:设随机变量 X 表示整套仪器中发生故障的元件数,令

$$X_i = \begin{cases} 1 & \text{第 } i \text{ 个元件发生故障} \\ 0 & \text{第 } i \text{ 个元件不发生故障} \end{cases}, \quad i = 1,2,\cdots,n$$

即 X_i 为第 i 个元件发生故障的元件数,则 $X = \sum\limits_{i=1}^{n} X_i$. 于是

$$E(X) = E\left(\sum_{i=1}^{n} X_i\right) = \sum_{i=1}^{n} E(X_i).$$

现在问题归结为求 $E(X_i)$. 由于 X_i 的分布律为

X_i	0	1
P_i	$1 - p_i$	p_i

$i = 1, 2, \cdots, n$, 故 $E(X_i) = p_i$, 从而

$$E(X) = \sum_{i=1}^{n} p_i,$$

即每套仪器平均有 $\sum\limits_{i=1}^{n} p_i$ 个元件发生故障.

如果进一步要求 X 的方差, 由于 $X_1, X_2, \cdots, X_n$ 相互独立, 且 $D(X_i) = p_i(1 - p_i)$, 则

$$D(X) = D\left(\sum_{i=1}^{n} X_i\right) = \sum_{i=1}^{n} D(X_i) = \sum_{i=1}^{n} p_i(1 - p_i).$$

这比直接使用 X 的分布律求 $E(X), D(X)$ 方便很多.

【例5】 保险问题.

设某年龄段一位健康者(一般体检未发现病症) 在 10 年内活着或自杀死亡的概率为 $p(0 < p < 1, p$ 已知). 在 10 年内非自杀死亡的概率为 $1 - p$. 保险公司开办 10 年人寿保险, 参加者需交保险费 a 元(已知). 若 10 年内非自杀死亡, 保险公司赔偿 b 元($b > a$). 问 b 应如何定, 才能是保险公司期望收益? 若有 m 人参加保险, 保险公司可期望从中收益多少元?

解: 设 X_k (单位:元) 表示保险公司从第 k 个参保人身上所得收益. 由题意 X_k 的分布律为

X_k	a	$a - b$
P_k	p	$1 - p$

保险公司期望收益为

$$E(X_k) = ap + (a - b)(1 - p) = a - b(1 - p),$$

依题意, 由 $E(X_k) > 0$, 得

$$a < b < \frac{a}{1 - p}.$$

如有 m 人参加保险, 则公司收益为

$$X = \sum_{i=1}^{m} X_k,$$

从而保险公司可期望收益为

$$E(X) = \sum_{i=1}^{m} E(X_k) = ma - mb(1 - p).$$

【例6】 风险性决策.

某公司为了适应市场需要欲扩大生产, 计划部门提出 3 种方案供公司考虑:

（1）扩大现有工厂；

（2）新建一个工厂；

（3）将部分产量转包给其他街道工厂生产.

对公司来说,最大的不确定性是未来市场对产品的需求量. 根据以往历史资料分析,预计3种方案在各种市场需求状态下,公司能获得的利润值(单位:百万元)见表6.2. 计算3种方案的期望利润,并回答那哪个方案对实现期望利润最大化的目标最优?

表6.2

利润 \ 方案 \ 需求量状态	方案 Ⅰ 扩大	方案 Ⅱ 新建	方案 Ⅲ 转包
高	500	750	300
中	250	300	150
低	− 250	− 400	− 10
失败	− 450	− 800	− 100

解:设第 i 个方案的利润为 $X_i, i = 1,2,3,$ 则

$$E(X_1) = 500 \times 0.2 + 250 \times 0.5 - 250 \times 0.2 - 450 \times 0.1 = 130,$$

$$E(X_2) = 750 \times 0.2 + 300 \times 0.5 - 400 \times 0.2 - 800 \times 0.1 = 140,$$

$$E(X_3) = 300 \times 0.2 + 150 \times 0.5 - 10 \times 0.2 - 100 \times 0.1 = 123.$$

因为 $E(X_2)$ 最大,故第二个方案即建立一个新工厂对实现期望利润最大化的目标最优.

习 题 答 案

预备知识 —— 函数

1. $A \cup B = \{1,2,3,5\}$；$A \cap B = \{1,3\}$；$A \cup B \cup C = \{1,2,3,4,5,6\}$；$A \cap B \cap C = \varnothing$；
   $A - B = \{2\}$.

2. $[-1,2]$

3. $f(x) = x^2 + 4$.

4. (1) 偶函数；(2) 偶函数.

5 ~ 7. 略

习题 1.3

1. (1) 1； (2) $\frac{2}{3}$； (3) 2； (4) ∞； (5) $\frac{1}{2}$； (6) ∞； (7) $\frac{1}{2}$.

2. (1) ∞； (2) $\frac{1}{5}$； (3) 2； (4) $\frac{2}{3}$； (5) 0； (6) $\frac{1}{2}$.

3. $a = 1, b = -1$.

习题 1.4

1. (1) 1； (2) 2； (3) $\frac{2}{3}$； (4) $\frac{2}{5}$； (5) $\frac{1}{2}$； (6) 1； (7) 1.

2. (1) $\frac{1}{e}$； (2) e^2； (3) e^{-3}； (4) $e^{\frac{3}{2}}$； (5) e； (6) e^2.

3. (1) 1； (2) 1.

4. 略

习题 1.5

1. $\frac{1}{2}$

2. $\frac{1}{2}$

3. $\frac{1}{3}$

4. $-\frac{1}{2}$

5. 0

6. -1

习题 1.6

1. B   2. B   3. A   4. 2   5. -1   6. 2

习题 2.1

1. (1) $f'(x_0)$;   (2) $f'(x_0)$;   (3) $-f'(x_0)$;   (4) $2f'(x_0)$;   (5) $2f'(x_0)$

2. D

3. A

4. 不连续,不可导

5. 连续,可导

6. 连续,不可导

习题 2.2

1. (1) $y' = 3x^2 + 4x - 1$;   (2) $y' = \dfrac{1}{2\sqrt{x}} - \dfrac{1}{x^2}$;   (3) $y' = \cos x - 2$;   (4) $y' = 2^x \ln 2 - e^x$;

(5) $y' = \dfrac{1}{x} - \dfrac{2}{x^3}$;   (6) $y = -4\sin x - 6\cos x$.

2. (1) $y' = 2x\sin x + x^2 \cos x$;   (2) $y' = e^x(\sin x + \cos x)$;   (3) $y' = \arctan x + \dfrac{x}{1+x^2}$;

(4) $y' = 1 + \ln x$;   (5) $y' = \dfrac{1 - \ln x}{x^2}$; (6) $y' = \dfrac{1 - x}{e^x}$.

3. (1) $y' = -6(2 - 3x)$;   (2) $y' = 6x(x^2 + 3)^2$;   (3) $y' = \sin(2 - x)$;   (4) $y' = \sin 2x$;

(5) $y' = -2e^{1-2x}$;   (6) $y' = 2x\ln 3 \cdot 3^{x^2}$;   (7) $y' = \dfrac{2x}{1+x^2}$;   (8) $y' = \dfrac{3}{\sqrt{1-9x^2}}$.

习题 2.3

1. 33

2. 34 560

3. (1) $y'' = 12x - 2$;   (2) $y'' = \dfrac{2x - 10}{(x+1)^4}$;   (3) $y'' = 2xe^{x^2}(3 + 2x^2)$;   (4) $y'' = -2e^x \sin x$;

(5) $y'' = -\csc^2 x$

习题 2.4

1. $y'\big|_{(0,0)} = -\dfrac{1}{2}$

2. $\dfrac{\mathrm{d}y}{\mathrm{d}x} = \dfrac{2x - y^2 - y}{2xy + x}$

3. $\dfrac{\mathrm{d}y}{\mathrm{d}x} = \dfrac{y}{y - x}$

4. $\dfrac{\mathrm{d}y}{\mathrm{d}x} = -\dfrac{e^y}{1 + xe^y}$

5. $y' = x^{\cos2x}\left(\dfrac{\cos2x}{x} - 2\sin2x\ln x\right)$

习题 2.5

1. (1) $\dfrac{1}{2}x^2 + C$; (2) $\dfrac{1}{3}e^{3x} + C$; $-\dfrac{1}{2}\cos2t + C$; (4) $\arctan x + C$; (5) $2\sqrt{x} + C$

2. (1) $\mathrm{d}y = (6x^2 + 3)\mathrm{d}x$; (2) $\mathrm{d}y = \left(\dfrac{\sin x}{x} + \ln x \cdot \cos x\right)\mathrm{d}x$; (3) $\mathrm{d}y = \left(\dfrac{x}{x^2 + 1}\right)\mathrm{d}x$;

(4) $\mathrm{d}y = \dfrac{2x}{\sqrt{2x^2 - x^4}}\mathrm{d}x$

习题 2.6

1. D

2 ~ 6. 略

习题 2.7

1. (1) 1; (2) 2; (3) $\cos a$; (4) $-\dfrac{3}{5}$; (5) $-\dfrac{1}{8}$; (6) 1; (7) 3; (8) 1

2. (1) 1; (2) $\dfrac{1}{2}$; (3) $+\infty$; (4) $-\dfrac{1}{2}$; (5) 1; (6) 1

习题 2.8

1. D

2. $(-\pi + 2k\pi, 2k\pi)$ 上为凹, $(2k\pi, \pi + 2k\pi)$ 上为凸

3. $(0, 0)$

4. 极小值 $-\dfrac{9}{10}$, 极大值 0

5. $2, \dfrac{1}{2}$

6. 当圆柱形储油罐的高与底圆直径相等时, 所用的材料最省

习题 3.1

1. (1) $\dfrac{1}{2}\sin^2 x$ 和 $-\dfrac{1}{4}\cos2x$ 时是同一原函数; (2) $\ln x, \ln 2x, \ln x + C$ 是同一原函数

2. C

3. A

4. $f(x) + C$

5. B

6. (1) $\dfrac{2}{7}x^{\frac{7}{2}} + C$; (2) $x + 2x\sqrt{x} + \dfrac{3}{2}x^2 + \dfrac{2}{5}x^2\sqrt{x} + C$; (3) $x + 2x^{\frac{1}{2}} + \dfrac{3}{2}x^2 + C$;

(4) $\dfrac{1}{2}x^2 - 3x + 3\ln|x| + \dfrac{1}{x} + C$; (5) $\dfrac{x^3}{3} - x + \arctan x + C$; (6) $\tan x - x + C$

习题 3.2

1. (1) $\dfrac{1}{2}$;　(2) 2;　(3) $\dfrac{1}{10}$;　(4) $\dfrac{1}{a}$;　(5) $\dfrac{1}{3}$.

2. (1) $\dfrac{1}{3}e^{3x} + C$;　(2) $\dfrac{1}{15}(3x-2)^5 + C$;　(3) $-\dfrac{1}{3}\ln|1-3x| + C$;　(4) $\dfrac{1}{a}\arctan\dfrac{x}{a} + C$;

(5) $\sin x - \dfrac{1}{3}\sin^3 x + C$;　(6) $\ln|\ln\ln x| + C$;　(7) $-\dfrac{1}{10}\cos 5x - \dfrac{1}{2}\cos x + C$;

(8) $2\sqrt{x} - 2\ln(1+\sqrt{x}) + C$;　(9) $\dfrac{a^2}{2}\left(\arcsin\dfrac{x}{a} - \dfrac{x}{a^2}\sqrt{a^2-x^2}\right) + C$;

(10) $\ln\left|x + \sqrt{x^2-9}\right| - \dfrac{\sqrt{x^2-9}}{x} + C$

习题 3.3

1. A

2. D

3. (1) $x\ln x - x + C$;　(2) $-xe^{-x} - e^{-x} + C$;　(3) $-\dfrac{1}{2}te^{-2t} - \dfrac{1}{4}e^{-2t} + C$;　(4) $\dfrac{x^3\ln x}{3} - \dfrac{x^3}{9} + C$;

(5) $x\ln^2 x - 2x\ln x + 2x + C$;　(6) $\dfrac{1}{2}(x^2-1)\ln(x-1) - \dfrac{1}{4}x^2 - \dfrac{1}{2}x + C$;

(7) $x^2\sin x + 2x\cos x - 2\sin x + C$;　(8) $-\dfrac{2\ln x}{x} - \dfrac{2}{x} + C$.

习题 3.4

1. B　2. C　3. B　4. $\geqslant$　5. $\geqslant$

习题 3.5

1. D　2. $\sin x$　3. $-\ln x$

4. (1) 20;　(2) $4\dfrac{2}{3}$;　(3) -2;　(4) $a\left(a^2 - \dfrac{1}{2}a + 1\right)$;　(5) $\dfrac{21}{8}$;　(6) $\dfrac{\pi}{6}$

习题 3.6

1. 0

2. (1) 2;　(2) $\dfrac{\pi a^2}{4}$;　(3) 0;　(4) $\dfrac{3}{2}\sqrt{3} - \dfrac{7}{6}$;　(5) $\dfrac{1}{4}$;　(6) $2 + 2\ln\dfrac{2}{3}$;　(7) $\dfrac{\pi}{2}$;

(8) $1 - e^{-\frac{1}{2}}$;　(9) $\dfrac{\pi}{6} - \dfrac{\sqrt{3}}{8}$;　(10) $\pi - \dfrac{4}{3}$.

3. (1) 1;　(2) $\sin 1 - \cos 1$;　(3) $\dfrac{e^2 + 1}{4}$;　(4) $\dfrac{\pi}{4} - \dfrac{1}{2}$;　(5) $2(1 - e^{-1})$

习题 3.7

1. (1) 1;　(2) 发散;　(3) π;　(4) $+\infty$;　(5) $\dfrac{\pi^2}{4}$;　(6) $\dfrac{\pi}{4}$;　(7) π

2. $p \le 1$ 时发散; $p > 1$ 时收敛.

习题 4.1

1. （1）二阶； （2）一阶； （3）一阶

2 ~ 3. 略

4. $y = \dfrac{5}{2}x + \dfrac{3}{2}$

习题 4.2

1. $y = Ce^{\frac{1}{2}x^2}$

2. $e^x + e^{-y} + C = 0$

3. $y = \dfrac{x}{Cx - 1}$

4. $y^2 = (\arctan x)^2 + 1$

5. $e^y = \dfrac{1}{2}e^{2x} + C$

6. $y + \ln|y - 1| = \ln|x - 1| + C$

7. $y = C(x - 2) - 3$

8. $y = e^x$

习题 4.3

1. $\ln y = \dfrac{y}{x} + Cx^2 - y^2 = Cx^{-1}$

2. $y + \sqrt{y^2 - x^2} = Cx^2$

3. $y^2 = x^2(2\ln|x| + C)$

4. $y^2 = 2x^2(\ln x + 2)$

5. $\dfrac{x + y}{x^2 + y^2} = 1$

6. $y^2 = 2C\left(x + \dfrac{C}{2}\right)$

习题 4.4

1. $y = Ce^{-\sin x}$

2. $x = Ce^y - y - 1$

3. $y = e^{-x}(x + C)$

4. $y = \dfrac{1}{3}x^2 + \dfrac{3}{2}x + 2 + \dfrac{C}{x}$

5. $xy[C - (\ln x)^2] = 1$

6. $\dfrac{1}{y} = -\sin x + Ce^x$

7. $y = \left(\frac{1}{2}x^2 + x + 1\right)(x + 1)^2$

8. $1 + x + y = Ce^y$

9. $x(Ce^{-\frac{y^2}{2}} - y^2 + 2) = 1$

习题 4.5

1. $y = \frac{1}{4}x^4 + C_1x^2 + C_2x + C_3$

2. $y = \frac{1}{6}x^3 - \sin x + C_1x + C_2$

3. $y = \frac{1}{C_1}e^{C_1x} + C_2$

4. $y = -\ln(x + 1)$

5. $y = C_1\left(x + \frac{1}{4}x^4\right) + C_2$

6. $y^2 = e^{y-x}$

7. $y = \ln(e^x + e^{-x}) - \ln 2$

习题 4.6

1. $y = \frac{1}{C_1}e^{C_1x} + C_2$

2. $y = C_1e^{5x} + C_2e^{-x}$

3. $y = C_1e^{2x} + C_2e^{-3x}$

4. $y = C_1\left(x + \frac{1}{4}x^4\right) + C_2$

5. $y = e^{3x}(C_1x + C_2)$

6. $y = e^{-x}(C_1x + C_2)$

7. $y^2 = e^{y-x}$

8. $y = e^{2x}(C_1\cos x + C_2\sin x)$

习题 5.1

1. (1)5； (2)$x^2 - y^2$； (3)0； (4)-14； (5)6； (6)abc

2. 略

3. $\pm 1, \pm 2$

4. (1)-15； (2)-15

5. (1)3,1,1； (2)0,2,0,0

6. 17.5,20,90,4.3

习题 5.2

1. $AB = \begin{pmatrix} 3 & 13 & 12 \\ 1 & -3 & 0 \end{pmatrix}$； $BC = \begin{pmatrix} -5 & -15 \\ 18 & 79 \end{pmatrix}$.

2. (1) $\begin{pmatrix} 10 & 6 \\ -17 & 3 \end{pmatrix}$; (2) (-60); (3) $\begin{pmatrix} 1 & 6 & 13 \\ 0 & 1 & 6 \\ 0 & 0 & 1 \end{pmatrix}$.

3. 50. 6.

习题 5. 3

1. (1) $\begin{pmatrix} \frac{3}{17} & -\frac{1}{17} \\ -\frac{1}{17} & \frac{6}{17} \end{pmatrix}$; (2) $\begin{pmatrix} 1 & 3 & -2 \\ -\frac{3}{2} & -3 & \frac{5}{2} \\ 1 & 1 & -1 \end{pmatrix}$; (3) $\begin{pmatrix} -4 & 2 & -1 \\ 4 & -1 & 2 \\ 3 & -1 & 1 \end{pmatrix}$.

2. (1) $\begin{pmatrix} -1 & 1 \\ 6 & -3 \\ 5 & -2 \end{pmatrix}$; (2) $\begin{pmatrix} 0 \\ 1 \\ 0 \end{pmatrix}$; (3) $\begin{pmatrix} -2 & 1 \\ 10 & -4 \\ -10 & 4 \end{pmatrix}$.

习题 5. 4

1. (1) 3; (2) 3.

2. (1) $\begin{pmatrix} 1 & 3 & -2 \\ -\frac{3}{2} & -3 & \frac{5}{2} \\ 1 & 1 & -1 \end{pmatrix}$; (2) $\begin{pmatrix} -\frac{1}{2} & 0 & 0 & 0 \\ 0 & -1 & 2 & 0 \\ 0 & 0 & \frac{1}{2} & 0 \\ 0 & 0 & 0 & -\frac{1}{5} \end{pmatrix}$.

3. (1) $r = 3$; (2) $r = 3$; (3) $r = 2$; (4) $r = 3$.

4. ① 当 $a = -8, b = -2$ 时, $r(A) = 2$; ② 当 $a = -8, b \neq -2$ 或 $a \neq -8, b = -2$ 时, $a \neq -8$, $b = -2 r(A) = 3$; ③ 当 $a \neq -8, b \neq -2$ 时, $r(A) = 4$.

5. 2

习题 5. 5

1. (1) $\begin{pmatrix} -7 \\ -2 \\ 4 \end{pmatrix}$; (2) $\begin{pmatrix} -2 \\ 0 \\ 1 \\ -1 \end{pmatrix}$; (3) 无解; (4) $\begin{pmatrix} 1 \\ 2 \\ -2 \end{pmatrix}$

2. $-1, 0, 9$

3. 略

4. $a = 5$

5. (1) $\lambda \neq 0$ 且 $\lambda \neq 1$; (2) $\lambda = 0$; (3) $\lambda = 1$.

习题 6. 1

1. A; 2. C; 3. C; 4. D; 5. C

6. $\dfrac{3}{50}$

7. (1) $\dfrac{1}{25}$; (2) $\dfrac{4}{25}$

8. (1) $\dfrac{1}{6}$; (2) $\dfrac{5}{18}$

9. $\dfrac{1}{4} + \dfrac{1}{2}\ln 2$

10. $\dfrac{1}{2} + \dfrac{1}{\pi}$

习题 6.2

1. A 2. B

3.

X	0	1	2	3
$P(X)$	0.064	0.288	0.432	0.216

4.

X	1	2	3
$P(X)$	0.8	0.178	0.022

5. $P(X = 1) = 0.129$; $P(X = 0) = 0.861$; $P(X = 2) = 0.009\,5$; $P(X = 3) = 0.000\,48$; $P(X \leqslant 3) = 0.999\,98$.

6.

X	-1	1	3
P	0.4	0.4	0.2

7.

X	2	3	4	5	6	7	8	9	10	11	12
P	1/36	2/36	3/36	4/36	5/36	6/36	5/36	4/36	3/36	2/36	1/36

习题 6.3

1. C

2.

$$a = 1, F(x) = \begin{cases} 0 & x < 0 \\ \dfrac{x^2}{2} & 0 \leqslant x < 1 \\ \dfrac{3}{2} - \dfrac{1}{x} & 1 \leqslant x < 2 \\ 1 & x \geqslant 2 \end{cases}$$

3.

$$(1)A = \frac{1}{2}, B = \frac{1}{\pi}; \quad (2) \frac{1}{3}; \quad (3)f(x) = \begin{cases} \dfrac{1}{\pi \sqrt{a^2 - x^2}} & |x| < a \\ 0 & |x| \geqslant a \end{cases}$$

4. $\dfrac{3}{5}$

5. 0. 027 2 , 0. 003 7

6. 0. 5

7. 0. 135

8. $(1)P(X \leqslant 2) = 0.691\ 5$; $(2)P(0 < X \leqslant 3) = 0.532\ 8$

习题 6. 4

1. B 2. D 3. B

4.

X	1	2
P	$\dfrac{3}{5}$	$\dfrac{2}{5}$

5. 乙

6.

X	0	1	2
P	$\dfrac{4}{5}$	$\dfrac{8}{45}$	$\dfrac{1}{45}$

7. $(1)a = \sqrt[3]{4}$; $(2)a = \dfrac{3}{4}$

8. $\dfrac{35}{3} \approx 11.67$

9. $\lambda = 1$

习题 6. 5

1. C   2. D

3. $\bar{x} = 3, s^2 = \dfrac{28}{9}, s = \dfrac{2\sqrt{7}}{3}$

4. $E(\bar{x}) = 12, D(\bar{x}) = \dfrac{16}{9}, \sqrt{D(\bar{x})} = \dfrac{4}{3}$

5. $(1)\bar{X} \sim N\left(2, \dfrac{4^2}{10}\right)$; $(2)0.197\ 4$; $(3)0.570\ 4$

6. 0. 10

常用积分公式

一、含有 $ax + b$ 的积分($a \neq 0$)

1. $\int \dfrac{\mathrm{d}x}{ax + b} = \dfrac{1}{a}\ln|ax + b| + C$

2. $\int (ax + b)^{\mu}\mathrm{d}x = \dfrac{1}{a(\mu + 1)}(ax + b)^{\mu+1} + C \ (\mu \neq -1)$

3. $\int \dfrac{x}{ax + b}\mathrm{d}x = \dfrac{1}{a^2}(ax + b - b\ln|ax + b|) + C$

4. $\int \dfrac{x^2}{ax + b}\mathrm{d}x = \dfrac{1}{a^3}\left[\dfrac{1}{2}(ax + b)^2 - 2b(ax + b) + b^2\ln|ax + b|\right] + C$

5. $\int \dfrac{\mathrm{d}x}{x(ax + b)} = -\dfrac{1}{b}\ln\left|\dfrac{ax + b}{x}\right| + C$

6. $\int \dfrac{\mathrm{d}x}{x^2(ax + b)} = -\dfrac{1}{bx} + \dfrac{a}{b^2}\ln\left|\dfrac{ax + b}{x}\right| + C$

7. $\int \dfrac{x}{(ax + b)^2}\mathrm{d}x = \dfrac{1}{a^2}\left(\ln|ax + b| + \dfrac{b}{ax + b}\right) + C$

8. $\int \dfrac{x^2}{(ax + b)^2}\mathrm{d}x = \dfrac{1}{a^3}\left(ax + b - 2b\ln|ax + b| - \dfrac{b^2}{ax + b}\right) + C$

9. $\int \dfrac{\mathrm{d}x}{x(ax + b)^2} = \dfrac{1}{b(ax + b)} - \dfrac{1}{b^2}\ln\left|\dfrac{ax + b}{x}\right| + C$

二、含有 $\sqrt{ax + b}$ 的积分

10. $\int \sqrt{ax + b}\,\mathrm{d}x = \dfrac{2}{3a}\sqrt{(ax + b)^3} + C$

11. $\int x\sqrt{ax + b}\,\mathrm{d}x = \dfrac{2}{15a^2}(3ax - 2b)\sqrt{(ax + b)^3} + C$

12. $\int x^2\sqrt{ax + b}\,\mathrm{d}x = \dfrac{2}{105a^3}(15a^2x^2 - 12abx + 8b^2)\sqrt{(ax + b)^3} + C$

13. $\int \dfrac{x}{\sqrt{ax + b}}\mathrm{d}x = \dfrac{2}{3a^2}(ax - 2b)\sqrt{ax + b} + C$

14. $\int \dfrac{x^2}{\sqrt{ax + b}}\mathrm{d}x = \dfrac{2}{15a^3}(3a^2x^2 - 4abx + 8b^2)\sqrt{ax + b} + C$

15. $\int \dfrac{\mathrm{d}x}{x\sqrt{ax + b}} = \begin{cases} \dfrac{1}{\sqrt{b}}\ln\left|\dfrac{\sqrt{ax + b} - \sqrt{b}}{\sqrt{ax + b} + \sqrt{b}}\right| + C & (b > 0) \\ \dfrac{2}{\sqrt{-b}}\arctan\sqrt{\dfrac{ax + b}{-b}} + C & (b < 0) \end{cases}$

16. $\displaystyle\int \frac{\mathrm{d}x}{x^2\sqrt{ax+b}} = -\frac{\sqrt{ax+b}}{bx} - \frac{a}{2b}\int \frac{\mathrm{d}x}{x\sqrt{ax+b}}$

17. $\displaystyle\int \frac{\sqrt{ax+b}}{x}\mathrm{d}x = 2\sqrt{ax+b} + b\int \frac{\mathrm{d}x}{x\sqrt{ax+b}}$

18. $\displaystyle\int \frac{\sqrt{ax+b}}{x^2}\mathrm{d}x = -\frac{\sqrt{ax+b}}{x} + \frac{a}{2}\int \frac{\mathrm{d}x}{x\sqrt{ax+b}}$

三、含有 $x^2 \pm a^2$ 的积分

19. $\displaystyle\int \frac{\mathrm{d}x}{x^2+a^2} = \frac{1}{a}\arctan \frac{x}{a} + C$

20. $\displaystyle\int \frac{\mathrm{d}x}{(x^2+a^2)^n} = \frac{x}{2(n-1)a^2(x^2+a^2)^{n-1}} + \frac{2n-3}{2(n-1)a^2}\int \frac{\mathrm{d}x}{(x^2+a^2)^{n-1}}$

21. $\displaystyle\int \frac{\mathrm{d}x}{x^2-a^2} = \frac{1}{2a}\ln\left|\frac{x-a}{x+a}\right| + C$

四、含有 $ax^2 + b(a > 0)$ 的积分

22. $\displaystyle\int \frac{\mathrm{d}x}{ax^2+b} = \begin{cases} \dfrac{1}{\sqrt{ab}}\arctan \sqrt{\dfrac{a}{b}}\,x + C & (b > 0) \\[4mm] \dfrac{1}{2\sqrt{-ab}}\ln\left|\dfrac{\sqrt{a}\,x - \sqrt{-b}}{\sqrt{a}\,x + \sqrt{-b}}\right| + C & (b < 0) \end{cases}$

23. $\displaystyle\int \frac{x}{ax^2+b}\mathrm{d}x = \frac{1}{2a}\ln|ax^2+b| + C$

24. $\displaystyle\int \frac{x^2}{ax^2+b}\mathrm{d}x = \frac{x}{a} - \frac{b}{a}\int \frac{\mathrm{d}x}{ax^2+b}$

25. $\displaystyle\int \frac{\mathrm{d}x}{x(ax^2+b)} = \frac{1}{2b}\ln \frac{x^2}{|ax^2+b|} + C$

26. $\displaystyle\int \frac{\mathrm{d}x}{x^2(ax^2+b)} = -\frac{1}{bx} - \frac{a}{b}\int \frac{\mathrm{d}x}{ax^2+b}$

27. $\displaystyle\int \frac{\mathrm{d}x}{x^3(ax^2+b)} = \frac{a}{2b^2}\ln \frac{|ax^2+b|}{x^2} - \frac{1}{2bx^2} + C$

28. $\displaystyle\int \frac{\mathrm{d}x}{(ax^2+b)^2} = \frac{x}{2b(ax^2+b)} + \frac{1}{2b}\int \frac{\mathrm{d}x}{ax^2+b}$

五、含有 $ax^2 + bx + c(a > 0)$ 的积分

29. $\displaystyle\int \frac{\mathrm{d}x}{ax^2+bx+c} = \begin{cases} \dfrac{2}{\sqrt{4ac-b^2}}\arctan \dfrac{2ax+b}{\sqrt{4ac-b^2}} + C & (b^2 < 4ac) \\[4mm] \dfrac{1}{\sqrt{b^2-4ac}}\ln\left|\dfrac{2ax+b-\sqrt{b^2-4ac}}{2ax+b+\sqrt{b^2-4ac}}\right| + C & (b^2 > 4ac) \end{cases}$

30. $\displaystyle\int \frac{x}{ax^2+bx+c}\mathrm{d}x = \frac{1}{2a}\ln|ax^2+bx+c| - \frac{b}{2a}\int \frac{\mathrm{d}x}{ax^2+bx+c}$

六、含有 $\sqrt{x^2 + a^2}\,(a > 0)$ 的积分

31. $\displaystyle\int \frac{\mathrm{d}x}{\sqrt{x^2 + a^2}} = \mathrm{arsh}\,\frac{x}{a} + C_1 = \ln(x + \sqrt{x^2 + a^2}) + C$

32. $\displaystyle\int \frac{\mathrm{d}x}{\sqrt{(x^2 + a^2)^3}} = \frac{x}{a^2 \sqrt{x^2 + a^2}} + C$

33. $\displaystyle\int \frac{x}{\sqrt{x^2 + a^2}}\mathrm{d}x = \sqrt{x^2 + a^2} + C$

34. $\displaystyle\int \frac{x}{\sqrt{(x^2 + a^2)^3}}\mathrm{d}x = -\frac{1}{\sqrt{x^2 + a^2}} + C$

35. $\displaystyle\int \frac{x^2}{\sqrt{x^2 + a^2}}\mathrm{d}x = \frac{x}{2}\sqrt{x^2 + a^2} - \frac{a^2}{2}\ln(x + \sqrt{x^2 + a^2}) + C$

36. $\displaystyle\int \frac{x^2}{\sqrt{(x^2 + a^2)^3}}\mathrm{d}x = -\frac{x}{\sqrt{x^2 + a^2}} + \ln(x + \sqrt{x^2 + a^2}) + C$

37. $\displaystyle\int \frac{\mathrm{d}x}{x \sqrt{x^2 + a^2}} = \frac{1}{a}\ln \frac{\sqrt{x^2 + a^2} - a}{|x|} + C$

38. $\displaystyle\int \frac{\mathrm{d}x}{x^2 \sqrt{x^2 + a^2}} = -\frac{\sqrt{x^2 + a^2}}{a^2 x} + C$

39. $\displaystyle\int \sqrt{x^2 + a^2}\,\mathrm{d}x = \frac{x}{2}\sqrt{x^2 + a^2} + \frac{a^2}{2}\ln(x + \sqrt{x^2 + a^2}) + C$

40. $\displaystyle\int \sqrt{(x^2 + a^2)^3}\,\mathrm{d}x = \frac{x}{8}(2x^2 + 5a^2)\sqrt{x^2 + a^2} + \frac{3}{8}a^4\ln(x + \sqrt{x^2 + a^2}) + C$

41. $\displaystyle\int x \sqrt{x^2 + a^2}\,\mathrm{d}x = \frac{1}{3}\sqrt{(x^2 + a^2)^3} + C$

42. $\displaystyle\int x^2 \sqrt{x^2 + a^2}\,\mathrm{d}x = \frac{x}{8}(2x^2 + a^2)\sqrt{x^2 + a^2} - \frac{a^4}{8}\ln(x + \sqrt{x^2 + a^2}) + C$

43. $\displaystyle\int \frac{\sqrt{x^2 + a^2}}{x}\mathrm{d}x = \sqrt{x^2 + a^2} + a\ln \frac{\sqrt{x^2 + a^2} - a}{|x|} + C$

44. $\displaystyle\int \frac{\sqrt{x^2 + a^2}}{x^2}\mathrm{d}x = -\frac{\sqrt{x^2 + a^2}}{x} + \ln(x + \sqrt{x^2 + a^2}) + C$

七、含有 $\sqrt{x^2 - a^2}\,(a > 0)$ 的积分

45. $\displaystyle\int \frac{\mathrm{d}x}{\sqrt{x^2 - a^2}} = \frac{x}{|x|}\mathrm{arch}\,\frac{|x|}{a} + C_1 = \ln\left|x + \sqrt{x^2 - a^2}\right| + C$

46. $\displaystyle\int \frac{\mathrm{d}x}{\sqrt{(x^2 - a^2)^3}} = -\frac{x}{a^2 \sqrt{x^2 - a^2}} + C$

47. $\displaystyle\int \frac{x}{\sqrt{x^2 - a^2}}\mathrm{d}x = \sqrt{x^2 - a^2} + C$

48. $\displaystyle\int \frac{x}{\sqrt{(x^2 - a^2)^3}}\mathrm{d}x = -\frac{1}{\sqrt{x^2 - a^2}} + C$

49. $\displaystyle\int \frac{x^2}{\sqrt{x^2-a^2}}\mathrm{d}x = \frac{x}{2}\sqrt{x^2-a^2} + \frac{a^2}{2}\ln\left|x+\sqrt{x^2-a^2}\right| + C$

50. $\displaystyle\int \frac{x^2}{\sqrt{(x^2-a^2)^3}}\mathrm{d}x = -\frac{x}{\sqrt{x^2-a^2}} + \ln\left|x+\sqrt{x^2-a^2}\right| + C$

51. $\displaystyle\int \frac{\mathrm{d}x}{x\sqrt{x^2-a^2}} = \frac{1}{a}\arccos\frac{a}{|x|} + C$

52. $\displaystyle\int \frac{\mathrm{d}x}{x^2\sqrt{x^2-a^2}} = \frac{\sqrt{x^2-a^2}}{a^2x} + C$

53. $\displaystyle\int \sqrt{x^2-a^2}\,\mathrm{d}x = \frac{x}{2}\sqrt{x^2-a^2} - \frac{a^2}{2}\ln\left|x+\sqrt{x^2-a^2}\right| + C$

54. $\displaystyle\int \sqrt{(x^2-a^2)^3}\,\mathrm{d}x = \frac{x}{8}(2x^2-5a^2)\sqrt{x^2-a^2} + \frac{3}{8}a^4\ln\left|x+\sqrt{x^2-a^2}\right| + C$

55. $\displaystyle\int x\sqrt{x^2-a^2}\,\mathrm{d}x = \frac{1}{3}\sqrt{(x^2-a^2)^3} + C$

56. $\displaystyle\int x^2\sqrt{x^2-a^2}\,\mathrm{d}x = \frac{x}{8}(2x^2-a^2)\sqrt{x^2-a^2} - \frac{a^4}{8}\ln\left|x+\sqrt{x^2-a^2}\right| + C$

57. $\displaystyle\int \frac{\sqrt{x^2-a^2}}{x}\mathrm{d}x = \sqrt{x^2-a^2} - a\arccos\frac{a}{|x|} + C$

58. $\displaystyle\int \frac{\sqrt{x^2-a^2}}{x^2}\mathrm{d}x = -\frac{\sqrt{x^2-a^2}}{x} + \ln\left|x+\sqrt{x^2-a^2}\right| + C$

八、含有 $\sqrt{a^2-x^2}\,(a>0)$ 的积分

59. $\displaystyle\int \frac{\mathrm{d}x}{\sqrt{a^2-x^2}} = \arcsin\frac{x}{a} + C$

60. $\displaystyle\int \frac{\mathrm{d}x}{\sqrt{(a^2-x^2)^3}} = \frac{x}{a^2\sqrt{a^2-x^2}} + C$

61. $\displaystyle\int \frac{x}{\sqrt{a^2-x^2}}\mathrm{d}x = -\sqrt{a^2-x^2} + C$

62. $\displaystyle\int \frac{x}{\sqrt{(a^2-x^2)^3}}\mathrm{d}x = \frac{1}{\sqrt{a^2-x^2}} + C$

63. $\displaystyle\int \frac{x^2}{\sqrt{a^2-x^2}}\mathrm{d}x = -\frac{x}{2}\sqrt{a^2-x^2} + \frac{a^2}{2}\arcsin\frac{x}{a} + C$

64. $\displaystyle\int \frac{x^2}{\sqrt{(a^2-x^2)^3}}\mathrm{d}x = \frac{x}{\sqrt{a^2-x^2}} - \arcsin\frac{x}{a} + C$

65. $\displaystyle\int \frac{\mathrm{d}x}{x\sqrt{a^2-x^2}} = \frac{1}{a}\ln\frac{a-\sqrt{a^2-x^2}}{|x|} + C$

66. $\displaystyle\int \frac{\mathrm{d}x}{x^2\sqrt{a^2-x^2}} = -\frac{\sqrt{a^2-x^2}}{a^2x} + C$

67. $\displaystyle\int \sqrt{a^2-x^2}\,\mathrm{d}x = \frac{x}{2}\sqrt{a^2-x^2} + \frac{a^2}{2}\arcsin\frac{x}{a} + C$

68. $\int \sqrt{(a^2 - x^2)^3}\,\mathrm{d}x = \dfrac{x}{8}(5a^2 - 2x^2)\sqrt{a^2 - x^2} + \dfrac{3}{8}a^4\arcsin\dfrac{x}{a} + C$

69. $\int x\sqrt{a^2 - x^2}\,\mathrm{d}x = -\dfrac{1}{3}\sqrt{(a^2 - x^2)^3} + C$

70. $\int x^2\sqrt{a^2 - x^2}\,\mathrm{d}x = \dfrac{x}{8}(2x^2 - a^2)\sqrt{a^2 - x^2} + \dfrac{a^4}{8}\arcsin\dfrac{x}{a} + C$

71. $\int \dfrac{\sqrt{a^2 - x^2}}{x}\,\mathrm{d}x = \sqrt{a^2 - x^2} + a\ln\dfrac{a - \sqrt{a^2 - x^2}}{|x|} + C$

72. $\int \dfrac{\sqrt{a^2 - x^2}}{x^2}\,\mathrm{d}x = -\dfrac{\sqrt{a^2 - x^2}}{x} - \arcsin\dfrac{x}{a} + C$

九、含有 $\sqrt{\pm ax^2 + bx + c}\,(a > 0)$ 的积分

73. $\int \dfrac{\mathrm{d}x}{\sqrt{ax^2 + bx + c}} = \dfrac{1}{\sqrt{a}}\ln\left|2ax + b + 2\sqrt{a}\sqrt{ax^2 + bx + c}\right| + C$

74. $\int \sqrt{ax^2 + bx + c}\,\mathrm{d}x = \dfrac{2ax + b}{4a}\sqrt{ax^2 + bx + c}$

$\qquad\qquad + \dfrac{4ac - b^2}{8\sqrt{a^3}}\ln\left|2ax + b + 2\sqrt{a}\sqrt{ax^2 + bx + c}\right| + C$

75. $\int \dfrac{x}{\sqrt{ax^2 + bx + c}}\,\mathrm{d}x = \dfrac{1}{a}\sqrt{ax^2 + bx + c}$

$\qquad\qquad - \dfrac{b}{2\sqrt{a^3}}\ln\left|2ax + b + 2\sqrt{a}\sqrt{ax^2 + bx + c}\right| + C$

76. $\int \dfrac{\mathrm{d}x}{\sqrt{c + bx - ax^2}} = -\dfrac{1}{\sqrt{a}}\arcsin\dfrac{2ax - b}{\sqrt{b^2 + 4ac}} + C$

77. $\int \sqrt{c + bx - ax^2}\,\mathrm{d}x = \dfrac{2ax - b}{4a}\sqrt{c + bx - ax^2} + \dfrac{b^2 + 4ac}{8\sqrt{a^3}}\arcsin\dfrac{2ax - b}{\sqrt{b^2 + 4ac}} + C$

78. $\int \dfrac{x}{\sqrt{c + bx - ax^2}}\,\mathrm{d}x = -\dfrac{1}{a}\sqrt{c + bx - ax^2} + \dfrac{b}{2\sqrt{a^3}}\arcsin\dfrac{2ax - b}{\sqrt{b^2 + 4ac}} + C$

十、含有 $\sqrt{\pm\dfrac{x - a}{x - b}}$ 或 $\sqrt{(x - a)(b - x)}$ 的积分

79. $\int \sqrt{\dfrac{x - a}{x - b}}\,\mathrm{d}x = (x - b)\sqrt{\dfrac{x - a}{x - b}} + (b - a)\ln(\sqrt{|x - a|} + \sqrt{|x - b|}) + C$

80. $\int \sqrt{\dfrac{x - a}{b - x}}\,\mathrm{d}x = (x - b)\sqrt{\dfrac{x - a}{b - x}} + (b - a)\arcsin\sqrt{\dfrac{x - a}{b - x}} + C$

81. $\int \dfrac{\mathrm{d}x}{\sqrt{(x - a)(b - x)}} = 2\arcsin\sqrt{\dfrac{x - a}{b - x}} + C \quad (a < b)$

82. $\int \sqrt{(x - a)(b - x)}\,\mathrm{d}x = \dfrac{2x - a - b}{4}\sqrt{(x - a)(b - x)} + \dfrac{(b - a)^2}{4}\arcsin\sqrt{\dfrac{x - a}{b - x}} + C$

$\qquad (a < b)$

十一、含有三角函数的积分

83. $\int \sin x \mathrm{d}x = -\cos x + C$

84. $\int \cos x \mathrm{d}x = \sin x + C$

85. $\int \tan x \mathrm{d}x = -\ln|\cos x| + C$

86. $\int \cot x \mathrm{d}x = \ln|\sin x| + C$

87. $\int \sec x \mathrm{d}x = \ln\left|\tan\left(\dfrac{\pi}{4} + \dfrac{x}{2}\right)\right| + C = \ln|\sec x + \tan x| + C$

88. $\int \csc x \mathrm{d}x = \ln\left|\tan\dfrac{x}{2}\right| + C = \ln|\csc x - \cot x| + C$

89. $\int \sec^2 x \mathrm{d}x = \tan x + C$

90. $\int \csc^2 x \mathrm{d}x = -\cot x + C$

91. $\int \sec x \tan x \mathrm{d}x = \sec x + C$

92. $\int \csc x \cot x \mathrm{d}x = -\csc x + C$

93. $\int \sin^2 x \mathrm{d}x = \dfrac{x}{2} - \dfrac{1}{4}\sin 2x + C$

94. $\int \cos^2 x \mathrm{d}x = \dfrac{x}{2} + \dfrac{1}{4}\sin 2x + C$

95. $\int \sin^n x \mathrm{d}x = -\dfrac{1}{n}\sin^{n-1} x \cos x + \dfrac{n-1}{n}\int \sin^{n-2} x \mathrm{d}x$

96. $\int \cos^n x \mathrm{d}x = \dfrac{1}{n}\cos^{n-1} x \sin x + \dfrac{n-1}{n}\int \cos^{n-2} x \mathrm{d}x$

97. $\int \dfrac{\mathrm{d}x}{\sin^n x} = -\dfrac{1}{n-1} \cdot \dfrac{\cos x}{\sin^{n-1} x} + \dfrac{n-2}{n-1}\int \dfrac{\mathrm{d}x}{\sin^{n-2} x}$

98. $\int \dfrac{\mathrm{d}x}{\cos^n x} = \dfrac{1}{n-1} \cdot \dfrac{\sin x}{\cos^{n-1} x} + \dfrac{n-2}{n-1}\int \dfrac{\mathrm{d}x}{\cos^{n-2} x}$

99. $\int \cos^m x \sin^n x \mathrm{d}x = \dfrac{1}{m+n}\cos^{m-1} x \sin^{n+1} x + \dfrac{m-1}{m+n}\int \cos^{m-2} x \sin^n x \mathrm{d}x$

$$= -\dfrac{1}{m+n}\cos^{m+1} x \sin^{n-1} x + \dfrac{n-1}{m+n}\int \cos^m x \sin^{n-2} x \mathrm{d}x$$

100. $\int \sin ax \cos bx \mathrm{d}x = -\dfrac{1}{2(a+b)}\cos(a+b)x - \dfrac{1}{2(a-b)}\cos(a-b)x + C$

101. $\int \sin ax \sin bx \mathrm{d}x = -\dfrac{1}{2(a+b)}\sin(a+b)x + \dfrac{1}{2(a-b)}\sin(a-b)x + C$

102. $\int \cos ax \cos bx \mathrm{d}x = \dfrac{1}{2(a+b)}\sin(a+b)x + \dfrac{1}{2(a-b)}\sin(a-b)x + C$

103. $\int \dfrac{\mathrm{d}x}{a + b\sin x} = \dfrac{2}{\sqrt{a^2 - b^2}}\arctan\dfrac{a\tan\dfrac{x}{2} + b}{\sqrt{a^2 - b^2}} + C \quad (a^2 > b^2)$

104. $\int \dfrac{\mathrm{d}x}{a + b\sin x} = \dfrac{1}{\sqrt{b^2 - a^2}}\ln\left|\dfrac{a\tan\dfrac{x}{2} + b - \sqrt{b^2 - a^2}}{a\tan\dfrac{x}{2} + b + \sqrt{b^2 - a^2}}\right| + C \quad (a^2 < b^2)$

105. $\int \dfrac{\mathrm{d}x}{a + b\cos x} = \dfrac{2}{a + b}\sqrt{\dfrac{a + b}{a - b}}\arctan\left(\sqrt{\dfrac{a - b}{a + b}}\tan\dfrac{x}{2}\right) + C \quad (a^2 > b^2)$

106. $\int \dfrac{\mathrm{d}x}{a + b\cos x} = \dfrac{1}{a + b}\sqrt{\dfrac{a + b}{b - a}}\ln\left|\dfrac{\tan\dfrac{x}{2} + \sqrt{\dfrac{a + b}{b - a}}}{\tan\dfrac{x}{2} - \sqrt{\dfrac{a + b}{b - a}}}\right| + C \quad (a^2 < b^2)$

107. $\int \dfrac{\mathrm{d}x}{a^2\cos^2 x + b^2\sin^2 x} = \dfrac{1}{ab}\arctan\left(\dfrac{b}{a}\tan x\right) + C$

108. $\int \dfrac{\mathrm{d}x}{a^2\cos^2 x - b^2\sin^2 x} = \dfrac{1}{2ab}\ln\left|\dfrac{b\tan x + a}{b\tan x - a}\right| + C$

109. $\int x\sin ax\,\mathrm{d}x = \dfrac{1}{a^2}\sin ax - \dfrac{1}{a}x\cos ax + C$

110. $\int x^2\sin ax\,\mathrm{d}x = -\dfrac{1}{a}x^2\cos ax + \dfrac{2}{a^2}x\sin ax + \dfrac{2}{a^3}\cos ax + C$

111. $\int x\cos ax\,\mathrm{d}x = \dfrac{1}{a^2}\cos ax + \dfrac{1}{a}x\sin ax + C$

112. $\int x^2\cos ax\,\mathrm{d}x = \dfrac{1}{a}x^2\sin ax + \dfrac{2}{a^2}x\cos ax - \dfrac{2}{a^3}\sin ax + C$

十二、含有反三角函数的积分（其中 $a > 0$）

113. $\int \arcsin\dfrac{x}{a}\,\mathrm{d}x = x\arcsin\dfrac{x}{a} + \sqrt{a^2 - x^2} + C$

114. $\int x\arcsin\dfrac{x}{a}\,\mathrm{d}x = \left(\dfrac{x^2}{2} - \dfrac{a^2}{4}\right)\arcsin\dfrac{x}{a} + \dfrac{x}{4}\sqrt{a^2 - x^2} + C$

115. $\int x^2\arcsin\dfrac{x}{a}\,\mathrm{d}x = \dfrac{x^3}{3}\arcsin\dfrac{x}{a} + \dfrac{1}{9}(x^2 + 2a^2)\sqrt{a^2 - x^2} + C$

116. $\int \arccos\dfrac{x}{a}\,\mathrm{d}x = x\arccos\dfrac{x}{a} - \sqrt{a^2 - x^2} + C$

117. $\int x\arccos\dfrac{x}{a}\,\mathrm{d}x = \left(\dfrac{x^2}{2} - \dfrac{a^2}{4}\right)\arccos\dfrac{x}{a} - \dfrac{x}{4}\sqrt{a^2 - x^2} + C$

118. $\int x^2\arccos\dfrac{x}{a}\,\mathrm{d}x = \dfrac{x^3}{3}\arccos\dfrac{x}{a} - \dfrac{1}{9}(x^2 + 2a^2)\sqrt{a^2 - x^2} + C$

119. $\int \arctan\dfrac{x}{a}\,\mathrm{d}x = x\arctan\dfrac{x}{a} - \dfrac{a}{2}\ln(a^2 + x^2) + C$

120. $\int x\arctan\dfrac{x}{a}\,\mathrm{d}x = \dfrac{1}{2}(a^2 + x^2)\arctan\dfrac{x}{a} - \dfrac{a}{2}x + C$

121. $\int x^2 \arctan \dfrac{x}{a} dx = \dfrac{x^3}{3}\arctan \dfrac{x}{a} - \dfrac{a}{6}x^2 + \dfrac{a^3}{6}\ln(a^2 + x^2) + C$

十三、含有指数函数的积分

122. $\int a^x dx = \dfrac{1}{\ln a}a^x + C$

123. $\int e^{ax} dx = \dfrac{1}{a}e^{ax} + C$

124. $\int x e^{ax} dx = \dfrac{1}{a^2}(ax - 1)e^{ax} + C$

125. $\int x^n e^{ax} dx = \dfrac{1}{a}x^n e^{ax} - \dfrac{n}{a}\int x^{n-1} e^{ax} dx$

126. $\int x a^x dx = \dfrac{x}{\ln a}a^x - \dfrac{1}{(\ln a)^2}a^x + C$

127. $\int x^n a^x dx = \dfrac{1}{\ln a}x^n a^x - \dfrac{n}{\ln a}\int x^{n-1} a^x dx$

128. $\int e^{ax}\sin bx dx = \dfrac{1}{a^2 + b^2}e^{ax}(a\sin bx - b\cos bx) + C$

129. $\int e^{ax}\cos bx dx = \dfrac{1}{a^2 + b^2}e^{ax}(b\sin bx + a\cos bx) + C$

130. $\int e^{ax}\sin^n bx dx = \dfrac{1}{a^2 + b^2 n^2}e^{ax}\sin^{n-1} bx(a\sin bx - nb\cos bx)$
$\qquad\qquad + \dfrac{n(n-1)b^2}{a^2 + b^2 n^2}\int e^{ax}\sin^{n-2} bx dx$

131. $\int e^{ax}\cos^n bx dx = \dfrac{1}{a^2 + b^2 n^2}e^{ax}\cos^{n-1} bx(a\cos bx + nb\sin bx)$
$+ \dfrac{n(n-1)b^2}{a^2 + b^2 n^2}\int e^{ax}\cos^{n-2} bx dx$

十四、含有对数函数的积分

132. $\int \ln x dx = x\ln x - x + C$

133. $\int \dfrac{dx}{x\ln x} = \ln|\ln x| + C$

134. $\int x^n \ln x dx = \dfrac{1}{n+1}x^{n+1}\left(\ln x - \dfrac{1}{n+1}\right) + C$

135. $\int (\ln x)^n dx = x(\ln x)^n - n\int (\ln x)^{n-1} dx$

136. $\int x^m (\ln x)^n dx = \dfrac{1}{m+1}x^{m+1}(\ln x)^n - \dfrac{n}{m+1}\int x^m (\ln x)^{n-1} dx$

十五、含有双曲函数的积分

137. $\int \mathrm{sh}x dx = \mathrm{ch}x + C$

138. $\int \mathrm{ch}x\mathrm{d}x = \mathrm{sh}x + C$

139. $\int \mathrm{th}x\mathrm{d}x = \mathrm{lnch}x + C$

140. $\int \mathrm{sh}^2 x\mathrm{d}x = -\dfrac{x}{2} + \dfrac{1}{4}\mathrm{sh}2x + C$

141. $\int \mathrm{ch}^2 x\mathrm{d}x = \dfrac{x}{2} + \dfrac{1}{4}\mathrm{sh}2x + C$

十六、定积分

142. $\displaystyle\int_{-\pi}^{\pi} \cos nx\mathrm{d}x = \int_{-\pi}^{\pi} \sin nx\mathrm{d}x = 0$

143. $\displaystyle\int_{-\pi}^{\pi} \cos mx\sin nx\mathrm{d}x = 0$

144. $\displaystyle\int_{-\pi}^{\pi} \cos mx\cos nx\mathrm{d}x = \begin{cases} 0, & m \neq n \\ \pi, & m = n \end{cases}$

145. $\displaystyle\int_{-\pi}^{\pi} \sin mx\sin nx\mathrm{d}x = \begin{cases} 0, & m \neq n \\ \pi, & m = n \end{cases}$

146. $\displaystyle\int_{0}^{\pi} \sin mx\sin nx\mathrm{d}x = \int_{0}^{\pi} \cos mx\cos nx\mathrm{d}x = \begin{cases} 0, & m \neq n \\ \dfrac{\pi}{2}, & m = n \end{cases}$

147. $I_n = \displaystyle\int_{0}^{\frac{\pi}{2}} \sin^n x\mathrm{d}x = \int_{0}^{\frac{\pi}{2}} \cos^n x\mathrm{d}x$

$I_n = \dfrac{n-1}{n}I_{n-2}$

$I_n = \dfrac{n-1}{n} \cdot \dfrac{n-3}{n-2} \cdot \cdots \cdot \dfrac{4}{5} \cdot \dfrac{2}{3}$ （n 为大于 1 的正奇数）,$I_1 = 1$

$I_n = \dfrac{n-1}{n} \cdot \dfrac{n-3}{n-2} \cdot \cdots \cdot \dfrac{3}{4} \cdot \dfrac{1}{2} \cdot \dfrac{\pi}{2}$（$n$ 为正偶数）,$I_0 = \dfrac{\pi}{2}$

附录一

标准正态分布表

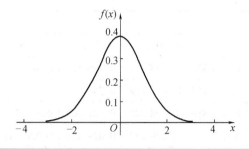

$$\Phi(x) = \int_{-\infty}^{x} \frac{1}{\sqrt{2\pi}} e^{-\frac{t^2}{2}} dt = P(X \leqslant x)$$

$$\Phi(-x) = 1 - \Phi(x)$$

x	0	0.01	0.02	0.03	0.04	0.05	0.06	0.07	0.08	0.09
0	0.500 0	0.504 0	0.508 0	0.512 0	0.516 0	0.519 9	0.523 9	0.527 9	0.531 9	0.535 9
0.1	0.539 8	0.543 8	0.547 8	0.551 7	0.555 7	0.559 6	0.563 6	0.567 5	0.571 4	0.575 3
0.2	0.579 3	0.583 2	0.587 1	0.591 0	0.594 8	0.598 7	0.602 6	0.606 4	0.610 3	0.614 1
0.3	0.617 9	0.621 7	0.625 5	0.629 3	0.633 1	0.636 8	0.640 4	0.644 3	0.648 0	0.651 7
0.4	0.655 4	0.659 1	0.662 8	0.666 4	0.670 0	0.673 6	0.677 2	0.680 8	0.684 4	0.687 9
0.5	0.691 5	0.695 0	0.698 5	0.701 9	0.705 4	0.708 8	0.712 3	0.715 7	0.719 0	0.722 4
0.6	0.725 7	0.729 1	0.732 4	0.735 7	0.738 9	0.742 2	0.745 4	0.748 6	0.751 7	0.754 9
0.7	0.758 0	0.761 1	0.764 2	0.767 3	0.770 3	0.773 4	0.776 4	0.779 4	0.782 3	0.785 2
0.8	0.788 1	0.791 0	0.793 9	0.796 7	0.799 5	0.802 3	0.805 1	0.807 8	0.810 6	0.813 3
0.9	0.815 9	0.818 6	0.821 2	0.823 8	0.826 4	0.828 9	0.835 5	0.834 0	0.836 5	0.838 9
1	0.841 3	0.843 8	0.846 1	0.848 5	0.850 8	0.853 1	0.855 4	0.857 7	0.859 9	0.862 1
1.1	0.864 3	0.866 5	0.868 6	0.870 8	0.872 9	0.874 9	0.877 0	0.879 0	0.881 0	0.883 0
1.2	0.884 9	0.886 9	0.888 8	0.890 7	0.892 5	0.894 4	0.896 2	0.898 0	0.899 7	0.901 5
1.3	0.903 2	0.904 9	0.906 6	0.908 2	0.909 9	0.911 5	0.913 1	0.914 7	0.916 2	0.917 7
1.4	0.919 2	0.920 7	0.922 2	0.923 6	0.925 1	0.926 5	0.927 9	0.929 2	0.930 6	0.931 9
1.5	0.933 2	0.934 5	0.935 7	0.937 0	0.938 2	0.939 4	0.940 6	0.941 8	0.943 0	0.944 1
1.6	0.945 2	0.946 3	0.947 4	0.948 4	0.949 5	0.950 5	0.951 5	0.952 5	0.953 5	0.953 5
1.7	0.955 4	0.956 4	0.957 3	0.958 2	0.959 1	0.959 9	0.960 8	0.961 6	0.962 5	0.963 3
1.8	0.964 1	0.964 8	0.965 6	0.966 4	0.967 2	0.967 8	0.968 6	0.969 3	0.970 0	0.970 6
1.9	0.971 3	0.971 9	0.972 6	0.973 2	0.973 8	0.974 4	0.975 0	0.975 6	0.976 2	0.976 7
2	0.977 2	0.977 8	0.978 3	0.978 8	0.979 3	0.979 8	0.980 3	0.980 8	0.981 2	0.981 7
2.1	0.982 1	0.982 6	0.983 0	0.983 4	0.983 8	0.984 2	0.984 6	0.985 0	0.985 4	0.985 7
2.2	0.986 1	0.986 4	0.986 8	0.987 1	0.987 4	0.987 8	0.988 1	0.988 4	0.988 7	0.989 0
2.3	0.989 3	0.989 6	0.989 8	0.990 1	0.990 4	0.990 6	0.990 9	0.991 1	0.991 3	0.991 6
2.4	0.991 8	0.992 0	0.992 2	0.992 5	0.992 7	0.992 9	0.993 1	0.993 2	0.993 4	0.993 6
2.5	0.993 8	0.994 0	0.994 1	0.994 3	0.994 5	0.994 6	0.994 8	0.994 9	0.995 1	0.995 2
2.6	0.995 3	0.995 5	0.995 6	0.995 7	0.995 9	0.996 0	0.996 1	0.996 2	0.996 3	0.996 4
2.7	0.996 5	0.996 6	0.996 7	0.996 8	0.996 9	0.997 0	0.997 1	0.997 2	0.997 3	0.997 4
2.8	0.997 4	0.997 5	0.997 6	0.997 7	0.997 7	0.997 8	0.997 9	0.997 9	0.998 0	0.998 1
2.9	0.998 1	0.998 2	0.998 2	0.998 3	0.998 4	0.998 4	0.998 5	0.998 5	0.998 6	0.998 6
3	0.998 7	0.999 0	0.999 3	0.999 5	0.999 7	0.999 8	0.999 8	0.999 9	0.999 9	1.000 0

柏松分布表

本表列出了服从柏松分布的随机变量 ξ 的概率分布的值,即

$$P(\xi = i) = \frac{\lambda_i}{i!}e^{-h}$$

i	λ							
	0.1	0.2	0.3	0.4	0.5	0.6	0.7	0.8
0	0.904 837	0.818 731	0.740 818	0.067 023	0.606 531	0.548 812	0.496 585	0.449 329
1	0.090 484	0.163 746	0.222 245	0.268 128	0.303 265	0.329 8786	0.347 610	0.329 463
2	0.004 524	0.016 375	0.033 337	0.053 626	0.075 816	0.098 786	0.121 663	0.143 785
3	0.000 151	0.001 092	0.003 334	0.007 150	0.012 636	0.019 757	0.028 388	0.038 343
4	0.000 004	0.000 055	0.000 250	0.000 715	0.001 580	0.002 964	0.004 968	0.007 669
5		0.000 002	0.000 015	0.000 057	0.000158	0.000 356	0.000 696	0.001 227
6			0.000 001	0.000 004	0.000 013	0.000 036	0.000 081	0.000 164
7					0.000 001	0.000 003	0.000 008	0.000 019
8							0.00 0001	0.00 0002

i	λ							
	0.9	1.0	1.5	2.0	2.5	3.0	3.5	4.0
0	0.406 570	0.367 879	0.223 130	0.135 335	0.082 085	0.049 787	0.030 197	0.018 316
1	0.365 913	0.367 879	0.334 695	0.270 671	0.205 212	0.149 361	0.105 691	0.073 263
2	0.164 661	0.183 940	0.251 021	0.270 671	0.256 516	0.224 042	0.184 959	0.146 525
3	0.049 398	0.061 313	0.125 510	0.180 447	0.213 763	0.224 042	0.215 785	0.195 367
4	0.011 115	0.015 323	0.047 067	0.090 224	0.133 602	0.168 031	0.188 812	0.195 367
5	0.002 001	0.003 066	0.014 120	0.036 089	0.066 801	0.100 819	0.132 169	0.156 293
6	0.000 300	0.000 511	0.003 530	0.012 030	0.027 834	0.050 409	0.077 098	0.104 196
7	0.000 039	0.000 073	0.000 756	0.003 437	0.009 941	0.021 604	0.038 549	0.059 540
8	0.000 004	0.000 009	0.000 142	0.000 859	0.003 016	0.008 102	0.016 865	0.029 770
9		0.00 0001	0.000 024	0.000 191	0.000 863	0.002 701	0.006 559	0.013 231
10			0.000 004	0.000 38	0.000 216	0.000 810	0.002 296	0.005 292
11				0.000 007	0.000 049	0.000 221	0.000 730	0.001 925
12				0.000 001	0.000 010	0.000 055	0.000 213	0.000 642
13					0.000 002	0.000 013	0.000 057	0.000 197
14						0.000 003	0.000 014	0.000 056
15						0.000 001	0.000 003	0.000 015
16							0.000 001	0.000 04
17								0.000 001

i	λ						
	4.5	5.0	6.5	7.0	8.0	9.0	10.0
0	0.011 109	0.006 738	0.002 478	0.000 912	0.000 335	0.000 123	0.000 045
1	0.049 990	0.033 690	0.014 873	0.006 383	0.002 684	0.001 111	0.000 0454
2	0.002 479	0.084 224	0.044 617	0.022 341	0.010 735	0.004 998	0.002 270
3	0.068 718	0.140 374	0.089 235	0.052 129	0.028 626	0.014 994	0.007 567
4	0.189 808	0.175 467	0.133 853	0.091 226	0.057 252	0.033 737	0.018 917
5	0.170 827	0.175 467	0.160 623	0.127 717	0.091 603	0.060 727	0.037 833
6	0.128 120	0.146 223	0.160 623	0.149 003	0.122 138	0.091 090	0.063 055
7	0.082 363	0.104 445	0.137 677	0.149 003	0.139 587	0.117 116	0.090 079
8	0.046 329	0.065 278	0.103 258	0.130 377	0.139 587	0.131 756	0.112 599
9	0.023 165	0.036 266	0.068 838	0.101 405	0.127 077	0.131 756	0.125 110
10	0.010 424	0.018 133	0.041 303	0.070 983	0.099 262	0.118 580	0.125 110
11	0.004 264	0.008 242	0.022 529	0.045 171	0.072 190	0.097 020	0.113 736
12	0.001 599	0.003 434	0.011 364	0.026 350	0.048 127	0.072 765	0.094 750
13	0.000 554	0.001 321	0.005 199	0.014 188	0.029 616	0.050 376	0.072 908
14	0.000 178	0.004 72	0.002 228	0.007 094	0.016 924	0.032 384	0.052 077
15	0.000 053	0.000 157	0.000 891	0.003 311	0.009 026	0.019 431	0.034 708
16	0.000 015	0.000 049	0.000 334	0.001 448	0.004 513	0.010 930	0.021 699
17	0.000 004	0.000 014	0.000 118	0.000 596	0.002 124	0.005 786	0.012 764
18	0.000 001	0.000 004	0.000 039	0.000 232	0.000 944	0.002 863	0.007 091
19		0.000 001	0.000 012	0.000 085	0..000 397	0.001 370	0.003 733
20			0.000 004	0.000 030	0.000 159	0.000 617	0.001 866
21			0.000 001	0.000 010	0.000 061	0.000 264	0.000 889
22				0.000 003	0.000 022	0.000 108	0.000 404
23				0.000 001	0.000 008	0.000 042	0.000 176
24					0.000 003	0.000 016	0.000 073
25					0.000 001	0.000 006	0.000 029
26						0.000 002	0.000 011
27						0.000 001	0.000 004
28							0.000 001
29							0.000 001

附录二

考 试 大 纲

第一部分　课程性质与设置目的

"工程数学"课程是成人本科教育土木工程专业的必修课,也是高等学校重要的一门公共基础课程。工程数学教学既是科学的基础教育,又是文化基础教育,更是素质教育的一个重要的方面。它是大学生熟练掌握数学工具的主要课程,是培养大学生理性思维的重要载体。通过该课程的教学,不但使学生具备后续本科课程,以及其他课程和专业课程所需要的基本数学知识,而且还使学生在数学的抽象性、逻辑性与严密性方面受到必要的训练和熏陶,使他们具有理解和运用逻辑关系、研究和领会抽象事物的初步能力。

工程数学的主要内容包括极限和连续、微分学、积分学、微分方程、线性代数、概率论与数理统计以及在土木工程专业中的应用。

通过本课程的学习,应使学生获得基本数学知识的概念、基本方法和运算技能,并根据土木工程各学科专业对工程数学课程内容的要求,在教学中进行强化。在传授知识的同时,通过各个教学环节培养学生的抽象思维能力、逻辑推理能力、运算能力、自学能力和创新能力,以及综合运用所学知识分析和解决关于土木工程类专业问题的能力,尤其要特别注意学生数学素养和返璞归真理念的培养。

第二部分　课程内容与考核目标

第1章　极限与连续

(一)学习目的和要求

通过本章的学习,要了解数列与函数的极限概念,理解无穷小与无穷大的比较和函数的连续性的概念。掌握极限运算法则、极限存在准则和两个重要极限的计算方法,并且能将极限和连续应用到土木工程专业中。

(二)课程内容

1.1　极限的概念

本节主要介绍了数列的极限和函数的极限的概念以及它们的基本性质。

1.2　无穷小与无穷大

本节介绍了无穷小和无穷大的概念、无穷小的性质、无穷小与函数极限的关系以及无穷小和无穷大的关系。

1.3　极限的计算

本节主要介绍了极限的运算法则和复合函数的极限的运算法则。

1.4　两个重要极限

本节主要阐述了两个存在准则以及两个准则的应用,即两个重要极限 $\lim\limits_{x \to 0}\dfrac{\sin x}{x} = 1$ 和

$\lim\limits_{x \to \infty}\left(1 + \dfrac{1}{x}\right)^{x} = e$。

1.5 无穷小的比较

本节主要介绍了两个无穷小的商的结果的几种情况,即高阶无穷小、低阶无穷小、同阶无穷小、K 阶无穷小和等价无穷小的概念,以及常用的等价无穷小代换。

1.6 函数的连续性

本节主要介绍了函数的连续性的定义、函数间断点的类型、初等函数的连续性以及闭区间上连续函数的有界性与最大值和最小值定理、零点定理与介值定理。

1.7 函数极限的应用

本节主要介绍了函数的极限和连续的几个应用,即药物含量衰减、圆的周长、连续复利、方椅稳定问题等方面。

(三)考核知识点

1. 数列的极限和函数的极限的概念以及它们的基本性质。

2. 无穷小和无穷大的概念、无穷小的性质和无穷小和无穷大的关系。

3. 极限的运算法则和复合函数极限的运算法则。

4. 两个重要极限 $\lim\limits_{x \to 0}\dfrac{\sin x}{x} = 1$ 和 $\lim\limits_{x \to \infty}\left(1 + \dfrac{1}{x}\right)^{x} = e$ 的应用。

5. 等价无穷小在极限计算中的应用。

6. 判定函数的连续性和函数间断点。

7. 函数极限的应用。

(四)考核要求

1.1 极限的概念

识记:数列的极限和函数的极限的概念以及它们的基本性质。

1.2 无穷小与无穷大

识记:无穷小和无穷大的概念以及无穷小的性质。

领会:无穷小和无穷大的关系。

1.3 极限的计算

领会:极限的运算法则和复合函数极限的运算法则。

1.4 两个重要极限

识记:两个存在准则。

领会:两个重要极限 $\lim\limits_{x \to 0}\dfrac{\sin x}{x} = 1$ 和 $\lim\limits_{x \to \infty}\left(1 + \dfrac{1}{x}\right)^{x} = e$。

1.5 无穷小的比较

识记:高阶无穷小、低阶无穷小、同阶无穷小、K 阶无穷小和等价无穷小的概念。

领会:常用的等价无穷小代换。

1.6 函数的连续性

领会:函数的连续性的定义、函数间断点的类型、初等函数的连续性。

识记:闭区间上连续函数的有界性与最大值和最小值定理、零点定理与介值定理。

1.7 函数极限的应用

应用:函数的极限和连续的实际应用。

第2章 微 分 学

(一)学习目的和要求

通过本章的学习,要了解导数的概念,熟练掌握函数求导法则与基本初等函数求导公式,会求函数的高阶导数、隐函数的导数以及函数的微分。在导数的基础上,了解罗尔定理、拉格朗日中值定理和柯西中值定理,熟练地应用洛必达法则求函数的极限,并且会求函数的单调性、凹凸、拐点、极值和最值。从而达到能够真正地将导数知识运用到土建专业中和其他领域中。

(二)课程内容

2.1 导数的概念

本节主要讲了导数、单侧导数的概念以及导数的几何意义,并探讨了函数可导性与连续性的关系。

2.2 函数求导法则与基本初等函数求导公式

本节介绍了函数的和、差、积、商的求导法则、反函数的求导法则、复合函数的求导法则,并给出了常用的导数公式。

2.3 高阶导数

本节给出了高阶导数的定义及其求法。

2.4 隐函数的导数

本节阐述了隐函数的定义及其求法,并给出了对数求导法的计算方法。

2.5 函数的微分

本节介绍了微分的定义、几何意义、运算法则、公式表,还给出了复合函数微分法则和微分形式不变性的用法。

2.6 微分学中值定理

本节介绍了费马引理、罗尔定理、拉格朗日中值定理和柯西中值定理。

2.7 洛必达法则

本节阐述了运用洛必达法则求未定式 $\frac{0}{0}, \frac{\infty}{\infty}, 0 \cdot \infty, \infty - \infty, 0^0, 1^\infty, \infty^0$ 的极限的方法。

2.8 导数的应用

主要介绍了应用函数的导数求函数的单调性、凹凸性、拐点、极值和最值。

2.9 土建专业中微分学的应用

主要介绍了微分学在土建专业中的应用。

2.10 其他领域中微分学的应用

主要介绍了微分学在人口增长率、电流、制冷效果、放射物的衰减等其他领域的应用。

(三)考核知识点

1. 导数的相关概念和判定。

2. 函数求导法则与基本初等函数求导公式。

3. 高阶导数的定义和求法。

4. 隐函数的导数计算方法。

5. 函数的微分定义及计算方法。

6. 罗尔定理、拉格朗日中值定理及其应用。

7. 应用洛必达法则求未定式的极限。

8. 利用导数求函数的单调性、凹凸性、拐点、极值和最值。

9. 微分学在土建专业中的应用。

10. 微分学在其他领域中的应用。

(四)考核要求

2.1　导数的概念

识记:导数、单侧导数的概念以及导数的几何意义。

领会:函数可导性与连续性的关系。

2.2　函数求导法则与基本初等函数求导公式

识记:反函数的求导法则。

领会:函数的和、差、积、商的求导法则,复合函数的求导法则以及常用的导数公式。

2.3　高阶导数

识记:高阶导数的定义。

领会:高阶导数的求法。

2.4　隐函数的导数

识记:隐函数的定义。

领会:隐函数的求法和对数求导法。

2.5　函数的微分

识记:微分的定义、几何意义、运算法则、微分形式不变性。

领会:运用微分的公式表、复合函数微分法则求函数的微分。

2.6　微分学中值定理

识记:费马引理、罗尔定理、拉格朗日中值定理和柯西中值定理。

领会:运用定理求函数的根、证明不等式。

2.7　洛必达法则

识记:洛必达法则。

领会:用洛必达法则求未定式 $\dfrac{0}{0},\dfrac{\infty}{\infty},0\cdot\infty,\infty-\infty,0^0,1^\infty,\infty^0$。

2.8　导数的应用

领会:应用函数的导数求函数的单调性、凹凸性、拐点、极值和最值。

2.9　土建专业中微分学的应用

领会:微分学在土建专业中的应用。

2.10　其他领域中微分学的应用

领会:微分学在其他领域的应用。

第3章　积　分　学

(一)学习目的和要求

通过本章的学习,首先了解了不定积分的概念与性质,掌握不定积分的计算方法,即不定积分的换元积分法和不定积分的分部积分法,其次学习了定积分的概念、微积分基本公式,掌握定积分的计算方法,即定积分的换元积分法和分部积分法。最后研究了两种反常

的积分。通过本章的学习,能够将积分学更好地应用到土建专业和其他领域中。

(二)课程内容

3.1　不定积分的概念与性质

本节主要介绍了原函数、不定积分的概念、几何意义,并利用基本积分表和不定积分的性质进行计算。

3.2　不定积分的换元积分法

本节主要讲授了两种换元积分法:第一类换元积分法,即凑微分的方法;第二类换元积分法,即三角函数代换法、倒(置)代换法、简单无理函数的代换。

3.3　不定积分的分部积分法

本节通过公式 $\int u\,dv = uv - \int v\,du$,计算被积函数是两个函数乘积的一类积分计算方法。

3.4　定积分的概念

本节通过举例引出定积分的定义,说明定积分的几何意义,重点给出定积分的定义。

3.5　微积分基本公式

本节介绍了积分上限的函数及其导数和牛顿－莱布尼茨公式。

3.6　定积分的换元积分法和分部积分法

本节介绍了定积分的计算方法,即换元积分法和分部积分法。

3.7　反常积分

本节给出了两种反常积分,即无穷限的反常积分和无界函数的反常积分的概念和计算方法。

3.8　土建专业中积分学的应用

本节介绍了积分学在土建专业中弯矩问题、挠度与转角、静矩、惯性矩与极惯性矩问题、力学条件与纯弯曲梁横截面上的应力(弯曲正应力)方面的计算。

3.9　其他领域中积分学的应用

本节介绍了积分学在结冰厚度、刹车路程、石油消耗量、放射物的泄漏、电能、电荷做功等其他领域中的应用。

(三)考核知识点

1. 不定积分的概念与性质。

2. 不定积分的计算,即不定积分的换元积分法和分部积分法。

3. 定积分的概念。

4. 积分上限函数及其导数和牛顿－莱布尼茨公式。

5. 定积分的换元积分法和分部积分法。

6. 反常积分的概念和计算。

7. 积分学在土建专业及其他领域的应用。

(四)考核要求

3.1　不定积分的概念与性质

识记:原函数、不定积分的概念和几何意义。

领会:用基本积分表和不定积分的性质进行计算。

3.2　不定积分的换元积分法

领会:两种换元积分法,即第一类换元积分法(凑微分法)和第二类换元积分法(三角函

数代换法、倒代换法、简单无理函数的代换)。

3.3　不定积分的分部积分法

领会:用公式 $\int u dv = uv - \int v du$ 进行计算。

3.4　定积分的概念

识记:定积分的定义、几何意义。

3.5　微积分基本公式

领会:积分上限的函数及其导数和牛顿－莱布尼茨公式。

3.6　定积分的换元积分法和分部积分法

领会:定积分的换元积分法和分部积分法。

3.7　反常积分

识记:两种反常积分的概念。

领会:计算两种反常积分。

3.8　土建专业中积分学的应用

应用:积分学在土建专业中的应用。

3.9　其他领域中积分学的应用

应用:积分学在其他领域中的应用。

第4章　微分方程

(一)学习目的和要求

通过本章的学习,了解微分方程的基本概念,可分离变量的微分方程、齐次微分方程、一阶线性微分方程、伯努利方程、可降阶的高阶微分方程、二阶常系数线性微分方程并且能将微分方程应用到土木工程专业中。

(二)课程内容

4.1　微分方程概述

本节讲述了微分方程的概念、微分方程的通解和特解。

4.2　可分离变量的微分方程

本节介绍了一阶微分方程中形如 $g(y)dy = f(x)dx$ 的可分离变量的解法。

4.3　齐次方程

本节介绍了一阶微分方程中形如 $f(x,y) = \varphi\left(\dfrac{y}{x}\right)$ 的解法。

4.4　一阶线性微分方程

本节介绍了一阶微分方程中形如 $\dfrac{dy}{dx} + P(x)y = Q(x)$ 的解法,伯努利方程 $\dfrac{dy}{dx} + P(x)y = Q(x)y^n(n \neq 0,1)$ 的解法,以及利用变量代换解微分方程。

4.5　可降阶的高阶微分方程

本节介绍了形如 $y^{(n)} = f(x)$ 型(不显含 y 及 y')、$y'' = f(x,y')$ 型(不显含 y)及 $y'' = f(y,y')$ 型(不显含 x)的微分方程的解法。

4.6　二阶常系数线性微分方程

本节介绍了形如 $y'' + py' + qy = f(x)$ 的二阶常系数线性微分方程的解法。

4.7　土建专业中微分方程的应用

本节介绍了应力平衡微分方程和挠曲线的近似微分方程。

4.8　其他领域中微分方程的应用

本节介绍了微分方程在逻辑斯谛(Logistic)人口模型、浓度问题、第二宇宙速度等方面的应用。

（三）考核知识点

1. 微分方程的概念、微分方程的通解和特解。

2. 可分离变量的微分方程 $g(y)\mathrm{d}y = f(x)\mathrm{d}x$ 的解法。

3. 齐次方程 $f(x,y) = \varphi\left(\dfrac{y}{x}\right)$ 的解法。

4. 一阶线性微分方程 $\dfrac{\mathrm{d}y}{\mathrm{d}x} + P(x)y = Q(x)$ 的解法，伯努利方程 $\dfrac{\mathrm{d}y}{\mathrm{d}x} + P(x)y = Q(x)y^n (n \neq 0,1)$ 的解法，以及利用变量代换解微分方程。

5. 可降阶的高阶微分方程的解法。

6. 二阶常系数线性微分方程 $y'' + py' + qy = f(x)$ 的解法。

7. 微分方程在土建专业及其他领域中的应用。

（四）考核要求

4.1　微分方程概述

识记：微分方程的概念、微分方程的通解和特解。

4.2　可分离变量的微分方程

领会：一阶微分方程中形如 $g(y)\mathrm{d}y = f(x)\mathrm{d}x$ 的可分离变量的解法。

4.3　齐次方程

领会：一阶微分方程中形如 $f(x,y) = \varphi\left(\dfrac{y}{x}\right)$ 的解法。

4.4　一阶线性微分方程

领会：一阶微分方程中形如 $\dfrac{\mathrm{d}y}{\mathrm{d}x} + P(x)y = Q(x)$ 的解法，伯努利方程 $\dfrac{\mathrm{d}y}{\mathrm{d}x} + P(x)y = Q(x)y^n (n \neq 0,1)$ 的解法，以及利用变量代换解微分方程。

4.5　可降阶的高阶微分方程

领会：可降阶的高阶微分方程形如 $y^{(n)} = f(x)$ 型（不显含 y 及 y'）、$y'' = f(x,y')$ 型（不显含 y）、$y'' = f(y,y')$ 型（不显含 x）的微分方程的解法。

4.6　二阶常系数线性微分方程

领会：形如 $y'' + py' + qy = f(x)$ 的二阶常系数线性微分方程的解法。

4.7　土建专业中微分方程的应用

应用：应力平衡微分方程和挠曲线的近似微分方程。

4.8　其他领域中微分方程的应用

应用：微分方程在逻辑斯谛(Logistic)人口模型、浓度问题、第二宇宙速度等方面的应用。

第5章　线性代数

（一）学习目的和要求

线性代数是以讨论有限维空间线性理论为主，具有较强的抽象性与逻辑性，特别是在计算机日益普及的今天,使求解大型线性方程组成为可能,因此本章所介绍的方法,可广泛地应用于各个学科。通过教学,使学生了解行列式的定义和行列式的基本性质,掌握行列式的基本计算方法;掌握矩阵简单的运算;掌握矩阵的初等变换,理解矩阵秩的概念和求法;会求解线性代数方程组,并应用线性代数的知识解决土木工程及其他领域的实际问题。

(二)课程内容

5.1 行列式

本节主要介绍了各阶行列式的定义、性质、计算方法及利用行列式求解一类特定条件下的线性方程组(克莱默法则)。

5.2 矩阵

本节重点介绍了矩阵的相关计算(包括同型矩阵间的加法、减法,行、列数满足一定条件时的矩阵的乘法、矩阵的转置等)及矩阵运算的相关性质。

5.3 逆矩阵

本节主要介绍了逆矩阵的存在原理、两种求逆矩阵的方法,即伴随矩阵法和初等变换法,并利用逆矩阵求解矩阵方程。

5.4 矩阵的秩

本节重点介绍了矩阵的秩的概念、矩阵的秩的求法。

5.5 线性方程组

本节重点介绍了线性方程组的解的基本构成,并利用矩阵的初等变换求出方程组的解。

5.6 线性代数的应用

本节主要介绍了线性代数在土木工程专业及其他领域中的应用。

(三)考核知识点

1. 二阶、三阶行列式的对角线法则。

2. 利用代数余子式计算行列式。

3. 应用行列式的性质计算行列式。

4. 矩阵的加法、减法、乘法及相关性质。

5. 矩阵的转置。

6. 伴随矩阵的求解。

7. 判断矩阵是否可逆,利用伴随矩阵求解逆矩阵。

8. 矩阵的初等变换及行最简形式。

9. 利用矩阵的初等变换求逆矩阵。

10. 利用逆矩阵求解矩阵方程。

11. 利用最高阶非零子式或矩阵初等变换求矩阵的秩。

12. 利用矩阵的秩判断线性方程组的解的形式,并利用矩阵的初等变化求解线性方程组。

13. 利用线性代数知识解决实际问题。

(四)考核要求

5.1 行列式

识记:行列式的定义。

领会:二阶、三阶行列式的对角法则,利用代数余子式计算行列式,利用行列式的性质

计算行列式。

5.2 矩阵

识记:矩阵的实际应用,矩阵的行列式。

领会:同型矩阵间的加法、减法,矩阵的乘法及相关的运算法则。

5.3 逆矩阵

识记:伴随矩阵的计算方法,及利用伴随矩阵求解逆矩阵。

领会:矩阵可逆的条件,并利用矩阵的初等变化求逆矩阵,利用逆矩阵求解简单的矩阵方程。

5.4 矩阵的秩

识记:利用矩阵的最高阶非零子式求解矩阵的秩。

领会:领用矩阵的初等变换求解矩阵的秩。

5.5 线性方程组

识记:线性方程的秩与方程组解的关系。

领会:利用矩阵初等变换的方法求解线性方程组。

5.6 线性代数的应用

应用:将线性代数的理论知识应用到实际问题中。

第6章 概率论与数理统计

(一)学习目的和要求

概率论与数理统计是研究随机现象客观规律性的一门学科。随着科学技术的发展以及人们对随机现象规律性认识的需要,概率论与数理统计的思想方法正日益渗透到自然科学和社会科学的众多领域中,广泛地应用于随机试验与随机调查数据的处理与建模过程的始终。本章的主要任务是以丰富的背景、巧妙的思维和有趣的结论吸引学生,使学生深入理解概率论和数理统计的基本概念、基本理论和基本方法,让学生掌握处理随机性现象的基本思想和方法,培养学生应用随机数学思想与方法分析和解决实际问题的能力。

(二)课程内容

6.1 随机事件与概率

本节主要介绍了一组概念,重点的基本概念包括:随机试验、样本空间、样本点、事件间的关系与运算、概率的定义与性质、条件概率与事件的独立性,并同时介绍了几种基本的概率模型,即古典概型、几何概型、n 重伯努利概型。

6.2 离散型随机变量及其分布

本节的主要内容是引入了随机变量的概念,并给出了随机变量的分布函数及分布函数的性质,重点介绍了离散型随机变量及其概率分布,并给出了三种常见的离散型随机变量的常用分布。

6.3 连续型随机变量及其分布

本节主要介绍了连续型随机变量及概率密度函数,并给出了三种常见的连续型随机变量的常用分布。

6.4 随机变量的数字特征

本节主要介绍了两个概念:数学期望和方差,并给出了它们的性质。

6.5 样本与总体

本节重点介绍了统计学中的一组基本概念,包括总体、简单随机样本、统计量,并给出了几种常见统计量的分布,χ^2分布、t分布、F分布。

6.6 概率论与数理统计在实际问题中的应用

本节主要介绍了概率论与数理统计在土木工程专业及其他专业中的应用。

(三)考核知识点

1. 随机试验的判定。

2. 计算简单的古典概型。

3. 计算简单的几何概型。

4. 计算简单的伯努利概型。

5. 计算简单的条件概率。

6. 利用事件的独立性计算简单的概率问题。

7. 会求简单的分布函数,并利用分布函数求概率。

8. 利用常见的三种离散型随机变量的分布求对应的概率问题。

9. 利用分布函数求概率密度,利用概率密度求分布函数。

10. 利用分布函数、概率密度求概率。

11. 会求简单的数学期望及方差,并掌握常见分布的数学期望与方差。

12. 能够判断简单的统计量的分布。

(四)考核要求

6.1 随机事件与概率

识记:随机现象与随机试验,样本空间的概念,随机事件的概念,事件频率的概念,概率的统计定义,概率的公理化定义,伯努利(Bernoulli)概型。

领会:概率的基本性质,会计算简单的古典概型、几何概型、条件概率;事件独立性概念的理解、判定及应用。

6.2 离散型随机变量及其分布

识记:随机变量的概念,离散型随机变量的概念。

领会:分布函数与分布律的概念,会计算与随机变量相联系的事件的概率;三种常见的离散型随机变量的分布:$0-1$分布、二项分布和泊松(Poisson)分布,并计算简单的概率。

6.3 连续型随机变量及其分布

识记:连续型随机变量及其概率密度的概念。

领会:概率密度与分布函数之间的关系,并进行简单的求解;三种常见的连续性随机变量:正态分布、均匀分布和指数分布,并进行简单的概率计算。

6.4 随机变量的数字特征

识记:随机变量数学期望与方差的概念。

领会:数学期望与方差的性质与计算方法;$0-1$分布、二项分布、泊松分布、正态分布、均匀分布和指数分布的数学期望与方差。

6.5 样本与总体

识记:总体、个体、样本和统计量的概念;三种常见统计量的分布,即χ^2分布、t分布、F分布。

领会:统计量分布的判定。

6.6 概率论与数理统计在实际问题中的应用

应用:将概率论与数理统计的基本知识应用到土木工程专业及其他领域。

第三部分 有关说明与实施要求

(一)关于学习教材与主要参考书

1.学习教材

《工程数学》,由郭秀颖主编,哈尔滨工程大学出版社2015年7月出版。

2.推荐参考教材

[1] 同济大学数学系. 高等数学[M]. 北京:高等教育出版社,2007.

[2] 同济大学应用数学系. 概率统计简明教程[M]. 北京:高等教育出版社,2003.

[3] 陈秀华. 土建数学[M]. 北京:人民交通出版社,2011.

(二)自学方法指导

(1)在全面系统学习的基础上,掌握相关概念、基本理论、基本方法。本课程内容涉及范围广泛,自学应考者应首先全面系统地学习各章内容,记忆应当识记的基本概念和观点,深入理解基本理论,较为熟练地掌握基本的计算方法与应用。其次,弄清楚各章内容之间的内在联系和逻辑关系,注重融会贯通。再次,在全面系统学习的基础上,掌握重点,有目的地深入学习重点章节的内容。

(2)重理论联系实际。工程数学是一门比较抽象、逻辑性较强的课程。因此自学应考者在学习过程中应该特别注意将抽象的理论知识与具体实践相结合,充分体现出这门课程的使用价值,从而提升自身的逻辑思维能力及理论修养,能够站在一个更高的层次上观察和处理问题。

参 考 文 献

[1] 同济大学数学系.高等数学[M].北京:高等教育出版社,2007.

[2] 吴传生.经济数学——微积分[M].北京:高等教育出版社,2009.

[3] 陆宗斌.高职应用数学[M].大连:大连理工大学出版社,2008.

[4] 殷锡鸣.高等数学[M].上海:华东理工大学出版社,2004.

[5] 刘嘉焜.应用概率统计[M].北京:科学出版社,2004.

[6] 徐敏.高等数学与工程数学[M].天津:天津大学出版社,2010.

[7] 俞汉清.金属塑性成形原理[M].北京:机械工业出版社,2005.

[8] 吴树林.材料成型原理[M].北京:机械工业出版社,2008.

[9] 陈秀华.土建数学[M].北京:人民交通出版社,2011.

[10] 潘建辉.数学文化与欣赏[M].北京:北京理工大学出版社,2012.

[11] 周明儒.文科高等数学基础教程[M].北京:高等教学出版社,2005.

[12] 陈如邦.高等数学[M].北京:高等教育出版社,2013.

[13] 吴凤珍.简明高等数学[M].上海:南开大学出版社,2013.

[14] 黄炜.高等数学[M].北京:高等教育出版社,2013.

[15] 王秀焕.高等数学[M].北京:高等教育出版社,2013.

[16] 同济大学应用数学系.概率统计简明教程[M].北京:高等教育出版社,2003.

[17] 李裕奇.概率论与数理统计习题详解[M].成都:西南交通大学出版社,2005.

[18] 龚冬保.概率论与数理统计典型题 解法·技巧·注释[M].西安:西安交通大学出版社,2000.

[19] 侯风波.高等数学[M].北京:高等教育出版社,2003.

[20] 陈晓江.高等数学[M].北京:高等教育出版社,2013.

[21] 华中科技大学高数教研室.微积分学习题课教程[M].武汉:华中科技大学出版社,2003.

[22] 曹之江.微积分学简明教程[M].北京:高等教育出版社,2004.